河南省中等职业学校对口升学考试复习指导

电子类专业（上册）
电工技术基础与技能
电子技术基础与技能

河南省职业技术教育教学研究室　编

电子工业出版社.

Publishing House of Electronics Industry

北京·BEIJING

内 容 简 介

本书为河南省中等职业学校对口升学考试复习指导用书，主要内容有电工技术基础与技能、电子技术基础与技能及其相关试题和参考答案，同时，还整理了两套河南省中等职业学校对口升学考试电子类专业综合训练题及其参考答案。

本书适用于参加电子类专业对口升学考试的学生作为复习参考资料。

图书在版编目（CIP）数据

电子类专业. 上册，电工技术基础与技能　电子技术基础与技能 / 河南省职业技术教育教学研究室编.
—北京：电子工业出版社，2021.3
河南省中等职业学校对口升学考试复习指导
ISBN 978-7-121-40747-5

Ⅰ. ①电…　Ⅱ. ①河…　Ⅲ. ①电工技术－中等专业学校－升学参考资料②电子技术－中等专业学校－升学参考资料　Ⅳ. ①TM②TN

中国版本图书馆 CIP 数据核字（2021）第 042286 号

责任编辑：蒲　玥
印　　刷：北京虎彩文化传播有限公司
装　　订：北京虎彩文化传播有限公司
出版发行：电子工业出版社
　　　　　北京市海淀区万寿路 173 信箱　邮编　100036
开　　本：787×1 092　1/16　印张：13.75　字数：406.4 千字
版　　次：2021 年 3 月第 1 版
印　　次：2024 年 2 月第 10 次印刷
定　　价：42.00 元（含参考答案）

凡所购买电子工业出版社图书有缺损问题，请向购买书店调换。若书店售缺，请与本社发行部联系，联系及邮购电话：（010）88254888，88258888。

质量投诉请发邮件至 zlts@phei.com.cn，盗版侵权举报请发邮件至 dbqq@phei.com.cn。

本书咨询联系方式：（010）88254485，puyue@phei.com.cn。

前　言

　　普通高等学校对口招收中等职业学校应届毕业生，是拓宽中等职业学校毕业生继续学习的重要渠道，是构建现代职业教育体系、促进中等职业教育科学发展的重要举措。为了做好河南省中等职业学校毕业生对口升学考试指导工作，帮助学生有针对性地复习备考，我们组织专家编写了河南省中等职业学校对口升学考试复习指导系列图书。该系列图书结合教育部新一轮中等职业教育教学改革精神，以教育部新颁布的教学大纲、河南省中等职业学校教学指导方案，以国家和河南省中等职业教育规划教材为参考进行编写，每本复习指导包括复习要求、复习内容、题型示例、综合训练题和参考答案等内容。

　　在编写过程中，我们认真贯彻落实《教育部关于深化职业教育教学改革全面提高人才培养质量的若干意见》(教职成[2015]6 号)和河南省人民政府《关于实施职业教育攻坚二期工程的意见》(豫政[2014]48 号)精神，坚持"以服务发展为宗旨、以促进就业为导向"的职业教育办学方针，以基础性、科学性、适应性、指导性为原则，着重反映了各专业(学科)的基础知识和基本技能，注重培养和考查学生分析问题、解决问题的能力。河南省中等职业学校对口升学考试复习指导系列图书对各专业所涉及的知识点进行了进一步梳理，力求内容精练，重点突出，深入浅出。在题型设计上，既有典型性和实用性，又有系统性和综合性；在内容选择上，既适应了选拔性能力考试的需要，又注意了对中等职业学校教学工作的引导，充分体现了职业教育特色。

　　河南省中等职业学校对口升学考试复习指导系列图书适用于参加中等职业学校对口升学考试的学生和辅导教师。在复习时，建议以教材为基础，以复习指导为参考，二者配合使用，效果更好。

　　本书是该系列图书中的一种，其中"电工技术基础与技能"部分主编韩贵黎，副主编罗敬，参编杨晓晨、李晨曦；"电子技术基础与技能"部分模拟电路基础主编史娟芬，副主编胡祎，参编马琳、冀红海；"电子技术基础与技能"部分数字电路基础主编黄磊，副主编李中显，参编吴佳佳、苏玲。

　　由于经验不足，时间仓促，书中瑕疵在所难免，恳请广大师生及时提出修改意见和建议，以便在修订时不断完善和提高。

河南省职业技术教育教学研究室

目 录

第一部分　电工技术基础与技能

第二部分　电子技术基础与技能

第三部分 综合训练题

第一部分

电工技术基础与技能

复习指导

项目一　电的认识与安全用电

（1）了解电荷的概念、电的来源等相关知识，了解电能的产生、输送和分配，了解降低电能损耗的方法，掌握交流电和直流电的概念、特点、性能。

（2）掌握安全用电的基本知识，了解触电事故的种类，了解对电气事故的应对和处理方法，掌握电工安全操作规程，了解电气火灾产生的原因。

（3）掌握常用电工工具的基本知识和使用方法。

（4）了解试电笔的结构、功能、使用方法，能够使用试电笔判断导体是否带电。

（5）掌握触电急救的方法及灭火器的使用方法。

（6）能够使用电工工具完成导线的加工、连接等操作。

本项目主要介绍了对电的认识、安全用电常识和工具的使用及导线的连接。

任务一 电的认识

 基本知识

一、人类认识电的发展史

人类对电的认识经历了漫长而曲折的过程。

摩擦起电：琥珀与羊皮摩擦后可以吸引薄木片和碎布等轻小物体。

摩擦起电的性质：同种电荷相互排斥，异种电荷相互吸引。

风筝试验：美国学者富兰克林证明天空中存在的电与摩擦产生的电本质相同，并因此发明了避雷针，这是人类应用电学知识的第一步。

伏打电堆：意大利物理学家伏打把银片、锌片和用盐水浸泡过的硬纸板按一定顺序叠在一起，组成柱体，当用导线连接两端的导体时，导线中就产生了连续的电流。

奥斯特：发现了电流的磁效应。

安培：发现了载流平行导线间存在着相互作用力，还发现了电流使磁针方向偏转的规律。

韦伯：1862 年，用带电粒子的移动来解释电流现象，1871 年，又提出"带正电的粒子围绕负电中心旋转"，使得认识电的范围缩小到原子内部。

法拉第：发现了电磁感应现象，确立了电磁感应定律，为电能的开发和利用开拓出一条崭新的道路。

欧姆：发现了电流定律。

基尔霍夫：解决了分支电路问题，建立了基尔霍夫第一、第二定律。

楞次：指出感应电流方向所遵循的规律，建立了楞次定律。

约翰·汤姆生：经过大量实验发现"电子"。

密立根：用油滴实验，测得电子的电荷值为 1.6×10^{-19} 库仑，证实了汤姆生关于电子性质的预言。

二、电能的产生、输送和分配

1. 电能的产生

热能发电：利用燃烧煤炭、石油、天然气等燃料产生热能。优点是能够提供大量的能源，缺点是对环境的污染比较严重。

环保的发电方法：太阳能、风力、地热、水能、潮汐等。这些发电方法不需要燃烧燃料，但目前还不能从这些能源中得到人类所需的足够能量。

核能发电：随着科学的进步，人类开始利用原子反应堆产生的核能发电。这种能源方式可以得到巨大的电能，但是一旦发生核泄漏，将会造成无法预测的危害。

2. 电能的输送和分配

电能从生产到使用需要经过发电、输电、配电和用电四个环节，才能将电能输送到工

厂、住宅等用电场所。在电力系统中，首先通过升压变电站将发电厂产生的电压升高，因为当输送电的功率一定时，输电线的电压越高，越可以减小输电线路导线的横截面积、节省材料，还可以降低电能损耗。高压电输送到用电区域后，为了保证用电安全以及适合各级用电设备的电压等级要求，必须通过降压变电站将电压降低到合适的数值，再由配电站分配到各类用户。

三、交流电和直流电

1. 交流电（AC）

交流电指的是大小和方向随时间作周期性变化的电压或电流。用符号"～"表示。

交流电随时间变化的形式可以是多种多样的，有正弦波、三角形波、方波等，最基本的形式是正弦波电流。

2. 直流电（DC）

直流电指的是大小和方向不随时间作周期性变化的电压或电流。用符号"-"表示。

直流电可以由直流发电机产生，也可以通过相应的电子线路将交流电转换为直流电，还可以通过化学反应产生，如干电池、蓄电池和纽扣电池等。

 **基本技能**

练习试电笔的使用

1. 试电笔的结构和功能

试电笔的功能：检测导线、电器和电气设备是否带电。

试电笔可分为氖泡式和感应式两种，氖泡式试电笔形式有钢笔式和螺丝刀式。

2. 试电笔的使用方法

用拇指和中指握住电笔绝缘处，食指压在笔端金属帽上。试电笔的探头是金属材质。当探头接触被测带电体时，带电体通过电笔、人体与大地之间形成电位差，产生电场，电笔中的氖管就会发光。

3. 试电笔的使用注意事项

（1）测试前，检查试电笔里有无安全电阻，试电笔是否损坏，有无受潮或进水现象。

（2）测试前，先在已知电源上测试电笔的氖管是否正常发光，确认试电笔良好。

（3）使用试电笔时，禁止用手触及试电笔的金属探头。

（4）使用试电笔时，必须用手触及试电笔尾端的金属部分。

（5）在测试时，应特别注意试电笔的氖管发光情况。若氖管发光微弱，千万不可直接判断为带电体电压不够高，必须擦干净试电笔或重新选择测试点，反复测试；若试电笔的氖管仍然不亮或者微亮，才能最终确定测试体不带电。

任务二　安全用电

 基本知识

一、安全用电常识

1. 触电事故的种类

触电是指当人体直接或间接触及带电体时，电流流过人体而造成的伤害。

（1）电击：是指电流流过人体内部，从而破坏心脏、呼吸系统和神经系统的正常工作，是最常见、危险性最大的一种伤害。

（2）电伤：是指由电流的热效应、化学效应、机械效应等对人体造成的伤害。常见的有电灼伤、电烙印、皮肤金属化等。

在大多数情况下，电击和电伤会同时发生。

2. 电流对人体的伤害

触电对人体的伤害程度由下列因素决定。

（1）通过人体电流的大小。

（2）电流通过人体的时间。

（3）电流通过人体的途径。

（4）电流的频率。

3. 人体触电的形式

按形式分为三种方式：单相触电、双相触电和跨步电压触电。

（1）单相触电：指人体与设备的带电外壳接触或接触到带电的一根火线。

（2）双相触电：指人体的不同部位分别同时接触同一个电源的两根导线。

（3）跨步电压触电：如果发生高压电网接地点、防雷接地点、高压相线断落或者绝缘损坏，就会有电流流入接地点，电流在接地点周围形成强电场，人站在接地点周围，两脚之间出现的电位差就是跨步电压。步距越大，离接地点越近，跨步电压越大。如果发生跨步电压危险，应当立即采取单脚或双脚并拢的方式跳离危险区域。

4. 防止触电的保护措施

（1）安全电压。

安全电压指人体较长时间接触而不致发生触电危险的电压值。

我国规定的安全电压额定值有：42V、36V、24V、12V 和 6V。安全电压的要求随环境条件的不同而不同。

（2）安全色和安全标志。

安全色：表达安全信息的颜色。其功能包括提示、指示、禁止和警告等。国家规定的安全色有红、黄、蓝、绿四种。

红色表示禁止、危险；

黄色表示警告、注意；

蓝色表示指令、遵守；

绿色表示通行、安全。

在三相交流电路中，用黄、绿、红三色分别代表三根火线，淡蓝色或黑色表示零线，黄、绿双色绝缘导线表示保护零线。直流电源分别用棕色表示正极，蓝色表示负极。

安全标志：表示特定安全信息的安全色颜色、图形和符号。提示人们注意或按照标志施工，保障人身和设备的安全。

（3）保护接地与保护接零。

保护接地：将电气设备的不带电金属外壳与接地体可靠连接。

保护接零：在三相四线制、中性点接地的电网中，将电气设备的金属外壳接到零线上。采用保护接零时，电源中性线上不允许安装开关和熔断器，并将中性线重复接地。

5．电工安全操作规程

（1）电器线路在试电笔确定无电前，应一律视为"有电"，不可用手触摸，不可绝对相信绝缘体，应当认为是有电操作。

（2）工作前应详细检查所用工具是否安全可靠，穿戴好必需的防护用品，以防工作时发生意外。

（3）维修线路时要采取必要的措施，在开关手把上或线路上悬挂"有人工作、禁止合闸"的警告牌，防止中途送电，发生意外。

（4）必须正确处理工作中所有拆除的电线，包好带电线头，防止发生触电。

（5）工作完毕后，必须拆除临时地线，并检查是否有工具等物品遗漏在现场。

（6）送电前必须认真检查，确定是否符合要求并和有关人员落实联系，方能送电。

（7）工作结束后，恢复原有防护装置，拆除警告牌，撤离工作人员。

二、电气火灾的防范

1．电气火灾产生的原因

造成电气火灾产生的原因很多，除了设备本身存在缺陷、安装不当、设计和施工方面的原因以外，电流产生的热量、电火花、电弧是引发火灾的直接原因。

2．电气火灾扑救的注意事项

（1）迅速切断电源，拨打"110"或"119"报警电话，然后进行灭火。

（2）若无法切断电源，应采取带电灭火方法。

使用二氧化碳或干粉灭火器等不导电的灭火剂灭火。灭火器和人体与带电体要保持0.7m以上安全距离。使用二氧化碳灭火器应保证良好通风，防止窒息。

（3）用水枪灭火应当用喷雾水枪，要穿绝缘鞋、戴绝缘手套、水枪喷嘴应可靠接地。

（4）室内着火，千万不要急于打开门窗，防止空气流通，增大火势。

（5）电力电缆发生火灾，可使用干砂、干土覆盖，不得使用泡沫灭火器和水扑救。

一、掌握触电急救方法

（1）脱离电源。

（2）对症救治。

（3）实施急救的方法包括人工呼吸法和胸外按压法。

二、掌握灭火器的用途及使用方法

常用灭火器有二氧化碳灭火器、干粉灭火器和"1211"灭火器。每种灭火器内所装的药剂不同，使用前必须清楚其使用范围和使用方法。

任务三　导线的连接

基本知识

一、常用电工工具

专业电工经常使用的电工工具包括钢丝钳、尖嘴钳、斜口钳、剥线钳、螺丝刀、活动扳手、电工刀、试电笔等。熟练掌握常用电工工具的性能、使用方法和操作规范，能够提高工作效率和电气工程的质量，保障人身安全。

二、常用电工导线

1. 导线分类

（1）按材料不同分：单金属丝（如铜丝、铝丝）、双金属丝（如镀银铜线）和合金线。

（2）按有无绝缘层分：裸电线和绝缘电线。

（3）按股数分：单股与多股，截面面积在 $6mm^2$ 以下的为单股线；截面面积在 $6mm^2$ 以上的为多股线，由几股或几十股芯线绞合在一起。

（4）按粗细分：有线号和线径两种表示法。

线号制：按照导线的粗细排列成一定号码。线号越大，其线径越小；

线径制：按照导线直径大小表示。

英美等国采用线号制，我国采用线径制。

2. 常用导线型号及含义

导线型号及含义，如表 1-1 所示。

表 1-1 导线型号及含义

类 别	导 体	绝缘种类	内 护 层	备 注
B 绝缘电线	T 铜线（可省略）	V 聚氯乙烯	V 聚氯乙烯护套	S 绞型线
R 绝缘软线		X 天然橡胶	P 屏蔽网	105 耐热 105℃
Y 移动式软电缆	L 铝线	Z 绝缘体		B 平行线

 **基 本 技 能**

一、导线的剥削

导线的剥削是用电工工具使得导线或电缆线的芯线露出，使芯线与接点能更好地连接。

剥线的方法及使用的工具，与导线绝缘层的类型和导线的大小、结构有关。在使用剥线工具时，要注意不使刀具的刃口切割到导线芯线。因为，芯线上有切割凹槽会增加导线断裂的危险。同时，导线截面积的减小使安全载流量减小。另外，为了不降低导线的可焊性，剥线时，不要损伤芯线外表可能有的锡层或其他镀层。

二、导线的连接

1．导线连接的基本要求

（1）紧密美观，接触电阻小，稳定性好。
（2）接头的机械强度不小于原导线的 80%。
（3）接头的绝缘强度应当与导线的绝缘强度相同。
（4）铝导线连接时，接头处需要进行耐腐蚀处理。

2．导线连接的基本方法

根据导线种类和连接形式的不同，导线连接的方法有很多种。一般连接方法有缠绕式连接、压板式连接、螺钉压式连接和接线耳式连接等。

三、导线的弯环

弯环是常用的导线连接方法之一，用于导线截面积为 0.75～10mm^2 的螺钉连接中。弯环放在两个垫圈之间，弯环的方向应当与螺钉拧紧方向一致。在压接时，不得将导线绝缘层压入垫圈。

弯环的工具是形状像尖嘴钳，但钳头是圆锥形的圆头钳。

四、导线绝缘的恢复

导线绝缘层破损或者导线连接后都要进行绝缘恢复。

恢复绝缘层的材料一般用黄蜡带、涤纶薄膜带和黑胶带等。绝缘带宽选用尺寸为 15～20mm，这样包缠起来比较方便。

项目二　认识直流电路

（1）掌握电路的概念、基本结构，了解电路的主要功能。

（2）掌握电压（电位、电动势）、电流、电阻的概念和特性。

（3）掌握欧姆定律，能够运用欧姆定律对简单电路进行分析和计算。

（4）掌握支路、节点、回路、网孔的概念，掌握基尔霍夫定律，能够运用基尔霍夫定律对复杂电路进行分析和计算。

（5）能够正确判断电路的工作状态。

（6）能够正确分析串联和并联电路中的电流、电压、电阻之间的关系；掌握功率的概念和计算方法。

（7）掌握万用表的构成及使用方法。

（8）了解叠加定律及其应用方法。

本项目主要介绍了电路的概念、基本物理量、基本元件和基本定律，电阻串、并联电路的特点和应用，电路分析的方法、定理和定律。

任务一　测量电路的电压和电位

基 本 知 识

一、电路的概念

1. 电路

电路是由各种元器件按照一定方式连接起来的总体，为电流的流通提供路径。

2. 一个完整的电路包括电源、负载、导线和开关四部分

（1）电源：将其他形式的能量转换为电能的装置。

（2）负载：将电能转换为其他形式的能量的装置。

（3）导线：用来传输和分配电能。

（4）开关：用来控制电路的通断。

3. 电路的主要功能

（1）传输和转换电能。

（2）加工和处理信号。

二、电位、电压和电动势

1. 参考点

参考点是计算电位的基准点，通常规定参考点的电位为零。参考点的选取是任意的。

在实际应用中，电力线路以大地为参考点，用符号"⏚"表示；电子线路以装置的外壳或者底板为参考点，用符号"⊥"表示。

2. 电位

电路中某一点到参考点的电压称为该点的电位。电位的符号用 V 来表示，单位是伏特（V）。

3. 电压

（1）电路中任意两点之间的电位差称为这两点间的"电压"。

（2）单位：基本单位为伏特（V）；常用单位有千伏（kV）、毫伏（mV）、微伏（μV）。

（3）换算关系：$1kV=10^3V$，$1mV=10^{-3}V$，$1μV=10^{-3}mV=10^{-6}V$。

（4）电压的实际方向：规定为从高电位指向低电位，是降压的方向。用符号"＋"、"–"表示。

4. 电压与电位的区别

（1）电位的值随参考点选取的不同而不同，具有多值性。

（2）电压的值与参考点的选取无关，其值具有单一性。

5. 电动势

（1）非静电力将单位正电荷从电源负极移到正极所做的功，称为电动势。用 E 表示。

$$E=\frac{W}{q}$$

（2）单位：伏特。

（3）大小：在数值上等于电源两端的电压。

（4）方向：从电源的负极指向电源的正极。

6. 电动势与电压的关系

相同点：

（1）单位相同。

（2）都表示做功能力的大小。

区别：

（1）电动势与电压的物理意义不同。电动势表示非静电力做功的本领，电压表示电场力做功的本领。

（2）电动势仅在电源内部，是电源特有的。电压存在于电源的内、外部。

（3）电动势与电压的方向相反。

三、万用表面板介绍

万用表是一种多用途的测量仪表，由表头、刻度盘、量程选择开关、表笔等组成。一般可分为指针式和数字式两种。用于测量直流电流、直流电压、电阻、交流电压等。有些还可以测量交流电流、电容、电感和半导体元件的一些参数。

四、指针式万用表的使用方法

1. 使用前

（1）万用表水平放置。

（2）机械调零。

（3）红表笔插入"+"插孔，黑表笔插入"−"插孔。

（4）选择开关旋转到相应的项目和量程上。

2. 使用后

（1）拔出表笔。

（2）选择开关置"OFF"挡，或置交流电压最大量程挡。

（3）长期不用时将电池取出。

五、数字式万用表的使用方法

（1）万用表水平放置。

（2）摁下电源开关 ON，检查电池电量是否充足。

（3）正确插接表笔。

（4）量程的选择和测量同指针式万用表基本相同。

（5）测量中，如果显示器上只显示"1"，表示被测量值超出量程，应将功能开关置于更高的量程，再进行测量。

（6）当误用交流电压挡去测量直流电压，或者误用直流电压挡测量交流电压时，显示屏将显示"000"，或在低位上数字出现跳动。此时，应重新选择测量挡位。

（7）在测量高电压（220V 以上）或大电流（0.5A 以上）时，禁止直接换量程，以防止产生电弧，烧坏开关触点。

（8）当显示屏显示"←""BATT"或"LOWBAT"时，表示电池电压低于工作电压，需及时更换电池。

 **基本技能**

测量电路中任一点的电位及直流电压

（1）连接测量电路。

（2）选择直流电压挡位和合适量程。

（3）将万用表表笔与被测电路并联进行测量。

（4）读数。

任务二 测量电路的电流

一、电流

1．电流的定义

电荷的定向运动形成了电流。用字母 I 表示。

2．电流的单位

电流的单位为安培（A）。常用单位有毫安（mA）、微安（μA）等。

3．常用单位换算关系

$1mA=10^{-3}A$，$1\mu A=10^{-3}mA=10^{-6}A$。

二、电流的方向

正电荷定向移动的方向为电流的方向，即电流从电源的正极流向负极。

三、电流产生的条件

（1）有自由移动的电荷。

（2）导体两端存在电压。

（3）电路是闭合的。

四、电路的工作状态

（1）通路：电源与负载接成闭合回路，产生电流，并向负载输出电功率。

（2）断路（开路）：电路中某处断开，电路中无电流。

（3）短路：整个电路或某一部分被导线直接连通，电流直接流经导线而不再经过电路中的元件。

五、电功和电功率

1．电功

（1）电功是指电流通过用电器所做的功。用于计算电器消耗的电能。用字母 W 表示。

（2）计算公式：$W=Uq$； $W=UIt$。

（3）单位：焦耳（J），常用单位为千瓦·小时（度），用 kW·h 表示。

（4）换算关系：1 度=1kW·h=3.6×10^{6} J。

2．电功率

（1）电功率：单位时间内电流所做的功，反映电流做功的快慢。用字母 P 表示。

（2）计算公式：$P=\dfrac{W}{t}$；　　$P=UI$。

（3）单位：瓦特（W），常用单位为千瓦（kW）、毫瓦（mW）。

（4）换算关系：$1kW=10^3W$；$1mW=10^{-3}W$。

（5）额定电压：指用电器长期工作时所允许加的最大电压。

（6）额定功率：指在额定电压下，用电器所消耗的功率。

 基 本 技 能

测量电路中的电流

（1）连接测量电路。

（2）选择合适的电流量程。

（3）将万用表表笔与被测电路串联进行测量。

（4）读数。

任务三　电阻的测量

 **基 本 知 识**

一、电阻的概念

（1）导体对电流的阻碍作用称为该导体的电阻，用 R 表示。

（2）单位：欧姆（Ω）；常用单位有千欧（kΩ）、兆欧（MΩ）。

（3）换算关系：$1k\Omega=10^3\Omega$；$1M\Omega=10^3k\Omega=10^6\Omega$。

二、电阻的阻值

1．线性电阻

温度不变时，一定材料制成的导体的电阻跟它的长度成正比，跟截面积成反比。与所加电压和通过的电流无关。即：

$$R=\rho\frac{l}{S}$$

2．非线性电阻

非线性电阻的阻值随着电压或电流的变化而变化。如热敏电阻、二极管等。

三、色环电阻的阻值大小识别

色环电阻分为四环和五环两类。

1．色环的排列顺序

（1）四色环电阻：从左向右，第一道、第二道色环表示阻值的数字；第三道色环表示阻值的倍乘数；第四道色环表示阻值的误差范围。

（2）五色环电阻：从左向右，第一道、第二道、第三道色环表示阻值的数字；第四道色环表示阻值的倍乘数；第五道色环表示阻值的误差范围。

2．颜色和数字对应关系

色环电阻中颜色和数字之间存在着对应关系，读数前，首先要搞清其对应关系。

测量阻值

用万用表测量电阻的步骤。
（1）机械调零。
（2）选择合适的倍率挡。一般应使指针指在刻度尺的 1/3～2/3 处。
（3）欧姆调零。
（4）读数。

任务四　学习欧姆定律

一、欧姆定律

欧姆定律：是指在同一电路中，通过某段导体的电流跟这段导体两端的电压成正比，跟这段导体的电阻成反比。

其表达式为：$I=\dfrac{U}{R}$

注意：欧姆定律只适用于线性电路。

二、串联电路

电阻的串联：是将两个或两个以上的电阻顺次连接成一行的连接方式。
（1）电阻关系：总电阻等于各串联电阻之和。

$$R=R_1+R_2+R_3+\cdots+R_n$$

（2）电流关系：电流处处相等。

$$I=I_1=I_2=\cdots=I_n$$

（3）电阻串联分压公式

$$U_1 = U\frac{R_1}{R_1 + R_2 + \cdots + R_n}$$

$$U_2 = U\frac{R_2}{R_1 + R_2 + \cdots + R_n}$$

表明电阻串联时，电阻越大，分配的电压越大，电阻越小，分配的电压越小。

（4）电压关系：总电压等于各串联电阻两端电压之和。

$$U=U_1+U_2+\cdots+U_n$$

（5）串联电阻的功率分配：电阻值大，则消耗的功率也大。

$$P=P_1+P_2+P_3+\cdots+P_n$$

三、并联电路

电阻的并联：是将两个或两个以上的电阻并列连接的方式。

（1）电阻关系：

只有两个电阻并联时，通常记为

$$R=\frac{R_1 R_2}{R_1 + R_2}$$

多个电阻并联时，总电阻的倒数等于各电阻的倒数和。即

$$\frac{1}{R}=\frac{1}{R_1}+\frac{1}{R_2}+\frac{1}{R_3}+\cdots+\frac{1}{R_n}$$

（2）电流关系：总电流等于各支路电流之和。

$$I=I_1+I_2+\cdots+I_n$$

（3）两个电阻并联时，分流公式为

$$I_1 = \frac{R_2}{R_1 + R_2}I \qquad I_2 = \frac{R_1}{R_1 + R_2}I$$

表明两个电阻并联时，阻值越大的电阻分配到的电流越小，阻值越小的电阻分配到的电流越大，即并联电阻电路的分流原理。

（4）电压关系：并联电路各支路电阻的两端电压相等。

$$U=U_1=U_2=\cdots=U_n$$

（5）并联电阻的功率分配：电阻值大则消耗的功率就小。

$$P=P_1+P_2+P_3+\cdots+P_n=\frac{U^2}{R_1}+\frac{U^2}{R_2}+\cdots+\frac{U^2}{R_n}$$

基本技能

（1）验证欧姆定律。
（2）验证串联电路中电压、电流和电阻的关系。
（3）验证并联电路中电压、电流和电阻的关系。

任务五 基尔霍夫定律的应用

一、复杂电路中的电路术语

1．支路

电路中至少含有一个元件，两点之间通过同一电流的不分叉的一段电路称为支路。

2．节点

电路中三条或三条以上支路的连接点称为节点。

3．回路

电路中任意闭合的路径称为回路。

4．网孔

回路内部不含支路的称为网孔。

二、基尔霍夫定律

1．基尔霍夫电流定律（KCL）

在任意时刻，对电路的任意节点，流入节点的电流之和等于流出该节点的电流之和，简称 KCL 定律，即

$$\sum I_入 = \sum I_出$$

说明：列 KCL 方程前，先假设电流的参考方向。

2．基尔霍夫电压定律（KVL）

在任意时刻，对任意闭合回路，沿回路绕行方向上各段电压的代数和为零，又称回路电压方程，简称 KVL 定律，即

$$\sum U = 0$$

说明：先假设电压的参考方向和回路的绕行方向，电压的参考方向和回路的绕行方向一致时取正号，相反时取负号。

一、测量节点电流

（1）连接测量电路。

（2）设定三条支路的电流参考方向。

（3）选择直流电流挡位和适合的量程。

（4）测量并读数。

（5）比较实验数据，验证基尔霍夫第一定律（KCL）。

二、测量回路电压

（1）连接测量电路。

（2）选择直流电压挡位和适合的量程。

（3）测量并读数。

（4）比较实验数据，验证基尔霍夫第二定律（KVL）。

任务六　认识叠加定律

一、线性电路

线性电路是指电压和电流成正比，电路中的各个元件均为线性元件，其数值不随电压、电流的变化而变化的电路。

二、叠加定律

在一个含有几个电源共同作用的线性电路中，任一个支路电流（或电压）都等于各个电源分别单独作用时，在该支路产生的电流（或电压）的代数和，这就是电路的叠加定律。

三、叠加定律的应用

在应用电路的叠加定律分析计算时，需注意以下几点。

（1）只能用于计算线性电路的支路电流或电压，不适用于非线性电路。

（2）电压源不作用时，应将其视为短路；电流源不作用时，应将其视为开路。

（3）在叠加时，要注意电流或电压的参考方向。若分电流与总电流方向一致时，分电流取"+"，反之取"–"。

（4）不能直接进行功率的叠加，因为功率是电压和电流的乘积。

项目三　观察电容器的充、放电现象

复习要求

（1）了解电容器的概念、结构特点及用途、性能参数、表示方法。

（2）掌握电容器的连接方式，能根据连接方式计算电容值。

（3）掌握电容器的充、放电原理。

（4）能够识别电路中的电容器，可以依据电容器型号读出常用电容器的几个重要参数。

（5）能够直观准确地判别电解电容的正负极性，并能通过万用表识别其极性。

（6）能够根据电路需要选取电容；能够根据电路的需要，通过对电容器进行适当连接，实现电路对电容值的要求。

（7）能够用万用表对电容器的性能及质量优劣进行正确的判断。

复习内容

本项目主要介绍了电容器的结构、储能特性和充、放电现象的基本特征，串、并联等效电容和安全电压的计算方法。

任务一　认识电容器

基本知识

一、电容器的结构特点及用途

1．电容器

电容器是储存电荷的元件，用 C 表示，也可以储存电场能量。

2．平行板电容器

由两个正对的平行金属板中间夹上一层绝缘物质所组成的电容器，称为平行板电容器。组成电容器的两个导体称为极板，中间的绝缘物质称为电介质。

3．常用的电容器种类

按其介质材料可分为电解电容器、云母电容器、瓷介电容器和玻璃釉电容器等。

按电容量是否可调可分为固定电容器、可变电容器。

二、电容器的性能参数

1. 电容量

电容器所带电量与其端电压的比值称为电容量，表征了电容器容纳电荷的本领，即

$$C = \frac{q}{U}$$

（1）单位：法拉（F）；常用单位有毫法（mF）、微法（μF）、纳法（nF）、皮法（pF）。

（2）换算关系：$1F = 1 \times 10^3 \, mF = 1 \times 10^6 \, \mu F$

$$1\mu F = 1 \times 10^3 \, nF = 1 \times 10^6 \, pF$$

（3）C 的物理含义：C 具有双重意义，既代表电容器元件，又代表参数——电容量。

（4）平行板电容器的电容量为：

$$C = \varepsilon \frac{S}{d} = \varepsilon_r \varepsilon_0 \frac{S}{d}$$

式中，S 为两极板的正对面积，d 为两极板间的距离，ε 为电介质的介电常数，C 为电容量，ε_0 为真空中的介电常数，ε_r 为相对介电常数，$\varepsilon_r = \dfrac{\varepsilon}{\varepsilon_0}$。

2. 额定工作电压和允许误差

（1）电容器的额定工作电压又称耐压值，是指在规定温度范围内，能保证电容器长期连续工作而不被击穿的最高工作电压。通常在电容器上直接标出。

（2）电容器的允许误差一般标注在外壳上，按照精度的不同分为±1%、±2%、±5%、±10%、±20%五级（不包括极性电容器）。

一般极性电容器的允许误差范围比较大，如铝极性电容器的允许误差范围为-20%～+100%。

三、电容器的标示方法

1. 直标法

（1）直标法：是将电容量的标称容量和允许偏差等直接印在电容器外壳，如10μF/10V、47μF/25V 等。若是零点零几，常把整数位的"0"省去，如某电容量".02"表示0.02μF。

（2）不标单位的直接表示法：用1～4位数字表示电容量。当数字部分大于1时，单位为皮法，当数字部分大于0小于1时，其单位为μF。

2. 色标法

用不同的颜色表示不同的数字，其颜色和识别方法与电阻色环表示法一样，单位为pF。

3. 数字符号法

用2～4位数字和一个字母表示标称电容量，字母前为电容量的整数，字母后为电容量的小数部分。用于标注的字母有四个，p、n、μ、m 分别表示 pF、nF、μF 与 mF。

4．数码法

一般用三位数表示电容量的大小，前面两位数字为电容器标称电容量的有效数字，第三位数字表示有效数字后面零的个数，对于非电解电容器，其单位为pF，而对电解电容器而言，单位为μF。特例：当第三位数字是9时，表示为10^{-1}。

5．电容量单位的标注规则

当电容器的电容量大于100pF而又小于1μF时，一般不注单位。

没有小数点的，其单位是pF，如4700就是4700pF。

有小数点的，其单位是μF，如0.22就是0.22μF。

当电容量大于10 000pF时，可用μF作单位，

当电容量小于10 000pF时，可用pF作单位。

基本技能

一、常用电容器的识别

电解电容器引脚的极性判断方法如下。

（1）根据引脚长短的不同。通常长引脚为正极性引脚。

（2）根据端头形状的不同判别正负极。

（3）直接标出负极性引脚。

（4）对于旧的、失去外部标志的电解电容器而使其极性无法辨别。可以根据电解电容器正向连接时绝缘电阻大，反向连接时绝缘电阻小的特征来判别。用万用表红、黑表笔交换测量电容器的绝缘电阻，绝缘电阻大的一次，连接表内电源正极的表笔所接的就是电容器的正极（指针式万用表是黑表笔，数字式万用表是红表笔），另一极为负极。

二、常用电容器的检测

1．漏电电阻的测量

（1）对于电容量小于5000pF的电容器，万用表不能测量它的漏电电阻。

（2）用万用表的欧姆挡（$R×10k$ 或 $R×1k$ 挡）测量漏电电阻。当两表笔分别接至电容器的两根引脚时，表针首先朝顺时针方向（向右）摆动，然后，又慢慢地向左回归至∞位置的附近。当表针静止时所指的电阻值就是该电容器的漏电电阻 R。如表针距无穷大较远，表明电容器漏电严重，不能使用。

2．断路、击穿检测

检测6800pF～1μF的电容器时，用$R×10k$挡，红、黑表笔分别接电容器的两根引脚，再将红、黑表笔互换后测量，若表针无摆动，说明电容器已断路。若表针向右摆动一个很大的角度，且表针停在那里不动，说明电容器已被击穿或严重漏电。

注意：

（1）检测时手指不要同时碰到两支表笔。

（2）检测大电容器要根据电容量的大小，适当选择量程。

（3）重复检测电解电容器时，每次应将被测电容器的两个引脚短路。

（4）检测电容量小于6800pF的电容器时，可采用代替检查法或用具有测量电容量功能的数字万用表来测量。

三、电容器的正确选用

1．类型

一般根据电容器在电路中的作用及工作环境来选择类型。例如，高频电路中的电容器要求其高频特性好；高压环境下的电容器，要求具有较高的耐压性能；在电源滤波、去耦、低频级间耦合等电路中，要求电容量大的电容器。

2．电容量及精度选择

电容量的数值必须按规定的标称值来选择。不同类型的电容器其标称系列的分布规律是不同的。

3．耐压值的选择

一般选耐压值为实际工作电压的两倍以上。

四、电容器的使用常识

（1）使用前，应用电容表测电容量与标称值是否相符。在无条件时，可用万用表测充放电能力。

（2）极性电容器不能用于交流电路，使用时尽量远离发热元件。

（3）用于高频电路时，引脚应尽量短。

（4）可变电容器使用前应用万用表检查：定、动片是否短路，动片接地是否良好，转动是否平滑、轻松。

任务二　电容器的连接

基本知识

一、电容器的串联

将几个电容器的电极首尾相接，连成一种无分支路的连接方式称为电容器的串联。

（1）电荷量关系：串联电容器中每个电容器的电荷量都相等。

$$q_1 = q_2 = q_3 = \cdots = q_n = q$$

（2）电压关系：总电压等于各电容器电压之和。

$$U = U_1 + U_2 + \cdots + U_n$$

（3）电容量关系：串联电容器的等效电容量（总电容量）的倒数等于各电容器电容量的倒数和。所以，串联后电容器的总电容量比任意一个电容器的电容量都小。

$$\frac{1}{C} = \frac{1}{C_1} + \frac{1}{C_2} + \cdots + \frac{1}{C_n}$$

若只有两个电容器 C_1 与 C_2 串联，则等效电容量 $C = \dfrac{C_1 C_2}{C_1 + C_2}$ ；

若有 n 个相同的电容器 C_0 串联，则等效电容量 $C = \dfrac{C_0}{n}$ 。

电容器串联后，每个电容器的承受电压都小于外加总电压，所以，当电容器的耐压值小于外加电压时，可采用电容器串联的方法来获得较高的耐压值。

二、电容器的并联

把几个电容器的一个极板连接在一起，另一个极板也连在一起的连接方式称为电容器的并联。

（1）电压关系：各电容器的两端电压相等，都等于总电压。

$$U_1 = U_2 = \cdots = U_n = U$$

（2）电荷量关系：并联电容器的总电荷量 q 应该等于各电容器的电荷量之和。

$$q = q_1 + q_2 + \cdots + q_n$$

（3）电容量关系：并联电容器组的等效电容量（总电容量）等于各电容器的电容量之和。

$$C = C_1 + C_2 + \cdots + C_n$$

电容器并联后，可增大电容量值，加在每个电容器上的电压都等于电路总电压。并联电容器组的耐压值等于其中耐压值最小的一个。若任何一个电容器的耐压值小于并联电路电压时，该电容器将会被击穿而短路，整个电容器并联电路就会被短路，因此，在使用并联电容增大电容量时需注意。

任务三　观察电容器的充放电现象

 基本知识

一、电容器的充电过程

充电：使电容器储存电荷的过程。

二、电容器的放电过程

放电：使充电后的电容器失去电荷的过程。

电容器的充、放电过程，也就是电容器储存能量与释放能量的过程。

电容器的两个重要特性：

（1）阻止直流电流通过，允许交流电流通过。

（2）在充电或放电过程中，电容器两极板上的电荷有积累过程，或者说极板上的电压有建立过程，因此，电容器上的电压不能突变。

项目四　观察电磁感应现象

 **复习要求**

（1）了解磁场的概念及其特性。

（2）掌握磁力线、磁感应强度、磁通量等磁场的基本物理量。

（3）掌握磁场对电流的作用力及方向的判定方法，掌握左手定则。

（4）理解电感的概念及特性，了解电感器的外形、主要参数、分类及影响电感量的因素。

（5）了解电磁感应现象，掌握产生感应电流和感应电动势的条件；掌握感生电流方向的判定；能熟练判别感应电动势的方向，会计算感应电动势的大小。

（6）了解自感、互感的感念，掌握互感线圈同名端的判定方法。

（7）能够识别与检测常用的电感元件，并能识读出其主要参数。

（8）了解变压器的基本结构、分类、主要参数及工作原理，了解变压器的检测方法。

 **复习内容**

本项目主要介绍了磁场的基本物理量、电磁感应和定理、电感器的基本特征和相关计算。

任务一　认识磁场

 **基本知识**

一、磁场的基本性质

1．磁场产生的源

磁场产生的源主要有两大类：一类是磁体，一类是带电物体。

（1）磁体。

物体能够吸引铁、钴、镍等金属及其合金的性质称为磁性，具有磁性的物体称为磁体。磁体分为人造磁体和天然磁体。

（2）通电导体。

通电导体的周围也存在磁场。

2．磁场的定义

磁场是客观存在于磁体、运动电荷周围的一种特殊物质。

3．磁场的性质

磁场对处于其中的磁体、电流、运动电荷能够产生力的作用。

4．磁场的方向

磁体上磁性最强的部分称为磁极。磁极分为北极（N）和南极（S），并且成对出现。磁场是有方向的，规定在磁场中任意一点的小磁针静止时，N 极所指的方向为该点的磁场方向。

二、磁力线

在磁场中画一些曲线，使曲线上任何一点的切线方向都与该点的磁场方向相同，这些曲线称为磁力线。

磁力线是闭合曲线。在磁体外部，磁力线从 N 极到 S 极；在磁体内部，磁力线从 S 极到 N 极。

磁力线的疏密表示磁场的强弱：磁力线密处，磁场强；磁力线疏处，磁场弱。

三、磁场的基本物理量

1．磁通量

通过与磁场方向垂直的某一面积的磁力线总数，称为通过该面积的磁通量，简称磁通，用字母 Φ 表示，单位为韦伯（Wb）。

2．磁感应强度

（1）定义。

垂直通过单位面积的磁力线数目，称为磁感应强度（又称磁通密度），用字母 B 表示。

在均匀磁场中，磁感应强度的表达式为：$B=\dfrac{\Phi}{S}$

在磁场中，垂直于磁场方向的通电导体，所受的磁场力 F 与电流强度 I 和导线长度 l 的乘积的比值，称为通电导体所在处的磁感应强度，即：$B=\dfrac{F}{Il}$

（2）单位：特斯拉（T），简称特。

（3）磁场力。

将通电导体垂直地放入磁场中，载流导体就会在磁场中受到力的作用，磁场对电流的作用力称为磁场力。

磁场力的大小与磁场中的磁感应强度 B、电流 I、导体长度 l 的乘积成正比，即：

$$F=BIl$$

当电流的方向与磁场方向不垂直时，磁场力的大小为：

$$F=BIl\sin\theta$$

式中，θ 为 B 与 I 的夹角，l 为导线的有效长度。

磁场力的方向可用左手定则判定：伸出左手，使拇指与其余四指垂直，并与手掌在同一平面内，让磁力线垂直穿过手心，四指指向电流方向，则拇指所指方向为通电导体所受磁场力的方向。

四、铁磁材料

根据导磁性能的好坏，物质可分为铁磁材料和非铁磁材料。

含有铁、钴、镍及其合金的材料称为铁磁材料，铁磁材料具有很强的磁化特性。铁磁材料的导磁性能好，对磁通的阻碍作用很小。

非铁磁材料很难被磁化，如空气、木材等，这些材料导磁性能很弱，对磁通的阻碍作用很大。

铁磁材料又可分为三类：硬磁材料、软磁材料和矩磁材料。

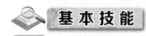

安培右手定则的运用

1．判定直线电流磁力线与电流方向之间的关系

右手握住导线，让大拇指所指方向与电流方向一致，则弯曲的四指所指方向就是磁力线环绕的方向。

2．判定环形电流磁力线与电流方向之间的关系

让右手弯曲的四指与环形电流的方向一致，则伸直的大拇指所指的方向就是环形电流中心轴线的磁力线方向。

3．判定通电螺线管电流磁力线与电流方向之间的关系

右手握住螺线管，让弯曲的四指所指方向与电流方向一致，则大拇指所指方向即为螺线管内部磁力线方向，即大拇指所指为通电螺线管的 N 极。

任务二　观察电磁感应现象

一、电磁感应现象

1．电磁感应现象的定义

闭合电路的一部分导体做切割磁力线运动时，或穿过闭合电路的磁通量发生变化时，闭合电路中有电流产生的现象称为电磁感应现象。

2．感应电流

闭合电路在原磁场内产生的磁场阻碍原磁场磁通量发生变化的电流称为感应电流。

3．产生感应电流的条件

穿过闭合电路的磁通量发生变化。

二、感应电流的方向

1．右手定则

具体方法：伸开右手，使大拇指与其余四指垂直，且在同一平面内，让磁力线垂直穿过手心，大拇指指向导体切割磁力线的方向，则其余四指所指的方向就是感应电流的方向。

2．楞次定律

1834 年，俄国物理学家楞次总结出判断感应电流方向的楞次定律：感应电流产生的磁场总是阻碍引起感应电流的磁通量的变化。

应用楞次定律判定感应电流方向的具体步骤如下。

（1）明确原磁场的方向，确定穿过闭合电路的磁通量是增加还是减少。

（2）根据楞次定律确定感应电流的磁场方向，穿过闭合电路的磁通量增加，则感应电流磁场的方向与原磁场的方向相反；若穿过闭合电路的磁通量减少，则感应电流磁场的方向与原磁场的方向相同。

（3）根据安培定则，由感应电流的磁场方向确定感应电流的方向。

三、电磁感应定律

电路中感应电动势的大小与穿过这一电路的磁通变化率成正比，这就是电磁感应定律。

$$\varepsilon = \frac{\Delta \Phi}{\Delta t}$$

如果线圈为 N 匝，则

$$\varepsilon = N \frac{\Delta \Phi}{\Delta t}$$

如果导体切割磁力线并且速度的方向与磁感应强度的方向垂直时，则

$$\varepsilon = Blv$$

当速度的方向与磁感应强度的方向不垂直时，即

$$\varepsilon = Blv\sin\theta$$

即速度 v 应是垂直于 B 的一个分量 $v\sin\theta$。

任务三　认识电感器

基 本 知 识

一、电感器

用导线绕制而成的线圈就是一个电感器，又称电感线圈，简称线圈，用 L 表示。

电感器是一种储能元件，能够把电能转化为磁能。

二、电感器的分类

（1）按电感器形式可分为固定电感器、可变电感器。
（2）按外形可分为空心线圈、实心线圈。
（3）按工作性质可分为天线线圈、振荡线圈、扼流线圈、陷波线圈、偏转线圈。
（4）按绕线结构可分为单层线圈、多层线圈、蜂房式线圈。

三、电感器的主要参数

1．感抗

电感线圈对交流电呈现出一种特殊的阻碍作用。感抗的计算公式为

$$X_{\mathrm{L}} = 2\pi f L$$

2．标称电流

标称电流又称额定电流，指电感器在正常工作时所允许通过的最大电流。

3．品质因数

品质因数是衡量线圈品质好坏的一个物理量，用字母"Q"表示。

4．分布电容

分布电容是指线圈匝与匝之间、线圈与屏蔽罩之间、线圈与底板间存在的电容量。分布电容量越小越好。

四、电感器的识别

电感器的标示方法有三种。
（1）直标法：将电感量直接印在电感器上。
（2）色标法：用色环标示电感量，第一、二位表示有效数字，第三位表示倍率，第四位表示误差。单位为μH。
（3）数码法：标示电感量采用三位数字表示，前两位数字表示电感量的有效数字，第三位数字表示 0 的个数，单位为μH。

基本技能

电感器的检测

常见的电感器故障主要有断路、短路和电感量减小。

用万用表 $R{\times}1$ 挡，测量电感器的阻值，正常时一般为几欧姆到几十欧姆；如果测得的阻值为无穷大，则说明该电感断路；如果为 0，则说明内部短路。

任务四　认识线圈的自感和互感

一、自感现象及自感电动势

1. 自感现象

由于导体本身的电流变化而引起的电磁感应现象称为自感现象。

2. 自感电动势

在自感现象中产生的感应电动势称为自感电动势。

3. 自感电动势的数学表达式

$$e_L = -L\frac{\Delta i}{\Delta t}$$

自感电动势的大小与线圈的电感量及线圈中外电流变化的快慢（变化率）成正比；负号表示自感电动势的方向。

二、互感现象及互感电动势

1. 互感现象

互感现象是指一个线圈中的电流变化而引起与它相近的其他线圈产生感应电动势的现象。

2. 互感电动势

由互感现象产生的感应电动势称为互感电动势。

3. 互感电动势的方向判断

（1）什么是同名端？

同名端就是绕在同一铁芯上的线圈，由于绕向一致而产生感应电动势的极性始终保持一致的端点称为线圈的同名端。

（2）互感电动势的方向如何判断？

根据楞次定律，判断出某端自感电动势的极性，再根据同名端的概念，得出互感电动势的极性。

互感线圈的同名端的判别

1. 交流电压法

如图 4-1 所示，将两个绕组 L_1、L_2 的任意两端连在一起，其中的一个绕组两端加一个交流低电压，用交流电压表分别测出端电压 U_1、U_2 和 U_3，若 $U_3=U_1-U_2$，则 1、3 为同名端，2、4 也为同名端。若 $U_3=U_1+U_2$，则 1、4 为同名端，2、3 也为同名端。

2．直流电压法

如图 4-2 所示，将万用表搭在直流电压挡或直流电流挡，当开关闭合的瞬间，如果万用表的指针正向偏转，或开关断开的瞬间反向偏转，红表笔接的头 3 和电池正极接的头 1 为同名端；反向偏转时，黑表笔接的头 4 和电池正极接的头 1 是同名端。

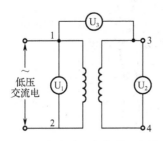
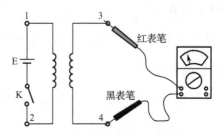

图 4-1 交流法测定线圈同名端　　　　图 4-2 直流法测定线圈同名端

任务五　认识变压器

一、变压器的基本结构

电力变压器主要由铁芯、线圈（即绕组）和冷却装置三大部分组成。

1．什么是铁芯？

铁芯是变压器磁路的主体，分为铁芯柱和铁轭，铁芯采用硅钢片叠装而成。

2．什么是绕组？

绕组是变压器的电路部分，一般是用绝缘扁铜线或圆铜线在绕线模上绕制而成。一次绕组主要是输入电能；二次绕组主要是输出电能。

二、变压器的分类

1．变压器的分类

（1）按用途分为：电力变压器、仪用互感器、特种变压器（如调压变压器、试验变压器、电炉变压器、整流变压器、电焊变压器等）。

（2）按绕组数目分为：双绕组变压器、三绕组变压器、多绕组变压器、自耦变压器。

（3）按铁芯结构分为：心式变压器、壳式变压器。

（4）按相数分为：单相变压器、三相变压器、多相变压器。

（5）按冷却介质和冷却方式分为：油浸式变压器、干式变压器、充气式变压器。

（6）按容量大小分为：小型变压器、中型变压器、大型变压器、特大型变压器。

三、变压器的工作原理

1．单相变压器基本工作原理

（1）什么是原绕组？

接电源的绕组 N_1 称为原绕组（又称初级绕组、一次绕组）。

（2）什么是副绕组？

接负载的绕组 N_2 称为副绕组（又称次级绕组、二次绕组）。

2．变压器的空载运行及变压器的变压比 k_u

（1）什么是变压器的空载运行？

变压器的空载运行即原绕组接交流电源，副绕组不带负载（和负载断开）时的运行状况。

（2）什么是变压器的变压比 k_u？

空载时，变压器的变压比 k_u，即原绕组电压有效值 U_1 与副绕组电压有效值 U_2 之比，近似等于原绕组匝数 N_1 与副绕组匝数 N_2 之比，即

$$k_u = \frac{U_1}{U_2} \approx \frac{N_1}{N_2}$$

说明：原、副绕组中电压与其匝数成正比。

（3）变压比 k_u 的讨论。

$k_u > 1$ 时，$N_2 < N_1$，则为降压变压器。

$k_u < 1$ 时，$N_2 > N_1$，则为升压变压器。

$k_u = 1$ 时，$N_2 = N_1$，则为隔离变压器。

四、变压器的主要参数及型号

1．变压器的主要参数

（1）额定容量（kV·A）：表示在额定使用条件下变压器的输出能力，用千伏安表示；对三相变压器而言，额定容量是指三相容量之和。

（2）额定电压（kV）：表示变压器长时间运行时所能承受的工作电压，以伏或千伏表示。在三相变压器中，若没有特殊说明，额定电压都指线电压。

（3）额定电流（A）：表示变压器各绕组在额定负载情况下的电流值，以安表示。在三相变压器中，若没有特殊说明，都指线电流。

2．变压器的型号

变压器型号采用汉语拼音大写字母或其他合适的字母来表示产品的主要特征。

变压器的检测

1. 绝缘性能的检测

选择指针式万用表的 $R\times10k$ 挡，分别测量变压器铁芯与原绕组、铁芯与各副绕组、原绕组与各副绕组、静电屏蔽层与原绕组、副绕组之间的电阻值，正常时，应为无穷大或 $100M\Omega$ 以上；否则说明绝缘性能不良。

2. 线圈通断的检测

选择指针式万用表的 $R\times1$ 挡，然后，检测每个绕组两个接线端子之间的电阻值，正常时电阻很小；如果测得的电阻值无穷大，说明某个绕组出现了断路。

如果出现变压器过热或发热过快，则说明变压器线圈内部匝间有短路现象。

3. 原、副绕组的判别

对于输出变压器来说，测得电阻值大的那个绕组为原绕组，测得电阻值小的绕组为副绕组，原绕组的漆包线比副绕组的细。

电源变压器的原绕组和副绕组的引脚分别从两侧引出，原绕组多标有 220V 字样，副绕组则标出的额定电压值多为 15V、24V 等。

项目五　认识单相正弦交流电路

 **复习要求**

（1）了解单相正弦交流电的概念及其产生过程。
（2）掌握正弦交流电的表示方法和基本要素。
（3）掌握单一元件（电阻、电感器、电容器）交流电路中电压与电流的关系。
（4）掌握多个元件交流电路中电压与电流的关系。
（5）能够使用信号发生器和示波器观察正弦交流电的波形。
（6）能够分析并计算单一元件的正弦交流电路的基本物理量。
（7）能正确分析并计算多个元件的正弦交流电路的基本物理量。
（8）掌握日光灯电路的结构及工作原理，能够进行典型日光灯电路的连接与测量。
（9）了解 RLC 串联谐振、并联谐振的概念、特点及应用。

 **复习内容**

本项目主要介绍了正弦交流电的基本概念、表示方法和正弦交流电路的分析计算方法。

任务一　认识单相正弦交流电

 **基本知识**

一、正弦交流电的基本概念

大小和方向随时间作周期性变化的电压和电流统称为交流电。
交流电分为正弦交流电和非正弦交流电。
电压、电流的大小和方向随时间按正弦规律变化为正弦交流电。
三角波、方波、锯齿波为非正弦交流电。

二、正弦交流电的产生

（1）将矩形线圈置于匀强磁场中匀速转动，产生按正弦规律变化的交流电，称为正弦交流电，它是一种最简单而又最基本的交流电。
（2）正弦交流电的一般表达式：

$$e = E_m \sin(\omega t + \varphi_0)$$

$$i = I_\mathrm{m}\sin(\omega t + \varphi_0)$$
$$u = U_\mathrm{m}\sin(\omega t + \varphi_0)$$

（3）正弦交流电波形图。

正弦交流电的变化规律也可以用波形图直观地表示出来。

 **基 本 技 能**

单相插座的认知

（1）插座一般不用开关控制，始终带电。

（2）插座插孔的分类和极性。

（3）双孔插座水平安装时左零右火；竖直排列时下零上火。

（4）三孔插座左零右火上地。

（5）三相四孔插座，下面三个较小的孔分别接三相电源的相线，上面较大的孔接保护地线。

任务二　认识正弦交流电的基本要素

 **基 本 知 识**

一、正弦交流电的基本要素

正弦交流电的三要素：振幅（最大值）、初相（位）、频率。

1. 振幅（最大值）

正弦交流电在时域内可用正弦函数来表示，即

$$e = E_\mathrm{m}\sin(\omega t + \varphi_0)$$
$$i = I_\mathrm{m}\sin(\omega t + \varphi_0)$$
$$u = U_\mathrm{m}\sin(\omega t + \varphi_0)$$

式中，E_m、I_m、U_m 称为这些正弦量的最大值。

2. 角频率、周期和频率

（1）角频率：交流电每秒变化的电角度，用 ω 表示，单位为弧度/秒（rad/s）。

（2）周期：交流电完成一次周期性变化所需的时间，用 T 表示，单位为秒（s）。

（3）频率：交流电在 1s 内完成周期性变化的次数，用 f 表示，单位为赫兹（Hz）。

它们之间的关系如下：

$$T = \frac{1}{f} \quad \text{或} \quad f = \frac{1}{T}$$

$$\omega = \frac{2\pi}{T} = 2\pi f$$

3．相位、初相和相位差

（1）正弦交流电的解析式中（$\omega t + \varphi_0$）称为交流电的相位，又称相角。

（2）计时开始时刻，即 $t=0$ 时的相位 φ_0 称为初相，它反映了交流电起始时刻的状态。

注意：习惯上初相的绝对值用小于 π 的角度表示。凡大于 π 弧度的正角就改用负角表示。

（3）两个同频率正弦量的相位之差，即初相之差。表征两个同频率正弦量变化的步调，即在时间上超前或滞后，到达正、负最大值或零值的关系。用 φ 表示。

注意：用绝对值小于π的角度来表示相位差。

（4）相位关系。

若 $\varphi_{ui} > 0$，则称 u 在相位上超前 i 一个 φ 角；若 $\varphi_{ui} < 0$，则称 u 在相位上滞后 i 一个 φ 角；若 $\varphi_{ui} = 0$，则称 u 与 i 同相；若 $\varphi_{ui} = \pm\dfrac{\pi}{2}$，则称 u 与 i 正交；若 $\varphi_{ui} = \pi$，则称 u 与 i 反相。

初相随计时起点的改变而改变，而相位差则保持不变，两者均在 $-\pi \sim +\pi$ 范围内取值。

4．有效值和平均值

（1）什么是有效值？

把交流电 i 与直流电 I 分别通过两个相同电阻，如果在相同时间内产生的热量相同，则该直流电的数值 I 就称为交流电 i 的有效值。平时所说的交流电的值就是指有效值。

（2）正弦交流电的有效值和最大值的关系是什么？

$$E = \frac{E_m}{\sqrt{2}} \approx 0.707 E_m \qquad I = \frac{I_m}{\sqrt{2}} \approx 0.707 I_m \qquad U = \frac{U_m}{\sqrt{2}} \approx 0.707 U_m$$

（3）什么是平均值？与最大值的关系如何？

交流电压或电流在半个周期内所有瞬时值的平均数，是最大值的 2/π 倍，即 0.637 倍。

二、正弦交流电的相量表示

正弦交流电的表示方法有解析式表示法、波形图表示法、矢量（相量）表示法。

1．波形图表示法

横坐标表示角度 ωt（或时间 t），纵坐标表示随时间变化的电动势、电压和电流的瞬时值，这就是正弦交流电的波形图表示法。

2．解析式表示法

解析式表示法即函数表示法。

3．矢量表示法

以坐标原点 O 为端点做一条有向线段，线段的长度与正弦量的最大值或有效值成正比，线段与横轴正方向的夹角等于正弦量的初相，称为正弦量的矢量表示法。

一、低频信号发生器的使用

（1）信号发生器面板结构的认识。

（2）信号发生器面板旋钮及按键功能。

（3）信号发生器的使用。

① 开机。

② 按频率范围，选择合适的频率挡位。

③ 按信号波形选择按钮。

④ 按"确认"键，信号发生器开始输出波形。

⑤ 调节"调频"和"调幅"及衰减旋钮，并根据显示调整到所需要的频率和幅度。

⑥ "OUT"端输出所需要的函数波形。

二、示波器的使用

（1）YB43020B 示波器面板控制及功能说明。

（2）YB43020B 示波器的基本操作。

① 观察信号发生器波形。

将信号发生器的输出端接到示波器 Y 轴输入端上。开启信号发生器，调节示波器，观察正弦波形，并使其稳定。

② 正弦波电压测量。

正弦波电压峰-峰值 U_{p-p} 为

$$U_{p-p} = （垂直距离 DIV）\times （挡位 V/DIV）\times 探头衰减率$$

正弦波电压有效值 U 为

$$电压有效值 = 电压峰-峰值/2\sqrt{2}$$

③ 测量正弦波周期和频率。

正弦波的周期 T 为

$$T = （水平距离 DIV）\times （挡位 t/DIV）$$

然后求出正弦波的频率。

任务三　认识单一元件的正弦交流电路

一、纯电阻电路

1. 电流与电压的关系

（1）电流、电压间的相位关系。

在纯电阻电路中，电流与电压频率相同、相位相同，相位差为零。

（2）电流、电压间的数量关系。

在纯电阻电路中，电流与电压最大值、有效值、瞬时值之间均服从欧姆定律。

2．纯电阻电路的功率

（1）瞬时功率：$p = ui = U_\mathrm{m}\sin\omega t I_\mathrm{m}\sin\omega t = U_\mathrm{m}I_\mathrm{m}\sin^2\omega t$

（2）平均功率（有功功率）：$P=UI$

电阻是耗能元件，电阻的平均功率（有功功率）等于电流有效值与电阻两端电压有效值的乘积。

二、纯电容器电路

1．电容器对交流电的阻碍作用

（1）容抗：电容器对交流电的阻碍作用称为容抗。

（2）容抗计算：

$$X_\mathrm{C} = \frac{1}{\omega C} = \frac{1}{2\pi f C}$$

式中，X_C、C、f的单位分别是欧姆（Ω）、法（F）、赫兹（Hz）。

（3）电容器的特性：

电容器具有"通交流、阻直流""通高频、阻低频"的特性。

2．电流、电压间的相位关系

在纯电容器电路中，电流超前电压$\dfrac{\pi}{2}$。

3．电流、电压间的数量关系

$$U_\mathrm{C} = X_\mathrm{C}I$$
$$U_\mathrm{m} = X_\mathrm{C}I_\mathrm{m}$$

在纯电容器电路中，电流、电压的有效值和最大值均服从欧姆定律，而瞬时值不满足欧姆定律。

4．纯电容器电路的功率

（1）瞬时功率：$p_\mathrm{C} = u_\mathrm{C}\,i = U_\mathrm{C}I\sin 2\omega t$。

（2）有功功率：$P_\mathrm{C} = 0$，电容器是储能元件。

（3）无功功率：$Q_\mathrm{C} = U_\mathrm{C}I = I^2 X_\mathrm{C} = \dfrac{U_\mathrm{C}^2}{X_\mathrm{C}}$，单位是乏（var），表征电容器元件与电源之间能量交换的最大速率。

三、纯电感器电路

1．电感器对交流电的阻碍作用

（1）感抗：电感器对交流电的阻碍作用称为感抗。

（2）感抗计算：

$$X_\mathrm{L} = \omega L = 2\pi f L$$

式中，X_L、L、f的单位分别是欧姆（Ω）、亨（H）、赫兹（Hz）。

（3）电感器的特性：

电感器具有"通直流、阻交流""通低频、阻高频"的特性。

2．电流、电压间相位关系

在纯电感器电路中，电压超前电流$\dfrac{\pi}{2}$。

3．电流、电压间数量关系

$$U_L = X_L I$$
$$U_m = X_L I_m$$

在纯电感器电路中，电流、电压的有效值、最大值服从欧姆定律。值得注意的是，由于纯电感器电路中电压和电流相位不同，瞬时值不符合欧姆定律。

4．纯电感器电路的功率

（1）瞬时功率：$p_L = u_L i = U_L I \sin 2\omega t$。

（2）有功功率：$P_L = 0$。

（3）无功功率：$Q_L = U_L I = I^2 X_L = \dfrac{U_L^2}{X_L}$，单位是乏（var），表征电感器元件与电源之间

能量交换的最大速率。

日光灯电路的连接与测量

（1）日光灯的结构、功能。

（2）日光灯的工作原理。

日光灯的工作原理分两个部分：启辉过程和工作过程。

（3）日光灯电路的安装。

（4）日光灯的维修。

任务五　认识多个元件的正弦交流电路

一、RLC 串联电路

1．RLC 串联电路电流与电压间的关系

（1）瞬时值间的关系为

$$u = u_R + u_L + u_C$$

（2）相量的关系为

$$\dot{U} = \dot{U}_R + \dot{U}_L + \dot{U}_C$$

（3）有效值间的关系为

$$U = \sqrt{U_R^2 + (U_L - U_C)^2}$$

（4）总电压与电流间的相位差为

$$\varphi = \arctan \frac{U_L - U_C}{U_R}$$

当 $U_L > U_C$ 时，$\varphi > 0$，电压超前电流。

当 $U_L < U_C$ 时，$\varphi < 0$，电压滞后电流。

当 $U_L = U_C$ 时，$\varphi = 0$，电压、电流同相。

2. RLC 串联电路的阻抗

（1）电抗。

$$X = X_L - X_C$$

电抗的单位是欧姆（Ω）。

（2）阻抗三角形。

在 RLC 串联电路中，阻抗、电阻、感抗、容抗间的关系为

$$Z = \sqrt{R_2 + (X_L - X_C)^2} = \sqrt{R^2 + X^2}$$

阻抗角为

$$\varphi = \arctan \frac{X_L - X_C}{R} = \arctan \frac{X}{R}$$

（3）电抗 X 的值决定电路的性质。分三种情况：

① 当 $X_L > X_C$ 时，$X > 0$，则阻抗角 $\varphi = \arctan \dfrac{X}{R} > 0$，即总电压 u 超前电流 i，电路呈感性。

② 当 $X_L < X_C$ 时，$X < 0$，则阻抗角 $\varphi = \arctan \dfrac{X}{R} < 0$，即总电压 u 滞后电流 i，电路呈容性。

③ 当 $X_L = X_C$ 时，$X = 0$，则阻抗角 $\varphi = \arctan \dfrac{X}{R} = 0$，即总电压 u 与电流 i 同相，电路呈电阻性，电路的这种状态称为谐振。

3. RLC 串联电路的功率

视在功率 S、有功功率 P 和无功功率 Q 组成功率三角形。

（1）有功功率：电阻上所消耗的功率。

$$P = U_R I = I^2 R = \frac{U_R^2}{R} = UI\cos\varphi$$

（2）无功功率：Q_L 和 Q_C 分别表征它们能量交换的最大速率。

$$Q = U_L I - U_C I = (U_L - U_C)I = I^2(X_L - X_C) = UI\sin\varphi$$

（3）视在功率：表征电源提供的总功率。

$$S = UI = \sqrt{P^2 + Q^2}$$

$$P = S\cos\varphi \qquad Q = S\sin\varphi$$

（4）功率因数：电路中电源提供的全部功率（视在功率 S）与实际做功的功率（有功功率 P）的比值称为功率因数，用字母 λ 表示，即：

$$\lambda = \cos\varphi = P/S$$

电路的功率因数越大，则电源的电能转换为热能或机械能越多，而与电感器或电容器交换的能量就越少，由于交换的这一部分能量没有被利用，因此，功率因数越大则说明电源的利用率越高。

4．RLC 串联谐振电路

（1）谐振条件

$$X = X_{\mathrm{L}} - X_{\mathrm{C}} = 0$$

（2）谐振角频率

$$\omega_0 = \frac{1}{\sqrt{LC}}$$

（3）谐振频率

$$f_0 = \frac{1}{2\pi\sqrt{LC}}$$

式中，f_0 仅由 L、C 决定，与 R 无关，反映了电路本身的固有性质。f_0 称为电路的固有频率。

5．RLC 串联谐振的特点

（1）串联谐振时，$X_{\mathrm{L}} = X_{\mathrm{C}}$，电路的复阻抗为 $Z=R$，呈电阻性，其阻抗值最小。

$$Z = \sqrt{R^2 + X^2} = R$$

（2）谐振时，总阻抗最小，总电流量最大，即

$$I = I_0 = \frac{U}{R}$$

（3）串联谐振时，电感器和电容器的端电压大小相等，相位相反，并且等于总电压的 Q 倍，因此串联谐振又叫电压谐振，即：$U_0 = QU$

（4）特性阻抗。

RLC 串联电路在谐振时的感抗或容抗都称为谐振电路的特性阻抗。用 ρ 表示。单位是欧姆（Ω）。

$$\rho = \omega_0 L = \frac{1}{\omega_0 C} = \frac{L}{\sqrt{LC}} = \sqrt{\frac{L}{C}}$$

（5）品质因数。

特性阻抗 ρ 与电路的电阻 R 的比值称为品质因数，用 Q 表示，用于表征电路的性能。

$$Q = \frac{\rho}{R} = \frac{\omega_0 L}{R} = \frac{1}{\omega_0 CR} = \frac{1}{R}\sqrt{\frac{L}{C}}$$

（6）串联谐振时，电路的无功功率为零，电源只提供能量给电阻元器件消耗，而电路内部电感的磁场能和电容的电场能正好完全相互转换。

6. RLC 串联谐振电路在工程中的应用

（1）电感器和电容器元件两端的电压达到电源电压的 Q 倍，即 U_L、U_C 都远远大于电源电压 U。如果电压过高可能损坏电感线圈或电容器，因此，电力工程上要避免发生串联谐振。

（2）在电子技术中，由于外来信号微弱，常常利用串联谐振来获得一个与信号电压频率相同，但数值大很多倍的电压。在无线电工程上，又可利用这一特点达到选择信号的作用。

7. RLC 串联谐振电路对工程设备的不良影响

在低压电网中有大量整流、变流和变频装置等谐波源，它们产生的高次谐波会严重危害主变压器及系统中其他电气设备的安全运行。为此，采用与电容器相串联的方法研制出滤波电抗器，它能有效地吸收电网谐波，同时提高了系统的功率因数，对系统的安全运行起到了较大的作用。

二、RLC 并联电路

总电流与分电流之间的关系。

（1）瞬时值间的关系

$$i = i_R + i_L + i_C$$

（2）相量间的关系

$$\dot{I} = \dot{I}_R + \dot{I}_L + \dot{I}_C$$

（3）有效值间的关系

$$I = \sqrt{I_R^2 + (I_L - I_C)^2}$$

（4）总电压与电流间的相位差

$$\varphi = \arctan \frac{I_C - I_L}{I_R}$$

三、并联谐振

（1）并联谐振的条件

$$\omega_0 L = \frac{1}{\omega_0 C}$$

（2）谐振频率

$$f_0 = \frac{1}{2\pi\sqrt{LC}}$$

（3）RLC 并联谐振电路的特点。

① 总电流量最小。

$$I = I_R$$

② 总阻抗最大。

$$Z = \frac{U}{I}$$

③ 并联谐振频率为

$$f_0 = \frac{1}{2\pi\sqrt{LC}}$$

④ 谐振时，总电流与电压同相，电路呈电阻性。

⑤ 特性阻抗 ρ 和品质因素 Q 分别为

$$\rho = \sqrt{\frac{L}{C}}$$

$$Q = \frac{\omega_0 L}{R} = \frac{\rho}{R}$$

⑥ 支路电流是总电流的 Q 倍

$$I_L = QI$$

$$I_C = QI$$

因此，并联谐振又称电流谐振。

项目六　认识三相正弦交流电路

复习要求

（1）了解三相交流电的产生和三相负载的连接形式。
（2）掌握三相负载星形连接时的电压、电流关系。
（3）掌握三相负载三角形连接时的电压、电流关系。
（4）掌握三相电路的功率计算方法。
（5）能够测量相电压、线电压、线电流、相电流。
（6）能够正确完成三相负载的星形连接和三角形连接。
（7）掌握三相功率的测量方法。

复习内容

本项目主要介绍了三相交流电的产生、三相电源的星形和三角形连接方式、三相负载的星形和三角形连接方式及相关计算。

任务一　认识三相正弦对称电源

基本知识

一、三相交流发电机

1．三相交流发电机的简单构造

三相交流发电机主要由定子和转子两部分组成。

2．每个绕组有几个端子？共分成几相？

每个绕组包括始端和末端。每个绕组称为发电机的一相，共三相，分别称为 U 相、V 相和 W 相。

二、三相交流电压

三个同频率、等振幅、初相依次落后 120° 的电动势。它们的瞬时值表达式为

$$e_{\mathrm{U}} = E_{\mathrm{m}} \sin \omega t$$

$$e_V = E_m \sin\left(\omega t - \frac{2\pi}{3}\right)$$

$$e_W = E_m \sin\left(\omega t + \frac{2\pi}{3}\right)$$

三、三相交流电的相序

1. 相序

三相电动势到达最大值（或零值）的先后顺序，称为相序。

2. 正序

若各相电动势依次到达最大值的顺序为 U、V、W，则这种相序称为正序。

3. 负序

若各相电动势依次到达最大值的顺序为 U、W、V，则这种相序称为负序。

在供电电路中，相序一旦确定（通常采用正序），就不可随意改变，并在配电母线上涂上黄、绿、红三种不同颜色，分别表示 U 相、V 相和 W 相。

四、三相电源的星形连接

1. 中线

公共点 N 称为中性点或零点，引出的导线称为中线或零线。若 N 点接地，则中性线又称地线。

2. 相线

U、V、W 端引出的三根输电线 L_1、L_2、L_3 称为相线，俗称火线。

3. 三相四线制

由三根火线和一根中线组成的三相供电系统称为三相四线制。

五、线电压与相电压

1. 线电压和相电压

相线与相线之间的电压称为线电压，用 U_{L1-2}、U_{L2-3}、U_{L3-1} 表示其有效值。相线与中线之间的电压称为相电压，用 U_U、U_V、U_W 表示其有效值。

$$U_{L1-2} = U_U - U_V$$
$$U_{L2-3} = U_V - U_W$$
$$U_{L3-1} = U_W - U_U$$
$$U_{线} = \sqrt{3}\,U_{相}$$
$$\varphi_{线} = \varphi_{相} + 30°$$

2．用相量表示线电压和相电压

$$\dot{U}_{L1-2} = \dot{U}_U - \dot{U}_V$$
$$\dot{U}_{L2-3} = \dot{U}_V - \dot{U}_W$$
$$\dot{U}_{L3-1} = \dot{U}_W - \dot{U}_U$$

三相四线制低压配电线路，线电压 $U_L = 380V$ ，相电压 $U_P = 220V$ 。

任务二　三相负载的连接

 **基本知识**

一、三相负载的星形连接

1．连接方式

把各相负载的始端 U_1、V_1、W_1 分别接到三相电源的三根相线上，把各相负载的末端 U_2、V_2、W_2 连在一起接到三相电源的中线上，这种连接方式称为三相负载的星形连接，用符号"Y"表示。

2．负载的线电压与相电压的关系

$$U_L = \sqrt{3}U_{YP}$$

3．负载的线电流与相电流的关系

线电流和相电流是同一电流，即

$$I_{YL} = I_{YP}$$

4．对称三相负载的各相电流的关系

对称三相负载的各相电流对称，即

$$I_{YP} = I_U = I_V = I_W = \frac{U_{YP}}{Z_P}$$

各相电流之间的相位差为 $\frac{2\pi}{3}$ 。

5．流过中线的电流为

$$i_N = i_U + i_V + i_W$$
$$\dot{I}_N = \dot{I}_U = \dot{I}_V = \dot{I}_W$$

二、中线的作用

（1）对称三相负载作星形连接时，中线电流为零。中线可去掉。
（2）不对称负载星形连接时，必须保留中线。若无中线，可能使某一相电压过低，而

使该相用电设备不能正常工作；某一相电压过高，则烧毁该相用电设备。

三、三相负载的三角形连接

1．连接方式

把三相负载分别接到三相交流电源的每两根相线之间，这种连接方式称为三相负载的三角形连接，用符号"△"表示。

2．三相负载的线电压与相电压的关系

$$U_{\triangle P} = U_L$$

3．对称三相负载的各相电流的关系

$$I_{UV} = I_{VW} = I_{WU} = \frac{U_{\Delta P}}{Z_{UV}} = \frac{U_L}{Z_{UV}}$$

各相电流间的相位差仍为 $\dfrac{2\pi}{3}$。

4．三相负载的线电流与相电流的关系

当对称三相负载作三角形连接时，线电流的大小为相电流的 $\sqrt{3}$ 倍，即

$$I_{\triangle L} = \sqrt{3}I_{\triangle P}$$

$$\varphi_L = \varphi_P - 30°$$

任务三 计算三相电路的功率

 基 本 知 识

一、三相对称负载功率的计算

（1）三相对称负载消耗的总功率可以写为

$$P = 3U_P I_P \cos\varphi$$

$$P = \sqrt{3}U_L I_L \cos\varphi$$

注意：φ 是相电压与相电流间的相位差。

（2）三相对称负载的无功功率为

$$Q = 3U_P I_P \sin\varphi$$

$$Q = \sqrt{3}U_L I_L \sin\varphi$$

（3）三相对称负载的视在功率为

$$S = 3U_P I_P$$

$$S = \sqrt{3}U_L I_L$$

（4）三相对称负载的总功率、无功功率、视在功率之间的关系为

$$S = \sqrt{P^2 + Q^2}$$

二、三相不对称负载功率的计算

三相不对称负载的总功率都等于各相负载功率的总和，即

$$P = P_\text{U} + P_\text{V} + P_\text{W}$$

如果知道各相电压、相电流及功率因素 $\cos\varphi$ 的值，则三相不对称负载消耗的总功率为

$$P = U_\text{U} I_\text{U} \cos\varphi_\text{U} + U_\text{V} I_\text{V} \cos\varphi_\text{V} + U_\text{W} I_\text{W} \cos\varphi_\text{W}$$

 基 本 技 能

功率表的使用

功率表里有两个线圈，电压线圈和电流线圈。功率表接线原则是电流线圈串联，电压线圈并联。使用时注意以下几点。

（1）正确选择功率表的量程。

（2）正确连接测量线路。

（3）正确读数。所测功率 P，即

每格瓦数 $= UI/$满量程格数

功率 $P =$ 每格瓦数×格数

项目七　认识非正弦周期电路

（1）了解非正弦信号的常用波形及产生方法。
（2）理解谐波的概念、分类。
（3）了解非正弦周期信号的谐波分析法。
（4）能够用示波器观察非正弦周期信号。
（5）了解非正弦波的谐波表达式。
（6）了解谐波的危害和抑制方法。

本项目主要介绍了非正弦周期信号的产生方法、谐波分析方法和相关计算。

任务一　认识非正弦周期信号

非正弦周期信号的产生

1．常用的非正弦周期信号

常用的非正弦周期信号有三角波、方波、锯齿波、尖峰波等。

2．常用的产生非正弦周期信号的方法

（1）由信号发生器获得。
（2）其他非正弦周期信号的获得方法。

任务二　非正弦周期信号的谐波分析

一、非正弦周期信号的分解

一个非正弦周期信号可以分解成几个不同频率的正弦交流信号。这一过程称为谐波分析。

二、非正弦周期信号的谐波分析

1．谐波分量

组成非正弦波的每一个正弦成分，称为非正弦波的一个谐波分量。

2．一次谐波、二次谐波、三次谐波……

角频率分别为ω、2ω、3ω……的谐波分量称为一次谐波、二次谐波、三次谐波……

3．谐波的分类

谐波按频率可分为奇次谐波和偶次谐波。

4．奇次谐波和偶次谐波

奇次谐波是频率为基波频率的1、3、5……奇数倍的一组谐波。
偶次谐波是频率为基波频率的2、4、6……偶数倍的一组谐波。
直流分量可看成频率为零的谐波分量，它属于偶次谐波。

5．非正弦波的展开式的一般形式

$$f(t) = A_0 + A_{1\mathrm{m}} \sin(\omega t + \varphi_1) + A_{2\mathrm{m}} \sin(2\omega t + \varphi_2) + \cdots + A_{k\mathrm{m}} \sin(k\omega t + \varphi_k)$$

三、谐波的危害和抑制

谐波对公用电网和其他系统的危害有以下几个方面。

（1）谐波使公用电网中的元件产生了附加的谐波损耗，降低了发电、输电和用电设备的效率，大量的三次谐波流过中线时会使线路过热甚至发生火灾。

（2）谐波影响各种电气设备的正常工作。谐波对电机的影响除引起附加损耗外，还会产生机械振动、噪声和过电压，使变压器局部严重过热。谐波使电容器、电缆等设备过热、绝缘老化、寿命缩短，以至损坏。

（3）谐波会引起公用电网中局部的并联谐振和串联谐振，从而使谐波放大，这就使上述两条的危害大大增加，甚至引起严重事故。

（4）谐波会导致继电保护和自动装置的误动作，并会使电气测量仪表计量不准确。

（5）谐波会对邻近的通信系统产生干扰，轻则产生噪声，降低通信质量；重则导致数据丢失，使通信系统无法正常工作。

为解决电力电子装置和其他谐波源的谐波污染问题，通常可采用以下两种方式。

（1）装设谐波补偿装置来补偿谐波，这对各种谐波源都是适用的。

（2）对电力电子装置本身进行改造，使其不产生谐波，且功率因数可控制为 1，但这只适用于作为主要谐波源的电力电子装置。

项目八　认识瞬态过程

（1）了解电路瞬态过程的概念及产生的原因。
（2）掌握换路的定义，掌握换路定律。
（3）了解 RC 电路瞬态过程中电压和电流的变化规律。
（4）理解瞬态过程中时间常数的物理意义及表示方法。
（5）能够使用仪器观察 RC 电路的暂态过程、观看电容器的充、放电现象。
（6）掌握示波器和信号发生器的使用方法。

本项目主要介绍了瞬态过程的基本概念、换路定律和 RC 电路的瞬态过程。

任务一　认识瞬态过程

一、瞬态过程

1. 换路

将电路中开关的接通、断开或电路参数的突然变化等称为换路。

2. 产生过渡过程的原因

电感及电容能量的存储和释放需要时间，能量不能跃变，从而引起过渡过程。

3. 产生过渡过程的条件

电路中必须含有存储能量的动态元件或参数的突然改变。

4. 过渡过程

电路由一种稳定状态过渡到另一种稳定状态时，电压、电流等物理量所经历的过程称为过渡过程。

二、换路定律

电感中的电流和电容两端的电压在换路前后瞬间相等。

$$\begin{cases} i_L(0_+) = i_L(0_-) \\ u_C(0_+) = u_C(0_-) \end{cases}$$

三、换路定律的应用

规定：只含有一个储能元件的电路称为一阶电路；把 $t=0_+$ 时刻的电路电压值、电路电流值称为初始值。

电路瞬态过程初始值的计算，按下面步骤进行：

（1）求出 $t=0_-$ 时的电容电压 $u_C(0_-)$ 和电感电流 $i_L(0_-)$ 值。

（2）求出 $t=0_+$ 时的电容电压 $u_C(0_+)$ 和电感电流 $i_L(0_+)$ 值。

（3）画出 $t=0_+$ 时的等效电路，把 $u_C(0_+)$ 等效为电压源，把 $i_L(0_+)$ 等效为电流源。

（4）求电路其他电压和电流在 $t=0_+$ 时的数值。

任务二　RC 串联电路的瞬态过程分析

一、RC 电路的充电过程

充电过程中的电流、电压值为

$$i_C(t) = \frac{U_S}{R} e^{-\frac{t}{RC}}$$

$$u_R(t) = U_S e^{-\frac{t}{\tau}}$$

$$u_C(t) = U_S \left(1 - e^{-\frac{t}{\tau}} \right)$$

式中，$\tau = RC$ 称为充、放电过程的时间常数，单位是 s，反映了 RC 电路充、放电过程的快慢。τ 越大，充电越慢；τ 越小，充电越快。通常认为 $t = 5\tau$ 时，充电过程结束。

二、RC 电路的放电过程

（1）初始状态为

$$u_C(0_+) = u_C(0_-) = U_S$$

$$u_R(0_+) = u_C(0_+) = U_S$$

$$i_C(0_+) = \frac{u_C(0_+)}{R} = \frac{U_S}{R}$$

（2）放电过程中的电流、电压值为

$$i_C(t) = \frac{U_s}{R} e^{-\frac{t}{\tau}}$$

$$u_R(t) = u_C(t) = U_s e^{-\frac{t}{\tau}}$$

τ 越大，放电越慢；τ 越小，放电越快。

电工技术基础与技能题型示例

一、选择题

1. 下列属于二次能源的是（　　）。
   A. 太阳能　　　　　B. 电能　　　　　C. 风能　　　　　D. 水能
2. 下列交流电的频率对人体危害最大的是（　　）。
   A. 50Hz　　　　　B. 100Hz　　　　C. 200Hz　　　　D. 80Hz
3. DC 表示（　　）。
   A. 电功率　　　　B. 电能　　　　　C. 交流电　　　　D. 直流电
4. 我国使用的工频交流电频率为（　　）。
   A. 45Hz　　　　　B. 50Hz　　　　　C. 60Hz　　　　　D. 100Hz
5. 在电气火灾发生时，错误的处理方法是（　　）。
   A. 使用干燥的黄沙灭火　　　　　　B. 断开电源
   C. 用泡沫灭火器灭火　　　　　　　D. 拨打火警电话报警
6. 下列关于触电现场的抢救，错误的是（　　）。
   A. 伸手将触电者拉开　　　　　　　B. 立即切断电源
   C. 用干燥的木棍将带电的电线挑开　D. 用带绝缘手柄的刀、斧将电线砍断
7. 若发现触电者呼吸停止，但有微弱的心跳，则采用（　　）的急救方法。
   A. 胸外心脏挤压法
   B. 口对口人工呼吸法
   C. 拨打急救电话
   D. 胸外心脏挤压法、口对口人工呼吸法同时进行
8. 使用电烙铁进行焊接时，好的焊点应是（　　）。
   A. 光滑圆球形　　B. 梯形　　　　C. 光滑圆锥形　　D. 都可以
9. 灯泡 A 为"6V，12W"，灯泡 B 为"9V，12W"，灯泡 C 为"12V，12W"，它们都在各自的额定电压下工作，下面的说法正确是（　　）。
   A. 三个灯泡一样亮　　　　　　　　B. 三个灯泡电阻相等
   C. 三个灯泡的电流相等　　　　　　D. 灯泡 C 最亮
10. 引起电气火灾的原因，不包含（　　）。
    A. 线路绝缘皮老化　　　　　　　　B. 电路短路
    C. 电路开路　　　　　　　　　　　D. 电路过载
11. 某直流电路的电压为 220V，电阻为 40Ω，其电流为（　　）。
    A. 5.5A　　　　　B. 4.4A　　　　　C. 1.8A　　　　　D. 8.8A
12. 使用验电器时，第一步要做的是（　　）。
    A. 在确定有电的导体上检测验电器的好坏
    B. 将设备断电
    C. 直接进行检测
    D. 在确定没电的设备上检测验电器的好坏

13. 关于安全用电，下列说法错误的是（　　）。

    A. 触电按其伤害程度可分为电击和电伤两种

    B. 为了减少触电危险，我国规定 36V 为安全电压

    C. 电气设备的金属外壳接地，称为保护接地

    D. 熔断器在电路短路时，可以自动切断电源，必须接到零线上

14. 如下图所示，电路中 D 为参考点，当开关 S 打开时 B 点的电位是（　　）。

    A. 0　　　　　　B. 4V　　　　　　C. 6V　　　　　　D. 10V

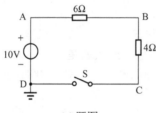

14 题图

15. 在直流电路中，负载电阻的上功率为 P，电压为 U，电流为 I，则负载电阻值为（　　）。

    A. P/I　　　　　B. P/I^2　　　　　C. U/P　　　　　D. P/UI

16. 将 2Ω 与 3Ω 的两个电阻串联后，接在电压为 10V 的电源上，2Ω 电阻上消耗的功率为（　　）。

    A. 4W　　　　　　B. 6W　　　　　　C. 8W　　　　　　D. 10W

17. 若把电路中某参考点下电位为 2V 的一点选为新的电位参考点，则在新参考点下，电路中各点的电位都比原来的（　　）。

    A. 升高　　　　　B. 降低　　　　　C. 保持不变　　　　D. 有升有降

18. 两个完全相同的表头，分别改装成电流表和电压表。一个同学误将这两个改装完的电表串联起来接到电路中，则这两个改装表的指针可能出现的情况是（　　）。

    A. 两个改装表的指针都不偏转

    B. 两个改装表的指针偏角相同

    C. 改装成电流表的指针有偏转，改装成电压表的指针几乎不偏转

    D. 改装成电压表的指针有偏转，改装成电流表的指针几乎不偏转

19. 如下图所示电路，当 R 从 4Ω 变至 0 时，电流 I 的变化范围是（　　）。

    A. 3～4A　　　B. 1.75～3.5A　　C. 3～6A　　　D. 7～14A

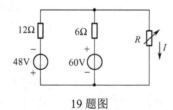

19 题图

20. 当实际的电流方向与参考方向相反时，电流的值是（　　）。

    A. 正值　　　　　B. 负值　　　　　C. 绝对值　　　　D. 无法确定

21. 在电路中，将电路中两点的电位差称为（　　）。

    A. 电压　　　　　B. 电源　　　　　C. 电流　　　　　D. 电容

22. 导电能力很强的物质称为（　　　）。

A. 半导体　　　　B. 导体　　　　C. 绝缘体　　　　D. 磁体

23. 6Ω与3Ω的两个电阻并联，它的等效电阻值应为（　　　）。

A. 3Ω　　　　B. 2Ω　　　　C. 0.5Ω　　　　D. 9Ω

24. 三个阻值相同的电阻串联，其总电阻等于一个电阻值的（　　　）。

A. 1/3 倍　　　　B. 3 倍　　　　C. 6 倍　　　　D. 4/3 倍

25. "千瓦·小时"是（　　　）的计量单位。

A. 有功功率　　　B. 无功功率　　　C. 视在功率　　　D. 电能

26. 三个阻值相同的电阻 R，两个并联后与另一个串联，其总电阻等于（　　　）。

A. R　　　　B. $\dfrac{R}{3}$　　　　C. $\dfrac{R}{2}$　　　　D. $1.5R$

27. 两个电阻串联接入电路时，当两个电阻阻值不相等时，则（　　　）。

A. 电阻大的电流小　　　　　　B. 电流相等

C. 电阻小的电流小　　　　　　D. 电流大小与阻值无关

28. 基尔霍夫第一定律中，流入结点的电流（　　　）流出结点的电流

A. 大于　　　　B. 小于　　　　C. 等于　　　　D. 无法确定

29. 电容器的电容 C 的大小与（　　　）无关。

A. 电容器极板的面积

B. 电容器极板间的距离

C. 电容器极板所带电荷和极板间电压

D. 电容器极板间所用绝缘材料的介电常数

30. 两个阻值不等的电阻串联后接入电路，则阻值大的发热量（　　　）。

A. 大　　　　　　　　　　　　B. 小

C. 等于阻值小的发热量　　　　D. 与其阻值大小无关

31. 电容的功能是（　　　）。

A. 传导作用　　　B. 消耗电能　　　C. 整流　　　D. 充放电

32. 电容的单位是（　　　）。

A. 法拉　　　　B. 瓦　　　　C. 伏安　　　　D. 焦耳

33. 数码表示法为104的电容器，电容量是（　　　）。

A. 1μF　　　　B. 10μF　　　　C. 0.1μF　　　　D. 0.01μF

34. 电容器在充电过程中，两端电压（　　　）。

A. 减小　　　　B. 增大　　　　C. 不变　　　　D. 为0

35. 一个电容为4μF的电容器和一个电容为6μF的电容器串联，那么总电容为（　　　）。

A. 2.4μF　　　　B. 5μF　　　　C. 6μF　　　　D. 1.8μF

36. 一个电容为3μF的电容器和一个电容为2μF的电容器并联，那么总电容为（　　　）。

A. 2μF　　　　B. 5μF　　　　C. 6μF　　　　D. 8μF

37. 若电感元件两端的交流电压不变，提高频率，则通过的电流（　　　）。

A. 增大　　　　B. 减小　　　　C. 不变　　　　D. 不一定

38. 下列说法正确的是（　　　）。

A. 一段通电导线在磁场某处受到的力大，该处的磁感应强度就大

B. 通电导线在磁场中受力为零，磁感应强度一定为零

    C．磁感应线密度大的磁感应强度大

    D．在磁感应强度为 B 的匀强磁场中，放入面积为 S 的线框，通过线框的磁通一定为 BS

39．用指针式万用表检测电容时，应将挡位调至（   ）。

    A．直流电压挡   B．直流电流挡

    C．交流电压挡   D．电阻挡

40．在交流电路中，接入纯电感线圈，则该电路的（   ）。

    A．有功功率等于零   B．无功功率等于零

    C．视在功率等于零   D．所有功率皆不等于零

41．有一感抗 X_L 为 10Ω 的负载，接在 220V、50Hz 的交流电源上，如果在负载两端并联一个容抗 X_C 为 20Ω 的电容，则该电路的总电流将（   ）。

    A．增大   B．减小   C．不变   D．等于零

42．正弦量的振幅值一定是（   ）。

    A．峰-峰值   B．最大值   C．有效值   D．平均值

43．正弦电压 u_{ab} 和 u_{ba} 的相量关系是（   ）。

    A．超前   B．滞后   C．同相   D．反相

44．感抗和容抗的大小与正弦信号的（   ）有关。

    A．振幅值   B．频率   C．初相位   D．相位

45．连接导线及开关的作用是将电源和负载连接成一个闭合回路，用来传输和分配、控制（   ）。

    A．电流   B．电压   C．电位   D．电能

46．电感的单位是（   ）。

    A．亨利   B．欧姆   C．伏特   D．法拉

47．电感的感抗为（   ）

    A．$X_C = \omega C$ B．$X_L = \omega L$ C．$X_C = \dfrac{1}{\omega C}$ D．$X_L = \dfrac{1}{\omega L}$

48．通电直导线周围磁场的方向，通常采用（   ）进行判定。

    A．左手螺旋定则   B．右手螺旋定则

    C．顺时针定则   D．逆时针定则

49．线圈自感电压的大小与（   ）有关。

    A．线圈中电流的大小   B．线圈两端电压的大小

    C．线圈中电流变化的快慢   D．线圈电阻的大小

50．变压器的电压比为 3:1，若一次输入 6V 的交流电压，则二次电压是（   ）。

    A．18V   B．6V   C．2V   D．0

51．有一台单相变压器，U_{N1}/U_{N2}=220V/36V，变压器一次绕组的匝数为 825 匝，则二次绕组的匝数为（   ）。

    A．825 匝   B．135 匝   C．5042 匝   D．960 匝

52．变压器的电压比是 3:1，若一次电流的有效值是 3A，则二次电流的有效值是（   ）。

    A．27A   B．9A   C．1A   D．0A

53. 通常（　　）是一种严重事故，应尽力预防。

　　A．短路　　　　　B．开路　　　　　C．回路　　　　　D．闭路

54. 磁通的单位是（　　）。

　　A．韦伯　　　　　B．马力　　　　　C．瓦特　　　　　D．高斯

55. 将整块的金属导体放于交变磁场中，将在金属块内产生闭合的旋涡状的感应电流，称为（　　）。

　　A．回流　　　　　B．逆流　　　　　C．旋流　　　　　D．涡流

56. 直流电流的磁场方向，可用（　　）判断。

　　A．右手螺旋定则　　　　　　　　　B．左手定则

　　C．右手定则　　　　　　　　　　　D．左手螺旋定则

57. 交流电具有的特点是（　　）。

　　A．大小不变，方向不变　　　　　　B．大小变，方向不变

　　C．大小不变，方向变　　　　　　　D．大小变，方向变

58. 交流电在任意瞬时的值称为（　　）。

　　A．最大值　　　　B．瞬时值　　　　C．有效值　　　　D．峰值

59. 在交流电中，一个完整周波所用的时间称为（　　）。

　　A．周期　　　　　B．周波　　　　　C．频率　　　　　D．角频率

60. 在正弦交流电中，频率指的是（　　）。

　　A．正弦交流电完成一次周期性变化所用的时间

　　B．正弦交流电在 1s 变化的次数

　　C．正弦交流电在 1s 变化的电角度

　　D．正弦交流电在 1s 变化的幅度

61. 在正弦交流电路中，最大值与有效值之间的关系是（　　）。

　　A．最大值与有效值相等　　　　　　B．最大值是有效值的 2 倍

　　C．最大值是有效值的 $\sqrt{2}$ 倍　　　D．最大值是有效值的 $1/\sqrt{2}$

62. 一个正弦量瞬时值的大小取决于（　　）。

　　A．最大值、有效值、初相　　　　　B．有效值、角频率、频率

　　C．最大值、相位、初相　　　　　　D．最大值、频率、相位

63. 我国低压供电电压单相为 220V，三相线电压为 380V，此数值指交流电压的（　　）。

　　A．平均值　　　　B．最大值　　　　C．有效值　　　　D．瞬时值

64. 变化的（　　）不是正弦交流电的三个特点之一。

　　A．瞬时性　　　　B．规律性　　　　C．周期性　　　　D．对称性

65. 初相位为"正"，表示正弦波形的起始点在坐标 0 点的（　　）。

　　A．左方　　　　　B．右方　　　　　C．上方　　　　　D．下方

66. 三相对称电动势在相位上互差（　　）。

　　A．90°　　　　　B．120°　　　　　C．150°　　　　　D．180°

67. 电容的容抗为（　　）

　　A．$X_{C} = \omega C$　　　B．$X_{L} = \omega L$　　　C．$X_{C} = \dfrac{1}{\omega C}$　　　D．$X_{L} = \dfrac{1}{\omega L}$

68. RC 串联电路的阻抗等于（　　　）。

 A. $\sqrt{R^2+(\omega C)^2}$ B. $\sqrt{R^2+\left(\dfrac{1}{\omega C}\right)^2}$

 C. $R-\mathrm{j}\omega C$ D. $R+\dfrac{1}{\mathrm{j}\omega C}$

69. 在 RLC 串联电路中，电路的性质取决于（　　　）。

 A. 电路的外加电压的大小   B. 电路的连接形式
 C. 电路各元件的参数和电源频率   D. 电路的功率因数

70. 在 RLC 串联的正弦交流电中，已知电阻 $R=2\Omega$，容抗 $X_C=10\Omega$，感抗 $X_L=10\Omega$，则电路中的阻抗为（　　　）

 A. 22Ω B. 12Ω C. 2Ω D. 24Ω

71. 在 RLC 串联电路中，$U_R=30\mathrm{V}$，$U_L=80\mathrm{V}$，$U_C=40\mathrm{V}$，则 U 等于（　　　）。

 A. 10V   B. 50V   C. 90V   D. 150V

72. 串联电路谐振时，其无功功率为零，说明（　　　）。

 A. 电路中无能量交换
 B. 电路中电容、电感和电源之间有能量交换
 C. 电路中电容和电感之间有能量交换，而与电源之间无能量交换
 D. 无法确定

73. 在 RLC 串联电路中，只减小电阻 R，其他条件不变，则下列说法正确的是（　　　）。

 A. Q 增大，B 增大   B. Q 减小，B 减小
 C. Q 增大，B 减小   D. Q 减小，B 增大

74. 欲使 RLC 串联电路的品质因数增大，可以采用的方法是（　　　）。

 A. 增大 R B. 增大 C C. 减小 L D. 减小 C

75. 在下图所示电路中，发生谐振时电流 I 最大，此时，电压表的读数为（　　　）。

 A. 零   B. 可能出现最大值
 C. 电源电压值   D. 无法确定

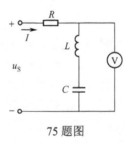

75 题图

76. 在三相四线制供电系统中，线电压指的是（　　　）。

 A. 两相线间的电压   B. 零线对地电压
 C. 相线与零线电压   D. 相线对地电压

77. 三相异步电动机的三个接线端的首端与电源三根火线的三个尾端连接成一点，称为（　　　）。

 A. 单相连接   B. 三角形连接   C. 星形连接   D. 三相连接

78. 在三相四线制供电系统中，中线的作用是（　　）。

    A．使各相负载获得大小相等的电压

    B．使各相负载获得对称电压

    C．使各相负载获得大小相等的电流

    D．以上说法都错

79. 有关三相电优越性描述错误的是（　　）。

    A．制造三相发电机和三相变压器更省材料

    B．三相输电线的金属用量更少

    C．三相电使用更安全

    D．三相电能产生旋转磁场，从而能制成三相异步电动机

80. 常见的动态元件有（　　）。

    A．电阻和电容　　B．电容和电感　　C．电阻和电感　　D．二极管和三极管

81. 下列电容器，有极性的是（　　）。

    A．微调电容　　　B．可变电容　　　C．陶瓷电容　　　D．电解电容

82. 某电风扇额定电压为220V，则它能承受的最大电压是（　　）。

    A．220V　　　　B．380V　　　　C．311V　　　　D．154V

83. 在单相交流电路中，如果电阻和电抗相等，则电路中的电流与电压之间的相位差是（　　）。

    A．π　　　　　B．$\pi/2$　　　　C．$\pi/4$　　　　D．$\pi/3$

84. 有一感抗 X_L 为 10Ω 的负载，接在220V、50Hz 的交流电源上，如果在负载两端并联一个容抗 X_C 为 20Ω 的电容，则该电路的总电流将（　　）。

    A．增大　　　　B．减小　　　　C．不变　　　　D．等于零

85. 某铁芯线圈的平均磁感应强度为15 000Gs，铁芯截面积为200cm²，则通过铁芯截面积中的磁通 Φ 为（　　）Wb。

    A．0.03　　　　B．3.0　　　　C．300　　　　D．3.0×10^4

86. 在三相对称负载三角形连接中，线电流在相位上滞后相应相电流（　　）。

    A．30°　　　　B．60°　　　　C．90°　　　　D．120°

87. 触电伤害的程度与触电电流的路径有关，对人危害最小的触电电流路径是（　　）。

    A．流过头部　　　　　　　　B．流过背部

    C．流过左手到胸部　　　　　D．流过两脚之间

88. 阻值随外加电压或电流的大小而改变的电阻叫（　　）。

    A．固定电阻　　B．可变电阻　　C．线性电阻　　D．非线性电阻

89. 三相电的正序顺序是（　　）。

    A．U、V、W　　B．V、U、W　　C．U、W、V　　D．W、V、U

90. 一个灯泡和一个电感器相连后接入交流电源，现将一块铁芯插入线圈之后，该灯泡将（　　）。

    A．变亮　　　　　　　　　B．变暗

    C．对灯泡没影响　　　　　D．以上说法均不对

91. 若一台理想变压器的原、副线圈的匝数、电压、电流和功率分别用 N_1、N_2、U_1、U_2、I_1、I_2 和 P_1、P_2 表示，则下列关系式不正确的是（　　）。

A. $\dfrac{U_1}{U_2} = \dfrac{I_2}{I_1}$　　B. $\dfrac{I_1}{I_2} = \dfrac{N_2}{N_1}$　　C. $\dfrac{U_1}{U_2} = \dfrac{P_1}{P_2}$　　D. $\dfrac{U_1}{U_2} = \dfrac{N_1}{N_2}$

92. 在正弦交流电路中，当总电流的相位超前总电压一个角度时，这种负载称为（　　）。

　　A. 感性负载　　　B. 容性负载　　　C. 电阻性负载　　　D. 电源性负载

二、判断题

1. 电路中各点的电位和两点之间的电压都与参考点的选择有关。　　　　（　　）

2. 电压和电动势具有不相同的物理意义，但方向相同。　　　　　　　（　　）

3. 电路中电流的方向是电子运动的方向。　　　　　　　　　　　　　（　　）

4. 电路在断路状态时，电压和电流均为零。　　　　　　　　　　　　（　　）

5. 电流是对人体危害程度的主要因素。　　　　　　　　　　　　　　（　　）

6. 电阻、电感和电容都是无记忆器件。　　　　　　　　　　　　　　（　　）

7. 通电时间越长，触电的危险越大。　　　　　　　　　　　　　　　（　　）

8. 电伤是指电流通过人体时所造成的内伤。　　　　　　　　　　　　（　　）

9. 金属导体的电阻与电阻率成正比。　　　　　　　　　　　　　　　（　　）

10. 把电阻值为 100Ω 和 1Ω 的两个电阻并联起来，其总电阻一定小于 101Ω。（　　）

11. 低压验电器的检测范围为 $50\sim500$V。　　　　　　　　　　　　（　　）

12. 两个电阻值不等的灯泡并联后接入电路中，那么，电阻值小的灯泡两端的电压低。
　　　　　　　　　　　　　　　　　　　　　　　　　　　　　　（　　）

13. 两阻值均为 8Ω 的电阻并联起来，总电阻为 4Ω。　　　　　　（　　）

14. 当电路中的电流大于用电器正常工作的电流时，可以给用电器并联一个适当阻值的电阻，使用电器正常工作。　　　　　　　　　　　　　　　　　　　（　　）

15. 电阻值不随电压、电流的变化而变化的电阻称为线性电阻，其伏安特性曲线是直线。　　　　　　　　　　　　　　　　　　　　　　　　　　　　　　（　　）

16. 在并联电路中，各并联元件的电流、电压均相等。　　　　　　　　（　　）

17. 基尔霍夫第一定律（电流定律）是指，对于电路中的任何节点，在任意时刻流出（或流入）该节点的电流代数和恒等于零。　　　　　　　　　　　　　　（　　）

18. 触电方式有：单相触电、两相触电和三相触电。　　　　　　　　　（　　）

19. 电流表内阻越小，测量误差越大。　　　　　　　　　　　　　　　（　　）

20. 光敏电阻是线性电阻。　　　　　　　　　　　　　　　　　　　　（　　）

21. 低压验电器可用来判断电压的高低，氖泡越亮，则表明电压越高。　（　　）

22. 高压验电器的使用，不受环境气候的影响。　　　　　　　　　　　（　　）

23. 高压验电器应半年进行一次预防性试验。　　　　　　　　　　　　（　　）

24. 两个电阻并联，其等效电阻比其中任何一个电阻的阻值都大。　　　（　　）

25. 电路中的电源是用来提供电能的设备。　　　　　　　　　　　　　（　　）

26. 恒压源接任何负载，其端电压均为定值。　　　　　　　　　　　　（　　）

27. 电压源与电流源可以等效变换，恒压源与恒流源也能等效变换。　　（　　）

28. 断路和短路都属于电路的故障状态。　　　　　　　　　　　　　　（　　）

29. 在串联电路中，各元件的端电压相等。　　　　　　　　　　　　　（　　）

30. 叠加定理可以用于求解线性电路和非线性电路的电压和电流。　　　（　　）

31．应用叠加定理分析计算电路，当电压源不作用时，应将其视为短路；当电流源不作用时，应将其视为开路。　　　　　　　　　　　　　　　　　　　（　　）

32．对于万用表，欧姆调零就是机械调零。　　　　　　　　　　　　　　（　　）

33．电路中的分支成为支路，支路分为有源支路和无源支路。　　　　　（　　）

34．电工测量所用电压表和电流表的读数均表示有效值。　　　　　　　（　　）

35．电能从生产到使用需要经过发电、输电、配电和用电四个环节，才能将电能输送到用电场所。　　　　　　　　　　　　　　　　　　　　　　　（　　）

36．用万用表进行电阻测量时，可以用手捏住电阻两端测量。　　　　　（　　）

37．用指针式万用表进行测量时，指针偏转角度在表盘的 1/2～2/3，测量值最为准确。　　　　　　　　　　　　　　　　　　　　　　　　　　　　（　　）

38．用指针式万用表进行电阻测量时，被测电阻值越大，指针偏转的角度也越大。　　　　　　　　　　　　　　　　　　　　　　　　　　　　　　（　　）

39．万用表闲置时，其转换开关应置于最高交流电压挡。　　　　　　　（　　）

40．在测量较大电压和电流时，可以带电转动万用表的转换开关。　　　（　　）

41．用万用表电流挡、欧姆挡测电压时，只是读数不准，对万用表本身没有影响。　　　　　　　　　　　　　　　　　　　　　　　　　　　　　　（　　）

42．电流的频率越高，则电感元件的感抗值越小，而电容元件的容抗值越大。　　　　　　　　　　　　　　　　　　　　　　　　　　　　　　　（　　）

43．一只电容器容量为 C，当其两端没有电压时，电容量仍然为 C。　（　　）

44．交流电路中的阻抗包括电阻和电抗，而电抗又分为感抗和容抗。　（　　）

45．电容器具有通直流阻交流的作用。　　　　　　　　　　　　　　　　（　　）

46．串联电路的总功率大于并联电路的总功率。　　　　　　　　　　　（　　）

47．使用低压验电笔测量时应注意避光，以防止在明亮的地方看不清氖泡的辉光。　　　　　　　　　　　　　　　　　　　　　　　　　　　　　　（　　）

48．在并联电路中，总电阻等于各电阻之和　　　　　　　　　　　　　（　　）

49．通过导体的电流与导体两端的电压成正比。　　　　　　　　　　　（　　）

50．变压器既可以变换电压、电流和阻抗，又可以变换频率和功率。　（　　）

51．变压器是利用电磁感应原理，将电能从原绕组传输到副绕组的。　（　　）

52．变压器的原绕组及副绕组均开路的运行方式称为空载运行。　　　（　　）

53．某台变压器的变压比为 380V/36V，则它能把交流 380V 降为 36V。　（　　）

54．所有电容器均可接入交流电路中。　　　　　　　　　　　　　　　（　　）

55．用指针式万用表检测电解电容时，红表笔接电容的正极，黑表笔接电容的负极。　　　　　　　　　　　　　　　　　　　　　　　　　　　　　（　　）

56．电能在输送和分配的过程中，先升压传输，再降压进行分配。　　（　　）

57．指针式万用表检测电容时，若指针无摆动，说明电容内部短路。　（　　）

58．仪表的摆放位置、环境温度、外磁场和外电场等因素，对测量结果都会产生影响。　　　　　　　　　　　　　　　　　　　　　　　　　　　　（　　）

59．只要仪表的准确度符合要求，采用哪一种测量方法或测量电路，都不会给测量结果带来误差。　　　　　　　　　　　　　　　　　　　　　　　　（　　）

60．用指针式万用表检测电容时，若指针偏转后能够很快回到起始位置，说明电容器的质量良好，漏电很小。　　　　　　　　　　　　　　　　　　　　（　　）

61．纯电容电路中电流、电压的有效值和最大值不服从欧姆定律。　（　　）

62．电感线圈具有"通直流、阻交流"、"通低频、阻高频"的特性。　（　　）

63．正弦量的有效值与初相无关。　（　　）

64．电感元件两端的交流电压不变，降低频率，则通过的电流增大。　（　　）

65．电容元件两端的交流电压不变，提高频率，则通过的电流减小。　（　　）

66．在相同时间内，在电压相同条件下，通过的电流越大，消耗的电能就越少。

（　　）

67．功率因数 $\cos\varphi$ 一定小于等于 1。　（　　）

68．在互感线圈中，将感应电动势极性相同的端点称为同名端。　（　　）

69．在变压器中，线圈是变压器的磁路部分。　（　　）

70．磁场线的疏密表示磁场的强弱，磁感线密处，磁场强；磁感线疏处，磁场弱。

（　　）

71．串联谐振时，阻抗最大，电流最大。　（　　）

72．在 RLC 串联电路中，谐振时无功功率为零。　（　　）

73．理想变压器的绕组没有电阻，因而绕组不发热。　（　　）

74．利用变压器可以实现电压的变换。　（　　）

75．R、L、C 三种元件统称为动态元件。　（　　）

76．在研究互感时，常常需要知道互感电压的极性，因此，在互感电路中一定要先标注同名端。　（　　）

77．三相负载作星形连接时，中线上不能安装熔断器。　（　　）

78．在日常生活中，保护接地和保护接零不能同时采用。　（　　）

79．几个不等值的电阻串联，每个电阻中通过的电流也不相等。　（　　）

80．通电的时间越长，灯泡消耗的电能越少，电流所做的功也就越大。　（　　）

81．两个电阻相等的电阻并联，其等效电阻（即总电阻）比其中任何一个电阻的阻值都大。　（　　）

82．并联电路中的电压处处相等，串联电路中的电流处处相等。　（　　）

83．人们规定电压的实际方向为低电位指向高电位。　（　　）

84．导体电阻的大小与温度无关，在不同温度时，同一导体的电阻相同。　（　　）

85．对于同一个正弦交流量来说，周期、频率和角频率是三个互不相干、各自独立的物理量。

86．交流电的有效值是最大值的 1/2。　（　　）

87．用交流电压表测得某元件两端的电压是 6V，则该电压的最大值为 6V。　（　　）

88．电阻元件上电压、电流的初相一定都是零，所以它们是同相的。　（　　）

89．线圈感应电动势与穿过该线圈的磁通量的变化率成反比。　（　　）

90．导体在磁场中做切割磁力线运动时，导体内就会产生感应电动势。　（　　）

91．在交流电路中，电阻是耗能元件，而纯电感或纯电容元件只有能量的往复交换，没有能量的消耗。　（　　）

92．电流的频率越高，则电感元件的感抗值越小，而电容元件的容抗值越大。

（　　）

93．在一个电路中，电源产生的功率和负载消耗功率以及内阻损耗的功率是平衡的。

（　　）

94．将一块永久磁铁去靠近一根无磁性的普通铁棒时，这根铁棒就会显示出磁性。

（　　）

95．电磁力的大小与导体所处的磁感应强度，导体在磁场中的长度和通过导体中的电流的乘积成反比。　　　　　　　　　　　　　　　　　　　　　（　　）

96．感应电动势的方向与磁力线方向、导体运动方向无关。　　　　　（　　）

97．磁通量简称磁通，是用来描述穿过某一个给定面积的磁场强弱的物理量。

（　　）

98．自感电动势的方向总是反抗或阻碍电流的变化。　　　　　　　　（　　）

99．互感电动势的方向与线圈的绕向无关。　　　　　　　　　　　　（　　）

100．在交流电路中，电压、电流、电动势不都是交变的。　　　　　　（　　）

101．从电阻消耗能量的角度来看，不管电流方向如何，电阻都是消耗能量的。（　　）

102．感抗与频率成反比，频率越高，感抗越小。　　　　　　　　　　（　　）

103．在电阻电感串联电路中，总电压是各分电压的相量和，而不是代数和。（　　）

104．对于同一电容器，如接在不同频率的交流电路中时，频率越高则容抗越大。

（　　）

105．没有电压就没有电流，没有电流就没有电压。　　　　　　　　　（　　）

106．相线与零线间的电压就叫相电压。　　　　　　　　　　　　　　（　　）

三、简答题

1．简述什么是电路、简单电路由哪几部分组成、各部分的作用是什么。

2．什么是电路的节点、支路、回路和网孔？

3．简述电流产生的条件。

4．什么是叠加定理？应用叠加定理时有哪些需要注意的事项？

5．电压与电位的区别是什么？

6．磁通密度是用来表征什么的？它的大小和方向是如何规定的？

7．导体、绝缘体、半导体是怎样区分的？

8．简述交流电和直流电的特点。

9．怎样用电压表测量电压、用电流表测量电流？

10．串、并联电路中，电流、电压的关系是怎样的？

11．简述电能的生产使用过程。

12．电路有哪几种工作状态？哪些属于正常状态，哪些属于故障状态？

13．简述引起电气火灾的原因及处理方法。

14．触电现场的处理措施有哪些？

15．简述用指针式万用表测量电阻的步骤。

16．简述基尔霍夫第一定律和第二定律。

17．说明数字式万用表与指针式万用表的区别。

18．简述磁场对电流的作用力方向的判定方法（左手定则）。

19．简述电磁感应现象及感应电流方向的判断方法。

20．三相交流电的优点是什么？

21．中线的作用是什么？实际安装中线时应注意什么问题？

22．电器上标注额定电压和额定功率的意义是什么？

23．什么是自感现象，什么是互感现象？

24．简述信号发生器和示波器的功能。

25．简述变压器的作用。

26．试画出三相交流电源的星形连接和三角形连接图。

27．请列举 5 种以上常用发电方式。

28．什么是互感线圈的同名端和异名端？

29．简述在应用基尔霍夫定律分析复杂电路时，确定支路中的电流正负和确定回路中电压的正负的方法。

30．一个色环电阻，依次标有蓝、红、绿、金四色，那么，这个电阻的阻值是多大？误差范围是多少？

四、计算题

1．在下图所示电路中，设 A 为零参考点，试求 U_{AB}、U_{AC}、U_{AD}

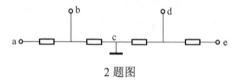

1 题图

2．在下图所示电路中，当 c 点为参考点时，已知 U_a=-6V，U_b=-2V，U_d=-3V，U_e=-4V，求 U_{ab}、U_{bc}、U_{cd}、U_{de} 各是多少。

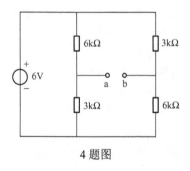

2 题图

3．分别求出下图所示电路中的电流或电压。

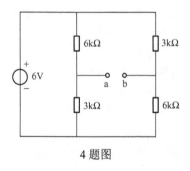

3 题图

4．求下图所示电路中的 U_{ab}。

4 题图

5．求下图所示电路中的电流 I_S。

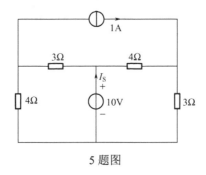

5 题图

6. 两个电容器并联的总电容为 10μF，串联后总电容为 2.1μF，求每个电容器的电容量。

7. 已知两个电阻串联，总电阻为 100Ω，通过其中一个电阻 R_1 的电流为 1.5A，电压为 60V，求另一个电阻 R_2 的大小。

8. 求下图所示电路中电流 I 的大小。

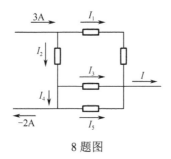

8 题图

9. 求下图所示电路中的电流 I。

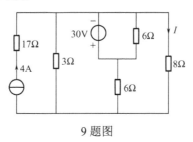

9 题图

10. 一只"110V，8W"的指示灯，若接到 220V 的电源上使用，为使该灯泡安全工作，应串联多大的分压电阻？该电阻的功率是多大？

11. 三个电阻并联，$R_1=2Ω$，$R_2=R_3=4Ω$，设总电流 $I=10A$，求总电阻 R，总电压 U 及各支路上的电流 I_1、I_2、I_3。

12. 求下图所示电路中 a 和 b 两端的等效电阻 R_{ab}。

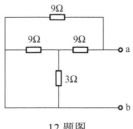

12 题图

13．在下图所示电路中，已知 $U_1=12V$，$U_2=-6V$，$R_1=R_2=20k\Omega$，$R_3=10k\Omega$，求 a 点的电位及各电阻中的电流。

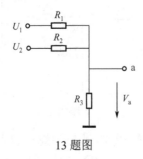

13 题图

14．将下图所示电路化为最简形式。

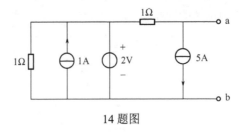

14 题图

15．一个电灯的电阻是 10Ω，另一个电灯的电阻是 20Ω，将它们并联在电源电压为 12V 的电路中，求流过各个电灯的电流 I_1、I_2 及总电流 $I_总$、总电阻 $R_总$。

16．求下图所示电路中的电压 U。

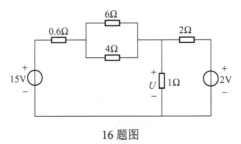

16 题图

17．用电源等效变换法，将下图所示电路等效变换成电压源模型或电流源模型。

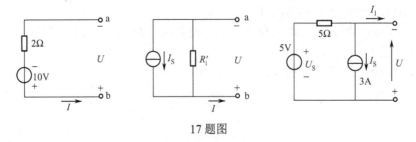

17 题图

18．用叠加原理求下图所示电路中的电流 I。

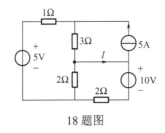

18 题图

19. 如下图所示电路，根据图中参考方向和数值，试求电流 I_3。

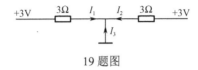

19 题图

20. 如下图所示电路，已知 $E=32V$，$R_1=8\Omega$，$R_2=4\Omega$，$R_3=2\Omega$，$R_4=4\Omega$，$R_5=10\Omega$。分析电路中哪些电阻是串联，哪些电阻是并联。求电路中的总电阻 R 和电流 I。

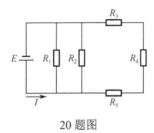

20 题图

21. 如下图所示电路，开关 K 闭合时，电源电压为 6V，$R_1=2\Omega$，电压表读数为 3.6V。求通过 R_2 的电流及 R_2 的电阻值。

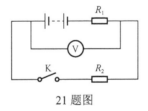

21 题图

22. 如下图所示电路，已知 $I_1=10A$，$I_2=3A$，$U_1=4V$，$R=2\Omega$。求电流 I 和电阻 R_2 上的电压 U。

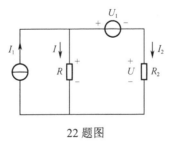

22 题图

23. 如下图所示电路，已知 $R_1=1\Omega$，$R_2=2\Omega$，$R_3=4\Omega$，$E_1=12V$，$E_2=6V$。求三条支路的电流 I_1、I_2、I_3。

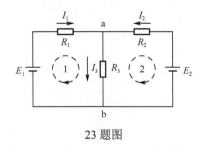

23 题图

24．如下图所示电路，已知 $I_1=1A$，$U=10V$，$U_1=-10V$，$R=10\Omega$。求电流 I_2 和 I_3。

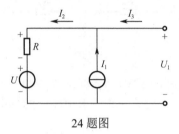

24 题图

25．试应用叠加定律计算下图所示电路中的电流 I 和电压 U。

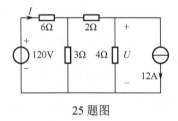

25 题图

26．如下图所示电路，$I_S=1.5A$，$U_S=10V$，$R_1=7\Omega$，$R_2=5\Omega$，$R_3=4\Omega$，$R_4=12\Omega$。试用叠加定律计算电压 U 的大小。

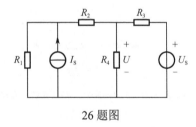

26 题图

27．将电容为 0.25μF、耐压是 300V 和电容为 0.5μF、耐压是 250V 的两个电容器并联后的耐压是多少？总电容是多少？若改成串联，耐压和总电容又分别是多少？

28．两个电容器并联的总电容为 10μF，串联后总电容为 2.4μF，求每个电容器的电容量。

29．有一正弦电压，振幅为 380V，频率 50Hz，在 $t = 0$ 时刻的值为 190V，求这一正弦电压的解析式，并画出波形图。

30．已知某电感 $L=1.911H$ 的线圈，接到频率为 50Hz、电压为 220V 的交流电源上，求该线圈中的电流值。

31．已知某电容 $C=5.308μF$ 的电容器，接到电压为 220V、50Hz 的交流电源上，求电路中的电流。

32．在一电阻与电容串联的正弦电路中，已知电压 $U=20\text{V}$，功率因数 $\cos\varphi=0.8$，有功功率 $P=16\text{W}$，试求电路中的电流。

33．在 R-L-C 串联电路中，已知电路的端电压为 $u=220\sqrt{2}\sin(100\pi t+30°)\text{V}$，$R=30\Omega$，$L=445\text{mH}$，$C=32\mu\text{F}$，求（1）电路中的电流 $\dot{I}$；（2）阻抗角；（3）电路中电阻、电容、电感两端的电压 u_R、u_L、u_C。

34．有一台三相电动机的有功功率为 20kW，无功功率为 15kvar，求这台电动机的功率因数。

35．已知电源电压为 380V，每个电阻都为 100Ω，试求下面图（a）和图（b）所示两电路中各电压表、电流表的读数。

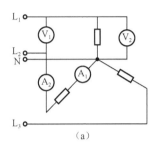 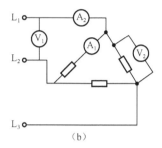

35 题图

36．三相照明实验电路如下图所示，每相安装了一个额定电压为 220V，功率为 100W 的白炽灯，接入线电压为 380V 的对称三相四线制电源，求每相电流 I_U、I_V、I_W 和中线电流 I_N。

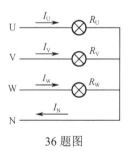

36 题图

37．串联谐振电路的谐振频率 $f_0=600\text{kHz}$，电阻 $R=10\Omega$，若 $B=10\text{kHz}$，试求谐振电路的品质因数 Q、电感 L 和电容 C 各为多少？

38．如下图所示电路，已知扬声器的电阻值 $R_L=8\text{W}$，信号源 $U_S=8\text{V}$，内阻 $R_0=200\Omega$，变压器一次绕组匝数 $N_1=500$，二次绕组匝数 $N_2=100$。

试求：（1）变压器一次侧的等效电阻 R'_L。

（2）变压器一次侧电流 I_1。

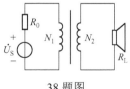

38 题图

39．有一理想变压器，一次绕组接在 220V 的正弦电压上，测得二次绕组的端电压是 20V，若一次绕组匝数为 200 匝，求变压器的变压比和二次绕组的匝数各是多少？

40．某变压器一次绕组匝数为 1056 匝，电压为 380V。要在二次绕组上获得 36V 的机床安全照明电压，求二次绕组的匝数。若负载为两只 40W 的灯泡，不考虑变压器的损耗，求一次、二次绕组的电流。

41．在下图所示正弦稳态电路中，I_{S1}=2A，试求 4Ω 电阻所获得的功率。

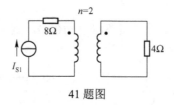

41 题图

42．如下图所示电路，设各电流表内阻为零。若电流表 A 的读数为 3A，电流表 A_1 的读数为 1A，则电流表 A_2 的读数是多少？

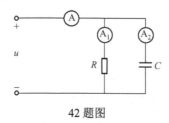

42 题图

43．把一个电阻 R=10Ω，接到 $u = 220\sqrt{2}\sin\left(314t + \dfrac{\pi}{4}\right)$ V 的交流电源上，求：

（1）电流的有效值。

（2）电流解析式。

44．把一个电感 L=0.1H 的线圈，接到 $u = 220\sqrt{2}\sin\left(314t + \dfrac{\pi}{4}\right)$ V 的交流电源上，求：

（1）线圈的阻抗。

（2）电流的有效值。

（3）电流解析式。

45．已知下图所示电路中 U_S=10V，R_1=2kΩ，R_2=3kΩ，C=4μF，试求开关打开瞬间电容元件的电流、电压初始值。

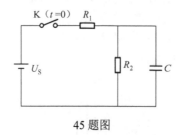

45 题图

46．已知下图所示电路中 U_S=10V，R_1=2kΩ，R_2=4kΩ，L=10mH，试求开关打开瞬间所有元件的电流、电压初始值。

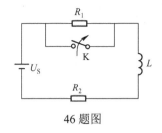

46 题图

47. 已知下图所示电路 U_S=15V，R_1=2kΩ，R_2=3kΩ，C=10μF，试用三要素法求开关关闭后 u_C、i_C 的解析式。

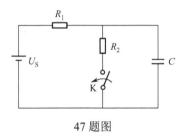

47 题图

48. 有一个三角形连接的三相对称负载，线电流为 17.3A，线电压为 380V，f=50Hz，$\cos\varphi$=0.8。

　　试求：（1）三相有功功率 P、视在功率 S；

　　　　　（2）相电流及每相负载的 R 和 L 值。

49. 有一星形连接的三相负载，每相负载的电阻都等于 12Ω，电抗等于 16Ω，三相电源电压对称，线电压为 380V，试求负载的线电流。

50. 有三个单相负载，其电阻分别为 R_A=10Ω、R_B=20Ω、R_C=40Ω，接于三相四线制电路中，电源相电压为 380V。试求各相电流。

五、综合题

1. 有一盏"220V，60W"的电灯。试求：（1）电灯的电阻；（2）当接到 220V 电压下工作时的电流；（3）如果每晚用 3h，问一个月（按 30 天计算）用多少电？

2. 两层小楼，楼上装一盏 100W 灯泡接在 A 相，楼下接两盏 100W 灯在 B 相，共用一条零线。某天晚上开灯后发现楼上灯特别亮，而楼下的特别暗，不久后楼上的灯便烧坏了。

　　问：（1）造成这种情况的原因是什么？

　　　　（2）此时楼下的灯会怎么样？

　　　　（3）各灯在坏之前的电压分别是多少？坏之后的电压是多少？

3. 在桌面上有两个小灯泡和一个开关，它们的连接电路在桌面下，无法看到。某同学试了一下，闭合开关时两灯泡均发光；断开开关时，两灯泡均熄灭。请你设法判断两灯泡的连接方式，是串联还是并联？

4. 将被测电阻估计为 100kΩ，观察如下图所示的测量方法，找出问题并加以说明。

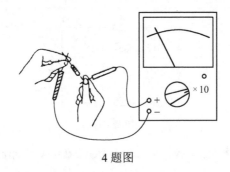

4 题图

5．额定容量是 100kV·A 的变压器、能否带 100kV 的负载？为什么？

6．有一三相三线制供电线路，线电压为 380V，接入星形接线的三相电阻负载，每相电阻值皆为 1000Ω。试计算：

（1）正常情况下，负载的相电压、线电压、相电流、线电流各为多少？

（2）如 A 相断线，B、C 两相的相电压有何变化？

（3）如 A 相对中性点短路，B、C 两相的电压有何变化？

7．小明家有一台冰箱，它的压缩机功率为 120W，这台冰箱每天开 8 小时，以一个月 30 天每度电 0.5 元计，那么该冰箱一个月用多少度电需要交多少电费？

8．已知某发电机的额定电压为 200V，视在功率为 4kV·A，求：

（1）用该发电机向额定工作电压为 200V，有功功率为 40W，功率因数为 0.5 的用电器供电，能供多少个负载？

（2）若功率因数提高为 0.8 的用电器，又能供多少个负载？

9．如下图所示电路有几个节点？几条支路？几个回路？几个网孔？试用支路电流法列出相应方程式。

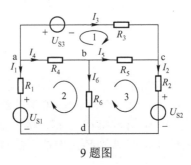

9 题图

10．某发电机的容量是 500kV·A，最多可安装多少台功率 P=10kW，$\cos\varphi$=0.8 的电动机？若安装 50 台这样的电动机安全吗？

第二部分

电子技术基础与技能

第一篇　模拟电路基础

模拟信号是指物理量的幅值随时间作连续变化，处理模拟信号的电子电路称为模拟电路。

项目一　电子技能基础训练

【技能目标】

（1）会使用焊接工具及材料。

（2）会使用常用电子仪器及设备。

（3）掌握 THT 元件焊接工艺。

（4）掌握 SMT 元件焊接工艺。

【知识目标】

（1）了解常用的焊接工具与材料。

（2）掌握电子产品手工焊接工艺。

（3）掌握电子产品组装基础、组装特点、安装要求。

（4）了解电子产品工艺文件编制。

 复习内容

通过本项目内容学习，掌握焊接基本知识与技能，了解电子产品组装基础与安装要求，了解电子产品工艺文件主要内容与编制要求。两种焊接技术 SMT（表面贴装技术）和 THT（通孔插装技术）的根本区别是"贴"和"插"。

技能实训 1　THT 元件焊接实训

1．认识装配工具

具体内容请见教材。

2．电烙铁检测

（1）外观检查。
（2）用万用表检查。

3．五步法焊接

五步法焊接的步骤如图 1-1 所示。

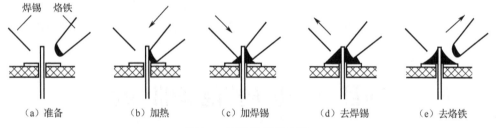

（a）准备　　　（b）加热　　　（c）加焊锡　　　（d）去焊锡　　　（e）去烙铁

图 1-1　五步法焊接步骤

4．安全文明操作

（1）严禁带电操作（不包括通电测试），保证人身及设备安全。
（2）工具摆放有序，保持桌面整洁。
（3）放置电烙铁等工具时要规范，防止烫伤或损坏物件。
（4）考试结束要清理现场。

技能实训 2　SMT 元件焊接实训

1．认识 SMT 元件

具体内容请见教材。

2．SMT 元件的焊接步骤

（1）对烙铁头做清洁和保养。

（2）烙铁通电后，先将烙铁温度调到 200～250℃，进行预热。

（3）根据不同物料，将温度设定在 300～380℃。

（4）对焊盘进行上锡。

（5）放置元件在对应的位置上。

（6）左手用镊子夹持元件定位在焊盘上，右手用电烙铁将已上锡焊盘的锡熔化，将元件定焊在焊盘上，被焊件和电路板要同时均匀受热，加热时间 1～2 秒为宜。

（7）用烙铁头加焊锡丝到焊盘，将两端进行固定焊接，电烙铁以与轴向成 45°的方向撤离。

知识点 1　焊接基础

1．焊接工具与材料

常用的焊接工具与材料有电烙铁、电烙铁架、焊锡、吸锡器、热风枪、松香、焊锡膏、尖嘴钳、偏口钳、镊子、小刀等。

（1）电烙铁。

电烙铁是焊接电子元器件及接线的主要工具，选择合适的电烙铁，合理的使用，是保证焊接质量的基础。

电烙铁按发热方式分为：内热式、外热式、恒温式等。

电烙铁按电功率分为：15W、20W、35W 等。

（2）焊锡、助焊剂与阻焊剂。

焊锡是一种锡铅合金，不同的锡铅比例，焊锡的熔点、温度不同，一般为 180～230℃。

常用的助焊剂是松香或松香水（将松香溶于酒精中）。作用：清除金属表面的氧化物，利于焊接，又可保护烙铁头。

常用阻焊剂的主要成分为光固树脂，在高压汞灯照射下会很快固化。阻焊剂的颜色多为绿色，故得俗名"绿油"。

（3）辅助工具。

为了方便焊接操作，常采用尖嘴钳、偏口钳、镊子和小刀等辅助工具。

2．THT 元件焊接工艺要求

（1）焊接操作姿势与卫生。

电烙铁离开鼻子的距离应不小于 30cm，通常以 40cm 时为宜。铅是对人体有害的重金属，由于焊丝成分中含有一定比例的铅，因此，操作时应戴手套或操作后洗手，避免食入。

（2）焊接要求。

在焊接时，不仅必须要做到焊接牢固，焊点表面还要光滑、清洁、无毛刺，还要美观整齐、大小均匀。避免虚焊、冷焊、漏焊、错焊。了解常见的焊点缺陷，能进行常规的焊接质量检查。

（3）电烙铁和焊锡丝的握法。

电烙铁有正握、反握、笔握三种握法，每种握法各有适用的场合。焊锡丝有连续和断续焊接两种情况下的握法。

（4）焊前准备。

所有元器件引线均不得从根部弯曲。一般应留 1.5mm 以上。弯曲可使用尖咀钳和镊子，或借助圆棒。弯曲一般不要成死角，圆弧半径应大于引线直径的 1～2 倍。

（5）导线焊接。

导线同接线端子的连接有绕焊、搭焊、钩焊三种基本形式。

（6）拆焊。

拆焊常用于调试和维修中，常用的拆焊工具有吸锡器、热风枪、医用空心针头等。

3．SMT 元件焊接工艺要求

（1）SMT 元件的特点。

① SMT 元件的电极无引线或短引线，相邻电极间距比传统的双列直插式集成电路的引脚间距（2.54mm）小得多，目前，引脚中心间距最小的已经达到 0.3mm。

② SMT 元件直接贴装在印制电路板的表面，将电极焊接在与元件同一面的焊盘上。印刷电路板的布线密度大大提高。

③ SMT 元件最重要的特点是小型化和标准化。

（2）SMT 元件的分类。

从结构形状分类，有薄片矩形、圆柱形、扁平异形等；从功能上分类，有无源元件（Surface Mounting Component，SMC）、有源元件（Surface Mounting Device，SMD）和机电元件三大类。

（3）表面贴装元件常见封装。

表面贴装元件分为无源元件（SMC）和有源元件（SMD）两大类。表面贴装无源元件包括电阻器、电容器和电感器等，有源元件包括表面贴装二极管、三极管和集成电路等。

表面贴装无源元件包括片式电阻器、片式电容器和片式电感器等，表面贴装二极管常用的封装形式有圆柱形、矩形薄片形和 SOT-23 型等三种，表面贴装三极管常用的封装形式有 SOT-23 型、SOT-89 型、SOT-143 型和 TO-252 型四种，表面贴装集成电路常用的封装形式有 SOP 型、PLCC 型、QFP 型、BGA 型、CSP 型、MCM 型等几种。

（4）表面贴装常用器材。

常用器材有焊膏、红胶、模板、刮刀、镊子、热风枪等。

（5）SMT 元件焊接注意事项。

① 电烙铁通电后，先将电烙铁温度调到 200～250℃，进行预热；根据不同物料，将温度设定在 300～380℃。

② 先对焊盘上锡，用镊子夹持元件定位在焊盘上，用电烙铁将已上锡焊盘的锡熔化，将元件定焊在焊盘上，被焊件和电路板要同时均匀受热，加热时间 1～2s 为宜。用烙铁头加焊锡丝到焊盘，将两端分别进行固定焊接。

③ 对烙铁头做好日常清洁和保养。

知识点 2　电子产品装配工艺

1．电子产品组装基础

电子设备的组装是将各种电子元器件、机电元件和结构件，按照设计要求，装接在规定的位置上，组成具有一定功能的完整的电子产品的过程。

（1）电子设备的组装内容。

① 电路识图，包括单元电路的划分。

② 元器件的布局。输入、输出、功率器件，显示器件，低频高频电路单元。

③ 各种元器件、部件、结构件的安装。

④ 整机联装。

（2）电子设备组装级别。

在组装过程中，根据组装单位的大小、尺寸、复杂程度和特点的不同，将电子设备的组装分成不同的等级。电子设备的组装级别如表 1-1 所示。

表 1-1　电子设备的组装级别

组装级别	特　点
第 1 级（元件级）	组装级别最低，结构不可分割。主要为通用分立元件、集成电路等
第 2 级（插件级）	用于组装和互连第 1 级元器件。如装有元器件的电路板及插件
第 3 级（插箱板级）	用于安装和互连第 2 级组装的插件或印制电路板部件
第 4 级（箱柜级）	通过电缆及连接互连第 2、3 级组装，构成独立的有一定功能的设备

2．元器件安装的技术要求

（1）元器件的标志方向应按照图纸规定的要求，安装后能看清元器件上的标志。若装配图上没有指明方向，则应使标记向外易于辨认，并按从左到右、从下到上的顺序读出。

（2）元器件的极性不得装错，安装前应套上相应的套管。

（3）安装高度应符合规定要求，同一规格的元器件应尽量安装在同一高度上。

（4）安装顺序一般为先低后高，先轻后重，先易后难、先一般元器件后特殊元器件。

（5）元器件在印制电路板上的分布应尽量均匀、疏密一致，排列整齐美观。不允许斜排、立体交叉和重叠排列。

（6）元器件外壳和引线不得相碰，要保证 1mm 左右的安全间隙，在无法避免时，应套绝缘套管。

（7）元器件的引线直径与印制电路板焊盘孔径应有 0.2～0.4mm 的合理间隙。

（8）MOS 集成电路的安装应在等电位工作台上进行，以免产生静电损坏器件，发热元器件不允许贴板安装，较大的元器件的安装应采取绑扎、粘固等措施。

3．元器件的安装方法和形式

元器件的安装方法和形式，主要有贴板安装、悬空安装、垂直安装、埋头安装、有高度限制时的安装、支架固定安装、功率器件的安装等。

4．元器件安装的注意事项

（1）安装二极管时，除注意极性外，还要注意外壳封装，特别是玻璃壳体易碎，引线弯曲时易爆裂，在安装时可将引线先绕 1～2 圈再装，对于大电流二极管，有的则将引线体当作散热器，故必须根据二极管规格中的要求决定引线的长度，也不宜把引线套上绝缘套管。

（2）为了区别晶体管的电极和电解电容的正负端，一般在安装时，加上带有颜色的套管以示区别。

（3）大功率三极管由于发热量大，一般不宜装在印制电路板上。

5. 装配工艺文件

（1）工艺文件专业术语说明：工艺文件、工艺文件的编号、底图总号、旧底图总号、草图、原图、底图、工艺文件格式通用栏。

（2）工艺文件封面填写说明：工艺文件的封面是在工艺文件装订成册时使用。简单的设备可以按整机装订成册，复杂设备可按分机单元装成若干册。

（3）工艺文件目录填写说明：工艺文件目录供装订成册的工艺文件编写目录用，反映产品工艺文件的齐套性。

项目二 常见电子元器件识别及检测

【技能目标】

（1）会识别常见阻抗元件、半导体器件。

（2）能检测常见阻抗元件、半导体器件。

【知识目标】

（1）掌握常见阻抗元件的作用、分类、命名、主要参数、识别及检测方法。

（2）掌握常见半导体器件的命名、结构、分类、主要参数、工作特性、识别及检测方法等。

本项目介绍常用电阻、电容、电感、二极管、三极管等元器件的基本知识及识别与检测方法。

技能实训 1 色环电阻识别与检测

1. 色环标注法

电阻的标称阻值和误差通常都标注在电阻体上，其标称方法有三种：直标法、文字符号法、色环标注法。色环标注法是指用不同颜色的色环表示标称阻值和允许偏差大小的方法。一般常用 4 个色环或 5 个色环的色标。

（1）4 色环标注法。

普通电阻器大多用 4 个色环表示阻值和允许偏差。第一、二环表示有效数字，第三环表示倍率（乘数），与前三环距离较大的第四环表示误差。

（2）5 色环标注法。

精密电阻器采用 5 个色环表示阻值和允许偏差。第一、二、三环表示有效数字，第四环表示倍率（乘数），与前四环距离较大的第五环表示误差。

2. 色环电阻识别方法

（1）根据实物（色环电阻），排定色环顺序。

（2）记下各位置色环的颜色。

（3）根据色环颜色迅速读出色环电阻的标称阻值大小和允许误差。

技能实训 2 电解电容识别与检测

1. 认识电解电容

电解电容器通常由金属箔（铝或钽）作为正电极，金属箔的绝缘氧化层（氧化铝或钽五氧化物）作为电介质，电解电容器以其正电极的不同分为铝电解电容器和钽电解电容器。铝电解电容器的负电极由浸过电解质液（液态电解质）的薄纸薄膜或电解质聚合物构成；钽电解电容器的负电极通常采用二氧化锰。

2. 电解电容检测方法

（1）极性的检测方法。
（2）质量、漏电电阻的检测方法。
（3）容量、允许误差、耐压值的检测方法。

技能实训 3 晶体管识别与检测

1. 二极管的检测

（1）通过外形识别引脚，如图 2-1 所示。

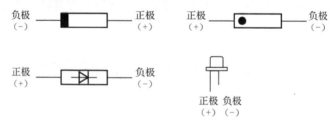

图 2-1 通过外形识别引脚

（2）使用指针式万用表检测二极管的测试原理，如图 2-2 所示。

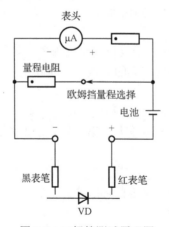

图 2-2 二极管测试原理图

① 将指针式万用表置于 $R×100$ 或 $R×1k$ 欧姆挡。

② 测量任意两脚间的电阻，然后交换万用表红黑表笔再测量两脚间的电阻。正、反向电阻，测得的电阻值越小，说明电路中的电流越大，导电性能越好；电阻值大，说明电路中的电流小，导电性能差。

当出现一次测量值小，一次测量值大，说明二极管质量是好的，而且处于电阻值小时，二极管处于正向导通状态，这时黑表笔连接的引脚是二极管的正极。

当出现两次测量结果都较小时，说明二极管短路；当出现两次测量结果都较大时，说明二极管断路。

2. 三极管检测

（1）检测三极管基极 b。

用万用表的红、黑表笔分别接触三极管的任意两个引脚，测量一次后，如果电阻值无穷大（指针表的表针不动；数字表只显示"1"），则将红、黑表笔交换，再测这两个引脚一次。如果两次测得的电阻值都是无穷大，说明被测的两个引脚是集电极 c 和发射极 e，剩下的一个则是基极 b。如果在两次测量中，有一次的阻值不是无穷大，则换一个引脚再测，直到找出正、反向电阻都大的两个引脚为止。（如果在三个引脚中找不出正、反向电阻都大的两个引脚，说明三极管已经损坏，至少有一个 PN 结已经被击穿短路。）

（2）检测三极管的极性（NPN、PNP）。

测出三极管的基极 b 后，通过再次测量来区分三极管是 NPN 型还是 PNP 型。当在基极加测量电压的正极时，NPN 型三极管的基极对另外两个极都是正向偏置，而 PNP 型三极管的基极对另外两个极都是反向偏置。

将万用表的正表笔（指针式万用表的黑表笔；数字式万用表的红表笔）接触已知的基极，用另一支表笔分别接触另外两个引脚，如果另外两个引脚都导通，说明被测三极管是 NPN 型，否则是 PNP 型。

（3）检测三极管是否损坏。

使用万用表判别三极管是否损坏，就是通过测量三极管的发射结和集电结是否具有单向导电性来判别三极管的好坏。损坏的 PN 结或者是正、反向电阻都趋于零，或正、反向电阻都无穷大，由此，可以判别三极管是否损坏。

（4）检测三极管的发射极和集电极，如图 2-3 所示。

图 2-3　三极管发射极、集电极检测

在已经确定了"极性"和"基极"的被测三极管上，先假定基极之外的两个脚中的某一个脚是集电极，则另一个脚为假定发射极。用万用表的 $R×1k$ 欧姆挡按图 2-4 测试，图中的 $100k\Omega$ 电阻是基极偏流电阻，需要外接，并与假定的集电极连接。在假定的集电极和发射极引脚上加正确测试电压：NPN 型三极管的集电极应连接黑表笔，发射极连接红表笔；PNP 型三极管相反。记录万用表的读数；然后将假定引脚交换，即将假定的集电极与发射极交换，仍按上述方法连线测量（注意基极偏流电阻总是连接假定的集电极），再次记录读数。两次测量中，读数小（即电阻值小）的一次是正确的假定。

知识点 1　常见阻抗元件

1. 电阻器的识别与检测

（1）电阻器的主要作用是限流和分压。

（2）电阻器的分类。

电阻器按阻值特性分为：固定电阻、可调电阻（电位器）、特种电阻（敏感电阻）。

电阻器按制造材料分为：线绕电阻，薄膜电阻，实心电阻等。

电阻器按安装方式分为：插件电阻、贴片电阻等。

电阻器按功能分为：负载电阻，采样电阻，分流电阻，保护电阻等。

（3）电阻器的命名根据国家标准 GB/T2470—1995，电阻器和电位器的型号由四个部分组成，电阻器的命名如图 2-4 所示。

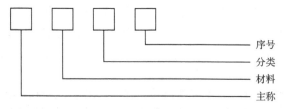

序号
分类
材料
主称

图 2-4　电阻器的命名

（4）电阻器的主要参数。

标称阻值：电阻器上标出的名义阻值称为标称阻值。

普通电阻器的允许误差有 6 个等级：±0.5%、±1%、±2%、±5%、±10%、±20%。在一般的电子制作中，并不要求很高精度，后三种误差等级已能满足需要。

电阻器的标称阻值和允许误差通常有三种标称方法：直标法、文字符号法、色环标注法。

额定功率：是指电阻器在一定的气压和温度下，长期连续工作所允许承受的最大功率。

（5）电阻器的识别与检测。

① 外观检查。

② 万用表检测。

③ 用电桥测量电阻。

2. 电容器的识别与检测

（1）电容器的主要作用：应用于电源电路，实现旁路、去耦、滤波和储能方面等作用；应用于信号电路，主要完成耦合、振荡、同步及时间常数的作用。

（2）电容器的分类。

电容器按结构可分为：固定电容器、可变电容器和微调电容器。

电容器按介质可分为：空气介质电容器、固体介质（云母、陶瓷、涤纶等）电容器和电解电容器。

电容器按有无极性可分为：有极性电容器和无极性电容器。

（3）电容器的命名。

根据国家标准 GB/T2470—1995，电容器的型号由四个部分组成。电容器的命名如图 2-5 所示。

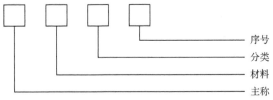

图 2-5　电容器的命名

（4）电容器的主要参数。

标称容量：电容器上标出的名义电容量值称为标称容量；其允许误差通常分为三级，Ⅰ级（±5%）、Ⅱ级（±10%）、Ⅲ级（±20%）。

电容器容量的标识方法主要有直标法、数码法和色标法三种。

工作电压：表示电容器在使用时允许加在其两端的最大电压值。

（5）电容器的检测。

① 质量判定。

② 容量判定。

③ 极性判定。

④ 可变电容器碰片检测。

3．电感器的识别与检测

（1）电感器的基本作用：滤波、振荡、延迟、陷波等。在电子线路中，电感线圈对交流有限流作用，它与电阻器或电容器能组成高通或低通滤波器、移相电路及谐振电路等；与变压器可以进行交流耦合、变压、变流和阻抗变换等。

（2）电感器的分类。

电感器按电感形式可分为：固定电感、可变电感。

电感器按导磁体性质可分为：空芯线圈、铁氧体线圈、铁芯线圈、铜芯线圈。

电感器按工作性质可分为：天线线圈、振荡线圈、扼流线圈、陷波线圈、偏转线圈。

电感器按绕线结构可分为：单层线圈、多层线圈、蜂房式线圈。

电感器按工作频率可分为：高频线圈、低频线圈。

电感器按结构特点可分为：磁芯线圈、可变电感线圈、色码电感线圈、无磁芯线圈等。

（3）电感器的主要参数。

电感量：表示电感线圈产生自感应能力的物理量。线圈的市实际电感量与标称电感量之间也存在误差，对于滤波、振荡电感线圈，允许误差为 0.2%～0.5%；对于一般耦合、扼流圈等，允许误差为 10%～20%。

感抗 X_L：电感线圈对交流电流阻碍作用的大小，单位是欧姆。它与电感量 L 和交流电频率 f 的关系为 $X_L=2\pi fL$

品质因数 Q：表示线圈质量的一个物理量，Q 为感抗 X_L 与其等效的电阻的比值，即：$Q=X_L/R$。线圈的 Q 值愈高，回路的损耗愈小。

分布电容：线圈的匝与匝之间、线圈与屏蔽罩之间、线圈与底版之间存在的电容被称为分布电容。

（4）电感器的检测。

① 外观检查。

② 万用表电阻法检测。

③ 采用具有电感挡的数字式万用表检测电感。

知识点 2　常见半导体器件

1. 半导体器件命名

根据国家标准 GB/T249—2017，半导体器件命名如图 2-6 所示。半导体器件的型号由五个部分组成。

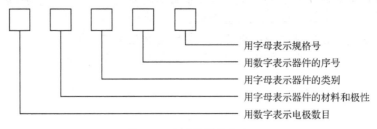

用字母表示规格号
用数字表示器件的序号
用字母表示器件的类别
用字母表示器件的材料和极性
用数字表示电极数目

图 2-6　半导体器件命名

2. 二极管

（1）二极管的结构。

二极管由一个 PN 结加上两条电极引线做成管心，再用管壳封闭而成的。P 型区的引出线称为正极或阳极，N 型区的引出线称为负极或阴极。二极管的文字符号为 VD。

二极管是电子设备中经常使用的一种半导体器件，常用于检波、整流、开关、隔离、保护、限幅、稳压、变容、发光和调制电路中。

（2）二极管的分类。

① 二极管按制造材料可分为：锗二极管、硅二极管等。

② 二极管按不同用途可分为：整流二极管、开关二极管、检波二极管等。

③ 二极管按结构可分为：点接触型二极管、面接触型二极管。

（3）二极管的工作特性。

正向特性：外加正向电压很小时，二极管呈现的电阻很大，正向电流几乎为零，称为死区。使二极管开始导通的临界电压称为开启电压，当正向电压超过开启电压后，电流随电压的上升迅速增大，二极管电阻变得很小，进入正向导通状态。曲线较陡直，电压与电流的关系近似为线性，为导通区。导通后二极管两端的正向电压称为正向压降（或管压降），一般硅二极管的正向压降约为 0.7V，锗二极管的正向压降约为 0.3V。

反向特性：二极管加反向电压时，电压值较低时，只有很小的反向电流，且不随反向电压的增加而改变，称为反向饱和电流或反向漏电流，该段称反向截止区。当反向电压增大到超过某一值时，反向电流急剧增大，这一现象称为反向击穿，所对应的电压称为反向击穿电压。

（4）二极管的主要参数。

最大整流电流 I_{FM}：二极管长期运行时允许通过的最大正向平均电流。

正向压降 V_D：二极管正向偏置，流过电流为最大整流电流时的正向压降值。

最大反向工作电压 V_{RM}：二极管使用时允许施加的最大反向电压。一般为反向击穿电压 V_{BR} 的一半。

反向电流 I_{RM}：二极管未击穿时的反向电流值。

最高工作频率 f_M：保证二极管正常工作的最高频率。

3．三极管

（1）三极管的结构。

三极管由两个 PN 结构成。在 N 型半导体和 P 型半导体交错排列形成三个区，分别称为发射区、基区和集电区。从三个区引出的引脚分别称为发射极、基极和集电极，用符号 e、b、c 来表示。处在发射区和基区交界处的 PN 结称为发射结，处在基区和集电区交界处的 PN 结称为集电结。符号为 VT。

三极管的结构，如图 2-7 所示。它有两种类型：NPN 型和 PNP 型。

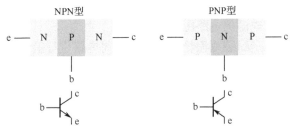

图 2-7　三极管的结构

（2）三极管的分类。

三极管按材质可分为：硅管、锗管。

三极管按结构可分为：NPN 型、PNP 型。

三极管按消耗功率的不同可分为：小功率管、中功率管和大功率管等。

（3）三极管的工作特性。

截止区：当三极管的发射结和集电结都处于反向偏置状态，三极管处于截止状态，基极和发射极电流都为零，集电极只有微小的穿透电流 I_{CEO}。

饱和区：三极管的发射结和集电结均处于正偏状态，I_B 失去了对 I_C 的控制能力，三极管处于饱和状态，三极管失去了电流放大作用，相当于一个闭合开关。三极管饱和时，三极管集电极与发射极间的电压称为集射极饱和压降，用 U_{CES} 表示；小功率硅管 U_{CES} 约为 0.3V，硅管的 U_{CES} 约为 0.1V。

放大区：三极管发射结正偏，集电结反偏，三极管处于放大状态。三极管集电极电流受控于基极电流，三极管具有电流放大作用。

（4）三极管的主要参数。

直流电流放大系数 $\bar{\beta}$：$\bar{\beta} \approx \dfrac{I_C}{I_B}$

穿透电流 I_{CEO}：基极开路时的 I_C 值。

交流电流放大系数 β：I_C 与 I_B 的变化量之比。$\beta = \dfrac{\Delta I_C}{\Delta I_B}$

（5）反向击穿电压 U_{CEO}：基极开路时，C、E 之间的击穿电压。

项目三 直流稳压电源认知及应用

复习要求

【技能目标】

（1）会根据实际需要选用、使用整流二极管。

（2）掌握整流、滤波电路连接及波形测试方法。

（3）能焊接整流、滤波电路。

（4）会用万用表和示波器测量相关电量参数和波形。

（5）能识读集成稳压电源的电路图。

（6）会根据装配工艺卡组装直流稳压电源，会对电路进行调试。

【知识目标】

（1）了解直流稳压电源的组成、工作原理。

（2）了解几种常用特殊二极管的外形特征、功能。

（3）掌握整流二极管的工作特性及使用注意事项。

（4）掌握桥式整流、电容滤波电路的工作原理。

（5）了解三端集成稳压器件的种类、主要参数、典型应用电路，能识别其引脚。

复习内容

各种家用电器、电子设备的运行都需要稳定的直流电源。这些直流电除了少数直接利用干电池和直流发电机外，大多数是采用把交流电（市电）转变为直流电的直流稳压电源。直流稳压电源一般由变压、整流、滤波、稳压四部分组成。

本项目介绍直流稳压电源电路的工作原理、安装及调试方法。

技能实训 1 桥式整流滤波电路制作

1. 认识电路

整流滤波电路原理，如图 3-1 所示。

（1）电路组成：电路中的四只二极管（$VD_1 \sim VD_4$）组成单相桥式整流电路，$C_1 \sim C_3$三只电容，与电容串联的开关（$S_1 \sim S_3$）用来选择接入电路的滤波器，便于对比不同电容滤波器的滤波效果，电阻 R_1 为负载电阻。

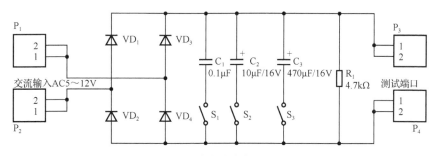

图 3-1　整流滤波电路原理

（2）工作原理：由于二极管具有单向导电性，输入的正弦交流电经过整流电路后，被转变为脉动直流电压。脉动直流电压加载到由电容组成的滤波器上，脉动程度大为减弱，波形变得比较平滑。整流滤波过程中的波形变化，如图 3-2 所示。通过开关 $S_1 \sim S_3$ 选择不同的电容接入电路，可对比容量不同的电容滤波器的滤波效果。

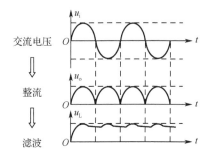

图 3-2　整流滤波过程中的波形变化

2．电路制作与调试

（1）按电路原理图的结构在印制电路板上绘制电路元器件的布局草图。

（2）按工艺要求对元器件的引脚进行成形加工。

（3）按布局图在印制电路板上依次插装元器件。

（4）按电路图的连接要求和焊接工艺要求对元器件进行连线焊接，直到所有元器件连接并焊完为止。

（5）制作要求。

① 不漏装、错装，不损坏元器件。

② 无虚焊、漏焊和桥接，焊点表面要光滑、干净。

③ 元器件排列整齐，布局合理，并符合工艺要求。

注意：开关处于同一状态时，波动柄的方位要一致，便于选择对比；输入、输出的两极插针之间的距离要大一点，便于测试。

3．电路测试与分析

装接完毕，检查无误后，将电路接入到 5～12V 交流电源上进行通电试验，用示波器测量不同开关情况下电路的输出波形，如有故障，立即切断电源，对电路进行检修。

技能实训 2　三端固定式集成稳压电路制作

1．认识电路

固定式集成稳压电路是以三端固定式集成稳压器 7809 和 7909 为核心组成的，输出+9V 和-9V 两种直流电，通过开关 S_1 和 S_2 选择输出电压的极性。这种稳压电源结构简单，稳压性能较高（输出电压实际偏差≤±2%）。固定式集成稳压电路如图 3-3 所示。

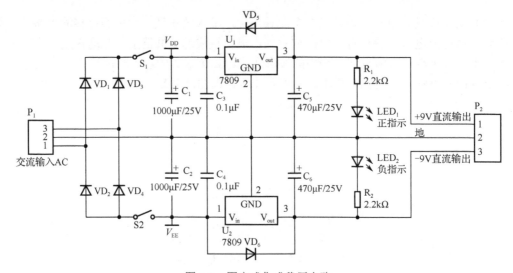

图 3-3　固定式集成稳压电路

7809 和 7909 是三端固定式集成稳压器中的一种，在它们的输入端加上大小为 11V～36V 不稳定的直流电，在 7809 的输出端将输出稳定的+9V 电压，在 7909 的输出端将输出稳定的-9V 电压。

2．元器件的选择与测试

根据电路原理图，从所给的元器件中选出电路所需的元器件，按要求对元器件进行识读和测试，填写识读、测试结果。

3．电路制作与调试

（1）识读装配工艺卡片，按工艺要求进行装配。

（2）装接完毕，检查无误后，用万用表测量电路的电源两端，若无短路，方可通电测试，交流输入电压不得超过 18V。接入交流输入电压以后，依次闭合 S_1 和 S_2，分别测量滤波电路和稳压电路之后的电压，测量每次闭合开关都要注意观察，如无异常现象，方可继续测试。

4．装配注意事项

（1）在搭接电路时，一定要断开电源，在所有部分搭接完毕确认无误后方能开启电源。

（2）4 个电解电容的正负极一定要接对，否则电容将被反向击穿。

（3）电路中所有的接地端都要共地，时刻观察电路中的元器件，当发现元器件过热时一定要及时关闭电源使之冷却。

（4）电路经初测进入正常工作状态后，才能进行各项指标测试。

（5）装配调试过程中，要遵循各环节的工艺要求。

技能实训 3　可调线性稳压电源制作

1．认识电路

可调线性稳压电源是以三端可调式集成稳压器 LM317 为核心器件组成一种应用广泛的直流稳压电源。输出电压可以在一定范围内连续调节。调节电路中的可调电阻 R_P，就可改变输出电压的大小。可调线性稳压电源电路图如图 3-4 所示。

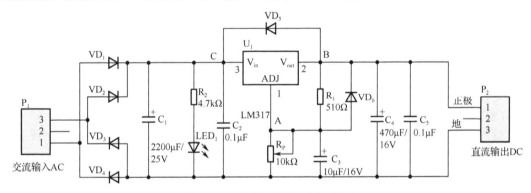

图 3-4　可调线性稳压电源电路图

电路中的核心器件是 LM317，是一种集成稳压器，既有稳压的作用，又可调节输出电压的大小。LM317 的输出电压调节范围是 1.2～37V，负载电流最大为 1.5A。LM317 内置有过载保护、安全区保护等多种保护电路。电路中的输出电容 C_4、C_5 能改变瞬态响应。在调整端接滤波电容 C_3，能得到比固定三端稳压器高得多的纹波抑制比。调节可调电阻器 R_P 的阻值，可改变输出电压的大小。

2．装配注意事项

（1）根据电路原理图熟悉印制电路板上对应的元器件。

（2）按照装配过程工艺要求在印制电路板上依次对元器件进行安装。按照工艺要求对元器件的引脚进行成形加工。

（3）按照焊接工艺要求对元器件进行焊接，直到所有元器件焊接完为止。

（4）安装 LM317 时，要先用螺丝固定好散热片，然后再装插焊接。

知识点 1　二极管

单向导电性是二极管的基本特性。当加上正向电压时二极管导通，阻值很小，接近短路；当加上反向电压时二极管截止，阻值很大，接近开路。

1. 特殊二极管简介

（1）发光二极管。

发光二极管（LED）通常由砷化镓、磷化镓等材料制成。当有一定的电流通过时，发出红外光或红、绿、黄、蓝、白等颜色的可见光。

（2）光电二极管。

光电二极管在反向电压下工作，没有光照时，反向电流很小（反向电阻大）；有光照时，反向电流变大（反向电阻变小），光照强度越大，反向电流也越大。

（3）变容二极管。

变容二极管是利用 PN 结的电容效应的一种特殊二极管。它在反向电压下工作，改变反向电压，就可以改变其 PN 结的结电容（反向电压升高，结电容变小）。

2. 整流二极管

整流二极管是一种将交流电转变为直流电的半导体器件。

（1）整流二极管的选用。

选用整流二极管时，主要应考虑其最大整流电流、最大反向工作电流、截止频率及反向恢复时间等参数。

（2）整流二极管的特性。

整流二极管是利用 PN 结的单向导电特性，把交流电变成脉动直流电。整流二极管电流较大，多数是面接触型二极管。

（3）整流二极管损坏的原因：防雷、过电压保护措施不力，运行条件恶劣，运行管理欠佳，设备安装或制造质量不过关，整流二极管规格型号不符，整流二极管安全裕量偏小。

整流二极管损坏后，可以用同型号的整流二极管或参数相似的其他型号整流二极管替换。

知识点 2 整流与滤波

1. 单相整流电路

（1）单相整流电路结构。

单相桥式整流电路，如图 3-5 所示。在电路中，四只整流二极管连接成电桥形式，称为桥式整流电路。

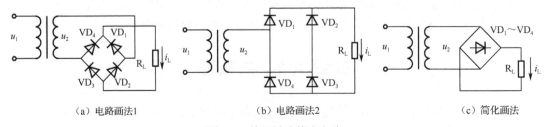

（a）电路画法1 （b）电路画法2 （c）简化画法

图 3-5 单相桥式整流电路

（2）工作原理。

交流电压 u_1 经过电源变压器变换为所需要的电压 u_2。在交流电压 u_2 的正半周（即 $0\sim$ t_1）时，整流二极管 VD_1、VD_3 正偏导通，VD_2、VD_4 反偏截止，产生的电流 i_L 通过负载电阻 R_L，如图 3-6（a）所示。通过 R_L 的电流 i_L 和 R_L 两端电压 u_L 的波形，如图 3-6（c）所示。在交流电压 u_2 的负半周（即 $t_1\sim t_2$）时，整流二极管 VD_2、VD_4 正偏导通，VD_1、VD_3 反偏截止，产生的电流 i_L 同样通过负载电阻 R_L，如图 3-6（b）所示。通过 R_L 的电流 i_L 和 R_L 两端电压 u_L 的波形，如图 3-6（c）所示。当交流电压 u_2 进入下一个周期（即 t_2 以后）时，电路的工作状态将重复上述过程。

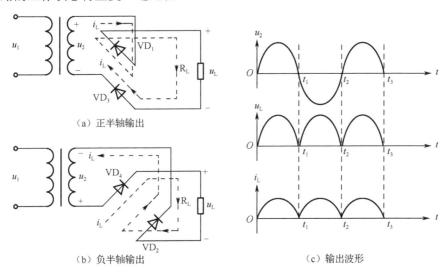

（a）正半轴输出　　　　　　　（b）负半轴输出　　　　　　　（c）输出波形

图 3-6　工作原理

在实际中经常用到的是方便实用的全桥整流堆，它是将四只整流二极管连接成桥式整流电路后再封装成一个整体，整流堆示意图和内部电路如图 3-7 所示。

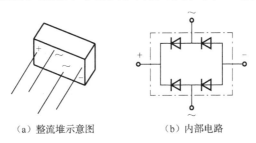

（a）整流堆示意图　　　　　　（b）内部电路

图 3-7　整流堆示意图和内部电路

（3）其他整流电路。

① 单相半波整流电路。

单相半波整流电路和输出波形如图 3-8 所示。

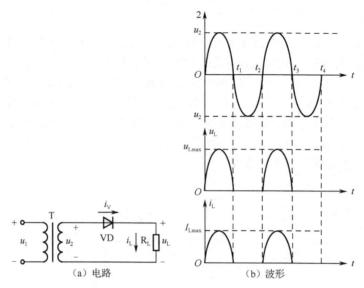

图 3-8　单相半波整流电路和输出波形

② 单相全波整流电路。

单相全波整流电路和输出波形，如图 3-9 所示。

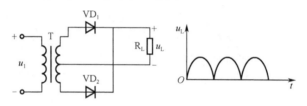

图 3-9　单相全波整流电路和输出波形

单相全波整流电路，需要利用具有中心抽头的双输出变压器输出两组对称的交流电，这两组交流电使两只二极管交替导通，从而实现了整流的目的。这种整流电路的整流效果和全桥整流电路的完全相同。

2. 滤波电路

整流电路是将交流电转换成直流电，但转换后所输出的是脉动直流电，还需要滤除其中的纹波成分，使输出电压的波形尽量接近平滑的直线，这就是滤波，具有滤波作用的电路称为滤波电路或滤波器。常见的滤波电路有电容滤波电路、电感滤波电路和复式滤波电路等。

（1）电容滤波电路。

单相桥式整流滤波电路，如图 3-10 所示。

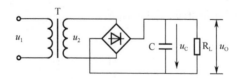

图 3-10　单相桥式整流滤波电路

滤波前后波形对比，如图 3-11 所示。

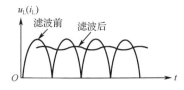

图 3-11　滤波前后波形对比

在电容滤波整流电路中，滤波电容的选择要从电容耐压和容量两个方面考虑。

（2）电感滤波电路如图 3-12 所示。

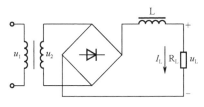

图 3-12　电感滤波电路

（3）复式滤波电路。

复式滤波电路是由电容、电感和电阻组合而成的滤波电路，其滤波效果比单一的电容或电感的滤波效果要好，因此应用更为广泛。常见复式滤波电路有 π 型 RC 滤波电路、LC型滤波电路、π 型 LC 滤波电路等。

知识点 3　三端集成稳压器

1. 三端固定式集成稳压器

三端固定式集成稳压器有三个引出端，即输入端、输出端和公共接地端，其电路符号和外形如图 3-13 所示。三端固定式集成稳压器有 CW78×× 和 CW79×× 两大系列，CW78××输出正电压，CW79×× 输出负电压。型号中的"××"表示输出电压的高低，例如 05 表示输出电压为固定的 5V，12 表示输出电压为固定的 12V 等。

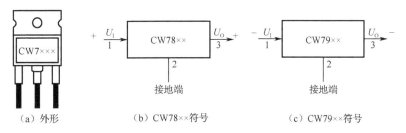

（a）外形　　　　（b）CW78×× 符号　　　　（c）CW79×× 符号

图 3-13　三端固定式集成稳压器

2. 可调式三端集成稳压器

可调式三端集成稳压器不仅输出电压可以调节，而且稳压性能要优于固定式，也有正电压输出和负电压输出两个系列：CW117×/CW217×/CW317× 系列为正电压输出，CW137×/ CW237×/CW337× 系列为负电压输出，其外形和引脚排列，如图 3-14 所示。

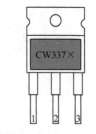

1—公共端；2—输出端；3—输入端　　　1—公共端；2—输入端；3—输出端

（a）CW317×引脚排列图　　　　　（b）CW337×引脚排列图

图 3-14　可调式三端集成稳压器的外形和引脚排列

可调式三端集成稳压器在电路中的基本接法，如图 3-15 所示。

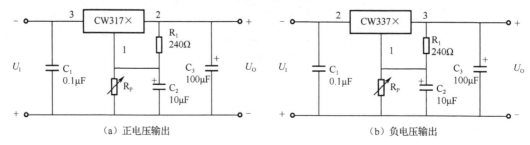

（a）正电压输出　　　　　　　　　　（b）负电压输出

图 3-15　基本接法

图中电位器 R_P 和电阻 R_1 组成取样电阻分压器，接稳压电源的调整端（公共端）1 脚，调节 R_P 的阻值可改变输出电压 U_O 的大小，可在 1.25～37V 范围内连续可调；1 脚和 2 脚之间电位差保持 1.25V 不变，为基准电压，为保证稳压器的输出性能，R_1 的阻值应小于 240Ω。电压的大小与 R_P 和电阻 R_1 的关系是：$U_O \approx 1.25\left(1 + \dfrac{1}{RC}\right)$。

输入端的并联电容 C_1 可以旁路整流电路输出的高频干扰信号；电容 C_2 可以消除 R_P 上的波纹电压，使取样电压稳定；电容 C_3 起消振作用。

项目四 放大电路认知及应用

【技能目标】

（1）能识读和绘制基本共射极放大电路。

（2）能够搭接基本共射极放大电路、会调整静态工作点。

（3）搭接分压式偏置放大器并进行调试。

（4）能识读 OTL、OCL 功率放大器的电路图。

（5）能够制作、调试简单的功率放大器。

【知识目标】

（1）掌握三极管共射极放大电路的构成、静态分析和动态分析方法。

（2）掌握分压式偏置共射极放大器工作原理和分析方法。

（3）了解温度对放大器静态工作点的影响。

（4）了解共集电极、共基极放大电路的构成和特点，多级放大器工作原理、参数及连接方式。

（5）了解场效晶体管工作特点及其与晶体管的差别。

（6）了解低频功率放大电路的基本要求和分类。

电子产品中，经常需要把微弱信号进行放大，本项目介绍三极管放大电路的基础知识，包括三极管放大电路的三种组态、功率放大电路、多级放大器等。

技能实训 1 基本共射极放大电路制作

1. 认识电路

（1）电路中各元件作用。

如图 4-1 所示为基本共射极放大电路图，各元件作用如下。

① 三极管 VT——放大作用。

② 电源+5V——一是通过 R_1、R_{P2} 和 R_{P1} 为三极管提供工作电压，保证三极管工作在放大状态；二是为电路的放大信号提供能源。

③ 基极电阻 R_1、R_{P2}——给放大管的基极提供一个适合的基极电流 I_B（又称为基极偏置电流），并向发射结提供所需的正向电压 U_{BE}，以保证发射结正偏。该电阻又称为偏流电阻或偏置电阻。

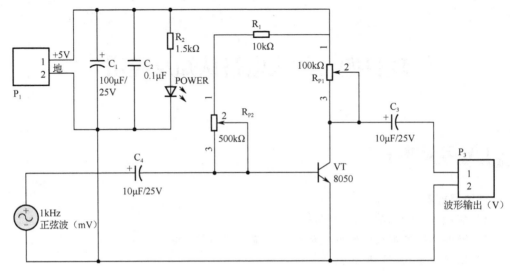

图 4-1　基本共射极放大电路

④ 集电极电阻 R_{P1}——给放大管的集电结提供所需的反向电压 U_{CE}，与发射结的正向电压 U_{BE} 共同作用，使放大管工作在放大状态；另外，还使三极管的电流放大作用转换为电压放大作用。该电阻又称为集电极负载电阻。

⑤ 耦合电容 C_4 和 C_3——分别为输入耦合电容和输出耦合电容；在电路中起隔直流通交流的作用，因此又称为隔直耦合电容。

（2）工作原理。

在输入端输入正弦波信号 u_i 时，在 u_i 的作用下，基射回路中产生一个与 u_i 变化规律相同、相位相同的信号电流 i_B，i_b 与 I_{BQ} 叠加使基极电流为 $i_B = I_{BQ} + i_b$，从而使集电极电流 $i_C = I_{CQ} + i_c$。当 i_c 通过 R_c 时使三极管的集-射电压为：$u_{CE} = U_{CC} - i_c R_c$。

由于电容 C_2 的隔直耦合作用，放大电路输出信号 u_o 只是 u_{CE} 中的交流部分，即 $u_o = -R_c i_c$。可见，集电极负载电阻 R_c 将三极管的电流放大 $i_c = \beta i_b$ 转换成了放大电路的电压放大（R_c 阻值适当，$u_o \gg u_i$）；u_o 与 u_i 相位相反，所以共发射极放大电路具有反相作用。

2．装配注意事项

（1）按电路原理图的结构在单孔印制电路板上绘制电路元器件的布局草图。

（2）按工艺要求对元器件的引脚进行成形加工。

（3）按布局图在印制电路板上依次进行元器件的排列、插装。

（4）按焊接工艺要求对元器件进行焊接，直到所有元器件连接并焊完为止。

（5）焊接电源输入线（或端子）和信号输入、输出端子。

（6）色环电阻器、采用水平安装，应贴紧印制电路板；三极管的安装距离电路板高度 3～5mm；电解电容采用立式安装，电容器底部尽量贴紧印制电路板，注意极性，同时，也要注意与三极管连线不要太长，防止信号衰减太多，影响放大效果。

技能实训 2　分压式偏置放大电路制作

1．认识电路

分压式偏置放大电路原理图，如图 4-2 所示。R_{P1} 为基极电阻，R_2 与 R_5 分别为基极上、下偏流电阻。电源通过 R_{P1}、R_2、R_5 分压后得到基极电压 U_{BQ}，保证三极管发射结正偏；电阻 R_4 或 R_7、R_6 是发射极偏置电阻。一是提供发射极电压，保证发射结正偏，二是引入负反馈，稳定三极管的工作状态，改变反馈量的大小，会改变放大倍数；电容 C_3 的作用是提供交流信号的通道，减小信号的损耗，使放大器的交流信号放大能力不致因发射极电阻的存在而降低；R_3 为限流电阻，保护信号源。

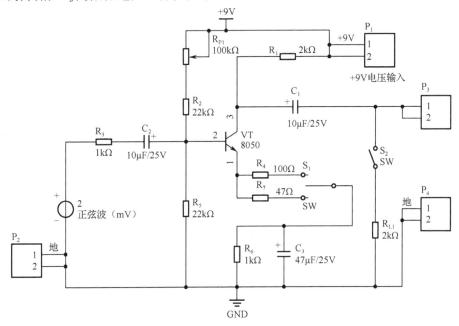

图 4-2　分压式偏置放大电路原理图

由于三极管的基极电流很小，相较于基极下偏置电阻的电流，可以忽略不计，因此三极管基极电压可以看成是三极管基极偏置电阻分压而形成，减小了三极管的参数对基极电压的影响。另外当温度升高时，I_{CQ} 将增大，I_{EQ} 流经发射极电阻产生的电压 U_{EQ} 随之增加，因 U_{BQ} 是一个稳定值，因而 $U_{BEQ} = U_{BQ} - U_{EQ}$ 将减小。根据三极管输入特性，基极电流 I_{BQ} 减小，I_{CQ} 亦必然减小，从而抑制 I_{CQ} 的增大，使三极管工作点恢复到原有的状态，保证了三极管工作状态的稳定。

2．电路测试与分析

（1）静态工作点的确定、动态参数的测量。

（2）研究静态工作点对放大器失真的影响。

（3）讨论 R_{P1} 和 R_{L1} 的值对电压放大倍数的影响。

（4）根据所测数据，计算出放大器的 A_V、R_o 及 R_i，并与理论计算结果进行比较，分析产生误差的原因。

技能实训 3　OTL 功率放大电路制作

1．认识电路

OTL 功率放大电路原理图，如图 4-3 所示。其主要元件的作用：VT_3 为激励三极管，可以作为前置级，完成对输入信号的电压放大，因此，以 VT_3 为中心构成共射极放大电路；VT_1、VT_2 为功率放大器的对管，二者构成互补对称功率放大；R_{P1} 为中点电压调整电位器，调节该电位器使 A 点电压等于电源电压的一半；C_3 为输出耦合电容，其作用一是将输出信号加到负载，二是作为 VT_2 工作的直流电源。

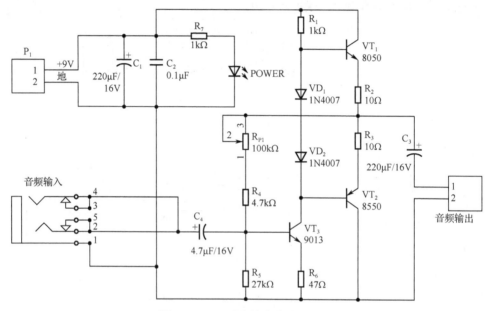

图 4-3　OTL 功率放大电路原理图

当输入信号通过 VT_3 放大后加到 VT_1、VT_2 的输入端时，在输入信号的正半周，输入端上正下负，两管基极电压升高，VT_1 因正偏而导通，VT_2 因反偏而截止，VT_1 的集电极电流由电源流至负载，在负载上得到放大的正半周信号电流，同时对电容 C_3 充电；在输入信号的负半周，输入端上负下正，两管基极电压下降，VT_2 因正偏而导通，VT_1 因反偏而截止，电容 C_3 通过 VT_2 的发射极和集电极、负载形成放电回路，从而形成 VT_2 集电极电流，在负载上得到放大的负半周信号电流。在一个周期内，VT_1、VT_2 交替工作互为补充，从而完成信号的功率放大。

2．电路测试与分析

装接完毕，检查无误后，用万用表测量电路的电源两端，若无短路，方可接入 9V 电源。加入电源后，如无异常现象，即可开始调试。

（1）静态测试。

（2）测量放大倍数。

知识点 1　三极管基本放大电路

1．放大器概述

把微弱的电信号放大，转换成较强的电信号的电路，称为放大电路，简称放大器。放大器的方框图如图 4-4 所示。

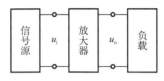

图 4-4　放大器的方框图

（1）放大器的基本要求。

① 要有足够的放大倍数。

② 要具有一定宽度的通频带。

③ 非线性失真要小。

④ 工作要稳定。

（2）放大电路的分类。

① 按三极管的连接方式分类，有共发射极放大器、共基极放大器和共集电极放大器等。

② 按放大信号的工作频率分类，有直流放大器、低频（音频）放大器和高频放大器等。

③ 按放大信号的形式分类，有交流放大器和直流放大器等。

④ 按放大器的级数分类，有单级放大器和多级放大器等。

⑤ 按放大信号的性质分类，有电流放大器、电压放大器和功率放大器等。

⑥ 按被放大信号的强度分类，有小信号放大器和大信号放大器等。

⑦ 按元器件的集成化程度分类，有分立元件放大器和集成电路放大器等。

（3）放大器的放大倍数。

① 电压放大倍数 A_u，是放大器输出电压瞬时值 u_o 与输入电压瞬时值 u_i 的比值。即

$$A_u = \frac{u_o}{u_i}$$

② 电流放大倍数 A_i，是放大器输出电流瞬时值 i_o 与输入电流瞬时值 i_i 的比值。即

$$A_i = \frac{i_o}{i_i}$$

③ 功率放大倍数 A_p，是放大器输出功率 p_o 与输入功率 p_i 的比值。即

$$A_p = \frac{p_o}{p_i}$$

它们之间的关系是

$$A_p = \frac{p_o}{p_i} = \frac{i_o u_o}{i_i u_i} = A_i \cdot A_u$$

放大倍数用对数表示称为增益 G，功率放大倍数常取用对数来表示，称为功率增益 G_p，单位为分贝（用 dB 表示）。

2. 基本共射极放大电路

（1）电路组成。

基本共射极放大电路，如图 4-5 所示。

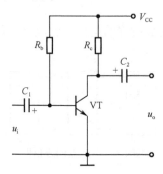

图 4-5　基本共射极放大电路

（2）放大电路的静态分析。

"静态"是指放大电路未加入输入信号即 $u_i = 0$ 时电路的工作状态。此时，电路中的电压、电流都是直流信号，I_B、I_C、U_{CE} 的值称为放大电路的静态工作点，记作 Q（I_{BQ}、I_{CQ}、U_{CEQ}）。

① 直流通路。

② 静态工作点的计算。

$$I_{BQ} = \frac{V_{CC} - U_{BEQ}}{R_b} \approx \frac{V_{CC}}{R_b}$$

在公式中，三极管的 U_{BEQ} 很小，通常选用硅管的管压降 U_{BEQ} 约 0.7V，锗管的管压降 U_{BEQ} 约 0.3V。由于 $V_{CC} >> U_{BEQ}$，所以，$V_{CC} - U_{BEQ} \approx V_{CC}$。

由三极管的电流放大作用，有：

$$I_{CQ} = \beta I_{BQ}$$

再由图 4-6 可知

$$U_{CEQ} = V_{CC} - R_c I_{CQ}$$

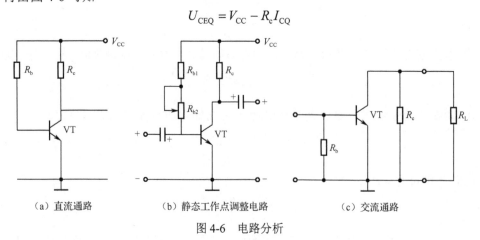

（a）直流通路　　　　　（b）静态工作点调整电路　　　　　（c）交流通路

图 4-6　电路分析

③ 静态工作点与波形失真关系。

静态工作点 Q 选择不当，会使放大器工作时产生信号波形的失真。若 Q 点在交流负载线上的位置过高，信号的正半周可能进入饱和区，造成输出电压波形负半周被部分削除，产生"饱和失真"。反之，若静态工作点在交流负载线上位置过低，则信号负半周可能进入截止区，造成输出电压的上半周被部分切掉，产生"截止失真"。由于它们都是晶体管的工作状态离开线性放大区进入非线性的饱和区和截止区所造成的，都称为非线性失真。

④ 消除非线性失真的方法。

当静态工作点偏高，I_{BQ} 偏大，出现饱和失真。要消除饱和失真，可将偏置电阻 R_b 增大，即可使 I_{BQ} 下降，静态工作点下移。

当静态工作点偏低，I_{BQ} 偏小，出现截止失真。要消除截止失真，可将偏置电阻 R_b 减小，即可使 I_{BQ} 上升，静态工作点上移。

为调节静态工作点，常将偏置电阻设置成可调电阻，为防止可调偏置电阻调为零电阻时静态工作点电流过大引起三极管损坏，又常将可调偏置电阻与一个固定电阻相串联。

（3）放大电路的动态分析。

"动态"是指放大电路加入输入信号时电路的工作状态。

① 放大电路的交流通路。

交流通路是放大电路中交流信号通过的路径。交流通路用来分析放大电路的动态工作情况，计算放大电路的放大倍数，输入和输出电阻。

交流通路的画法是：对于频率较高的交流信号，电容相当于短路；且直流电源 V_{CC} 的内阻一般都很小，所以对交流信号来说也可视为短路，如图 4-6 所示为共射极放大电路的交流通路。

② 放大电路的电压放大倍数、输入电阻与输出电阻。

放大电路的输入电阻为

$$r_i = \frac{U_i}{I_i} = R_b // r_{be}$$

式中，r_{be} 为三极管 b、e 间的等效电阻，r_{be} 可用公式 $r_{be} = 300\Omega + (1+\beta)26\text{mV}/I_{EQ}$ 进行估算，一般为 $1k\Omega$ 左右，而 R_b 通常为几十千欧。因为 $R_b >> r_{be}$，所以放大器的输入电阻可近似为 R_b

输出电阻 r_o 是从放大电路的输出端往里看的等效电阻。共发射极放大电路输出电阻 r_o 就是电阻 R_c。r_o 相当于放大器的电源内阻，r_o 愈小，放大器的带负载能力愈强。

放大电路的电压放大放大倍数：

$$A_u = \frac{u_o}{u_i}$$

式中，u_o 和 u_i 分别为输出信号电压和输入信号电压。通过分析，可得

$$A_u = -\frac{\beta i_b R'_L}{i_b r_{be}} = -\frac{\beta R'_L}{r_{be}}$$

式中，$R'_L = R_c // R_L$，负号表示输出电压与输入电压相位相反。

3. 分压式偏置放大电路

（1）电路的结构。

分压式偏置电路电路图如图 4-7 所示。电路中各元件的作用是：

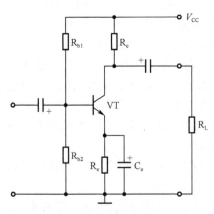

图 4-7　分压式偏置电路

三极管 VT——起放大作用，工作在放大状态，是电路的核心元件。

电源 V_{CC}——直流供电电源。其作用一是通过 R_{b1}、R_{b2} 和 R_c 为三极管提供直流工作电压，保证三极管工作在放大状态，二是为电路提供能源的。

基极电阻 R_{b1}、R_{b2}——分别为基极上、下偏流电阻。电源通过 R_{b1}、R_{b2} 分压后得到基极电压 U_{BQ}，保证三极管发射结正偏。

集电极电阻 R_c——是集电极负载电阻。电源通过 R_c 提供集电极供电电压，保证集电结反偏。

发射极电阻 R_e——发射极偏置电阻。一是提供发射极电压，保证发射结正偏；二是引入负反馈，稳定三极管的工作状态。

发射极电容 C_e——发射极交流旁路电容。

耦合电容 C_1 和 C_2——分别为输入耦合电容和输出耦合电容。

（2）分压式偏置电路的稳定工作点原理分析。

① 基极电压稳定。

从图 4-7 可见，$I_{Rb1}= I_{Rb2}+I_{BQ}$，因为 $I_{Rb2}>>I_{BQ}$，所以有 $I_{Rb1} \approx I_{Rb2}$，这时基极电压 U_{BQ} 为

$$U_{BQ} \approx V_{CC} \frac{R_{b2}}{R_{b1}+R_{b2}}$$

由上式可见，U_{BQ} 的大小与三极管的参数无关，只由 V_{CC} 和 R_{b1}、R_{b2} 的分压决定。

② 引入负反馈稳定静态工作点。

温度变化时，三极管的 I_{CBQ}、β、U_{BEQ} 等参数将发生变化，导致静态工作点偏移。当温度升高时，I_{CQ} 将增大，则 I_{EQ} 流经 R_e 产生的电压 U_{EQ} 随之增加，因 U_{BQ} 是一个稳定值，因而 $U_{BEQ} =U_{BQ}-U_{EQ}$ 将减小。根据三极管输入特性，基极电流 I_{BQ} 减小，I_{CQ} 亦必然减小，从而抑制 I_{CQ} 的增大，使工作点力求恢复到原有的状态。

上述稳定工作点的过程可表示为：

T（温度）↑（或 β↑）$\rightarrow I_{CQ}\uparrow \rightarrow I_{EQ}\uparrow \rightarrow U_{EQ}\uparrow \rightarrow U_{BEQ}\downarrow \rightarrow I_{BQ}\downarrow \rightarrow I_{CQ}\downarrow$

4．共集电极、共基极放大电路

（1）共集电极放大电路。

共集电极放大电路及其交、直流通路，如图 4-8 所示。

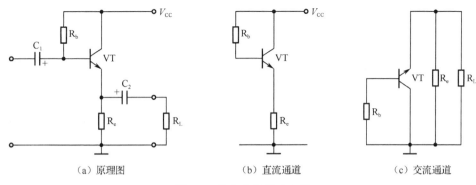

（a）原理图　　　　　　　（b）直流通道　　　　　　（c）交流通道

图 4-8　共集电极放大电路

从图 4-8 中可见，就其交流通路而言，输入信号电压 u_i 加在基极，输出信号电压 u_o 从发射极输出，集电极为输入、输出信号的公共端。所以叫共集电极放大电路。因为被放大的信号从发射极输出，所以，共集电极放大电路又叫射极输出器。

（2）共基极放大电路。

图 4-9 所示为共基极放大电路电路图及交、直流通道。就交流通路而言，信号从发射极输入，从集电极输出，基极为输入、输出信号的公共端，故将这种电路称为共基极放大电路。

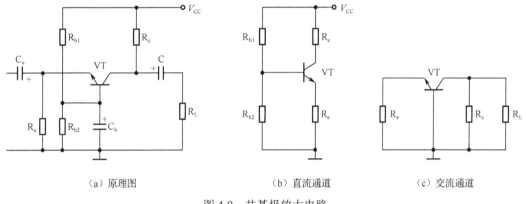

（a）原理图　　　　　　　（b）直流通道　　　　　　（c）交流通道

图 4-9　共基极放大电路

图中 R_{b1}、R_{b2} 为电路的基极偏置电阻，R_c 是集电极负载电阻，R_e 构成信号输入回路电阻，同时，也作为射极偏置电阻。

由于 $i_c \approx i_e$，因而该电路的电流增益近似为 1，通过分析可知，该电路的输入电阻很小，约为几欧到几十欧，输出电阻很大，电压增益接近共射极放大电路。

知识点 2　场效应管放大电路

1. 场效应管简介

场效应管是一种电压控制型的半导体器件，它具有输入电阻高（可达 $10^9 \sim 10^{15}\Omega$，而晶体三极管的输入电阻有 $10^2 \sim 10^4\Omega$），噪声低，受温度、辐射等外界条件的影响较小，耗电低、便于集成等优点，因此得到广泛应用，现已成为普通晶体管的强大竞争者。

场效应管按结构的不同可分为结型和绝缘栅型；按工作性能可分耗尽型和增强型；按

所用基片（衬底）材料不同，又可分 P 沟道和 N 沟道两种导电沟道。因此，有结型 P 沟道和 N 沟道，绝缘栅耗尽型 P 沟道和 N 沟道及增强型 P 沟道和 N 沟道六种类型的场效应管。它们都是以半导体的某一种多数载流子（电子或空穴）来实现导电的，所以又称为单极型晶体管。场效应管有三个引脚，分别叫漏极 D、源极 S 和栅极 G。

2．场效应管放大电路

场效应管构成放大器与三极管一样，要建立合适的静态工作点，不同的是，场效应管是电压控制器件，它需要有一个合适的栅极直流电压，称栅偏压，以确保场效应管工作在线性放大区。与三极管放大电路组态类似，场效应管放大电路也有共源、共栅、共漏三种接法。

知识点 3　多级放大电路

1．多级放大电路定义

在实际应用中，经常采用多级放大器，通过多级放大电路使信号逐级放大，以推动负载工作。

2．电路耦合方式

（1）阻容耦合。

阻容耦合是指通过电阻和电容将前级和后级连接起来的耦合方式。

（2）变压器耦合。

变压器耦合是指通过变压器将前级和后级连接起来的耦合方式。

（3）直接耦合。

直接耦合是指各级之间的信号采用直接传递的耦合方式，直接耦合电路前级的输出端和后级的输入端直接相连，使交流信号畅通无阻地传递。但该电路的静态工作点彼此互相影响，互相制约。因而，这种电路更广泛地用于直流放大器和集成电路中。

3．多级放大器电路参数

（1）电压放大倍数 A_n。

设第一级放大电路的放大倍数 A_1，第二级放大电路放大倍数为 A_2，依次类推，第 n 级放大电路放大倍数 A_n，则此类多级放大电路的放大倍数 A_n。

$$A_n = A_1 A_2 \cdots A_n$$

应该注意的是，这里每一级的电压放大倍数并不是孤立的，而是考虑后级输入电阻对前级的影响后所得的放大倍数。

（2）输入电阻 r_i。

多级放大电器的输入电阻等于第一级放大电路的输入电阻。

（3）输出电阻 r_o。

多级放大电路的输出电阻等于最后一级放大电路的输出电阻。

知识点 4　功率放大电路

1．功率放大器的特点与种类

功率放大器主要向负载提供足够大的信号功率，一般输入及输出的电压和电流都较大，通常研究电路的输出功率、能量转换效率、信号失真及功耗器件的散热等问题。

根据三极管的静态工作点来划分，功放电路有以下三种。

（1）甲类功放。

甲类工作状态是指功率放大器的静态工作点设置在特性曲线的放大区，负载线中点的状态，三极管在输入信号整个周期内始终处于放大状态。

特点：甲类工作状态失真小，静态电流大，管耗大，效率低。

（2）乙类功放。

乙类工作状态是将工作点设置在 $I_B=0$ 的输出曲线上，静态时功放管的 $I_C \approx 0$，三极管在输入信号周期内仅导通半个周期。

特点：乙类工作状态失真大，静态电流小，管耗小，效率较高。

（3）甲乙类功放。

甲乙类工作状态是将功率放大器的静态工作点设置在接近截止区而仍在放大区，就是使 I_{CQ} 稍大于零，此时功放管处于微导通状态。

特点：甲乙类工作状态失真较大，介于甲类和乙类之间，静态电流小，管耗小，效率较高。

2．功率放大器电路

（1）OTL 功率放大器电路。

OTL 功率放大器即无输出变压器（Output Transformer Less）功放电路，其基本结构如图 4-10 所示。该功放电路属于乙类功率放大电路。

① 工作原理。

静态特征：两管发射极电位为 $V_{CC}/2$，通过调整电路元件参数达到。

动态特征：输入信号正半周时，VT_1 导通，VT_2 截止，输入信号经 VT_1 放大，同时电源 V_{CC} 通过 VT_1 向电容充电；

输入信号负半周时，VT_1 截止，VT_2 导通，输入信号经 VT_2 放大，同时电容以 $V_{CC}/2$ 电压向 VT_2 供电。

② 工作条件。

单电源供电；电容既有输出耦合作用又承担半个周期的电源作用，因此其容量较大，一般为几百至几千微法；VT_1 与 VT_2 两管参数须对称。

③ 最大输出功率。

忽略三极管饱和压降，在极限状态下，OTL 功率放大器输出最大功率为

$$P_{omax} = \frac{1}{8} \frac{V_{CC}^2}{R_L}$$

（2）OCL 功率放大器电路。

OCL 功率放大器电路即无输出电容（Output Capacitor Less）功放电路，其基本结构如

图 4-11 所示。该功放电路属于乙类功率放大电路。

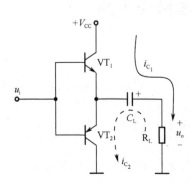
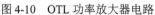

图 4-10　OTL 功率放大器电路

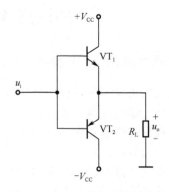

图 4-11　OCL 功率放大器电路

该功放采用双电源供电，静态时，两管发射极电位为 0，其工作过程与 OTL 功率放大器类似。

该功放最大输出功率为

$$P_{\text{omax}} = \frac{1}{2} \frac{V_{\text{CC}}^2}{R_{\text{L}}}$$

OCL 功率放大器采用直接耦合，频率特性好，不足是需要双电源供电。

项目五 集成放大器认知及应用

【技能目标】

（1）能够根据型号识别集成运算放大器（简称集成运放）的类型及特性。

（2）能识读集成运放构成的常用电路，会估算输出电压值。

（3）能按工艺要求装接、调试典型集成运放组成的应用电路。

（4）会安装与调试集成功放电路。

（5）能够正确判断反馈的类型。

【知识目标】

（1）理解反馈的概念，了解电路中的反馈类型。

（2）了解集成运放的电路结构及抑制零点漂移的方法，理解差模与共模、共模抑制比的概念。

（3）掌握集成运放的符号及引脚功能。

（4）了解集成运放的主要参数、工作特点、使用常识。

（5）掌握集成运放的典型应用。

（6）了解典型功放集成电路的引脚功能。

分立元件构成的放大电路需要调试静态工作点，放大倍数有限，稳定性不高，受温度影响大，体积大，集成电路是以半导体单晶硅为芯片，把晶体管、场效应管、二极管、电阻和电容等元件及它们之间的连线所组成的完整电路制作在一起，使之具有特定的功能。

本项目介绍集成运算放大器和集成功率放大电路方面的知识，主要讲述反馈的概念和类型、集成运算放大器的主要参数、分析方法、典型应用电路等，功率放大器的应用。

技能实训 1 三角波、方波发生器制作

1．认识电路

（1）电路构成。

如图 5-1 所示为由迟滞比较器和集成运放组成的三角波、方波发生器。

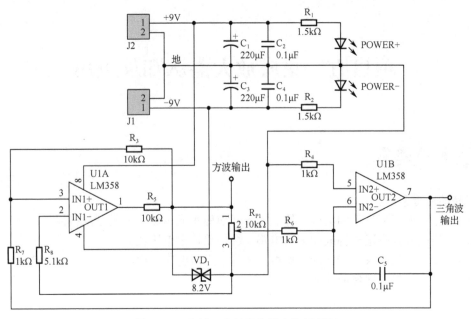

图 5-1　三角波、方波发生器电路原理图

（2）LM358 简介。

LM358 内部包括有两个独立的、高增益、内部频率补偿的双运算放大器，适合于电源电压范围很宽的单电源使用，也适用于双电源工作模式。它的使用范围包括传感放大器、直流增益模组、音频放大器、工业控制、DC 增益部件和其他所有可用单电源供电的使用运算放大器的场合。LM358 的封装形式有塑封 8 引脚双列直插式和贴片式、圆形金属壳封装两种。

（3）电路工作原理。

由集成运算放大器构成的三角波、方波发生器，一般包括比较器和 RC 积分器两大部分。

U1A 构成迟滞比较器，同相端电位 V_p 由 V_{O1} 和 V_{O2} 决定。

当 $V_p > 0$ 时，U1A 输出为正，即 $V_{O1} = +V_z$；当 $V_p < 0$ 时，U1A 输出为负，即 $V_{O1} = -V_z$。

U1B 构成反相积分器，V_{O1} 为负时，V_{O2} 向正向变化；V_{O1} 为正时，V_{O2} 向负向变化。假设电源接通时 $V_{O1} = -V_z$，线性增加。当 V_{O2} 上升到使 V_p 略高于 0V 时，U1A 的输出翻转到 $V_{O1} = +V_z$。当 V_{O2} 下降到使 V_p 略低于 0V 时，U1A 的输出翻转到 $V_{O1} = -V_z$。这样不断地重复，就可得到方波（J4）V_{O1} 和三角波（J5）V_{O2}。其输出波形如图 5-2 所示。输出方波的幅值由稳压管 VD_1 决定，被限制在 $\pm V_z$ 之间。调节电位器 R_{P1} 的阻值可改变三角波的幅值。

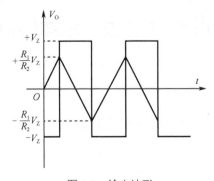

图 5-2　输出波形

2. 电路测试与分析

（1）装接完毕，检查无误后，用万用表测量电路的电源两端，若无短路，方可接入±9V电源。加入电源后，如无异常现象，可开始调试。

（2）用示波器测量三角波和方波，调节电位器，观察波形的变化。

技能实训2　精密整流电路制作

1. 认识电路

（1）电路构成。

如图 5-3 所示为用运放 LM324 组成的高线性全波精密整流电路原理图。

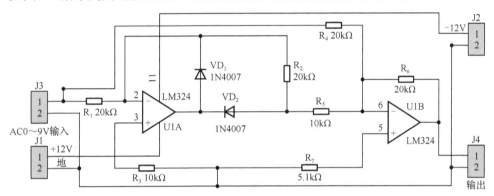

图 5-3　高线性全波精密整流电路原理图

（2）LM324 简介。

LM324 是四运放集成电路，它采用 14 引脚双列直插塑料（陶瓷）封装。它的内部包含四组形式完全相同的运算放大器，除电源共用外，四组运放相互独立。具有电源电压范围宽，静态功耗小，可单电源使用，价格低廉等优点，因此，被广泛应用在各种电路中。

（3）工作原理。

信号正半周时，U1B 的输入信号有两个：

① U1A 的输出电压=$-U_i$。

② 由输入端直接传到 R$_4$ 的电压=$+U_i$。

这时 U1B 是一个加法器，利用叠加原理将这两个输入电压叠加，其输出电压为：$U_0 = U_i$。

信号负半周时，U1A 的输出为 0，U1B 作为反相器，其输出电压为：$U_0 = -U_i$。

在使用该电路时必须注意两点：（1）平衡电阻 R$_3$ 和 R$_7$ 的取值应满足 $R_3 = R_1 \parallel R_2$，$R_7 = R_4 \parallel R_5 \parallel R_6$；（2）输入电压 $U_i \leqslant \dfrac{\pm 12V}{\sqrt{2}}$，以防输出电压失真，影响测试结果。

2. 电路测试与分析

装接完毕，检查无误后，将稳压电源的输出电压调整为±12V。对电路单元进行通电试验，如有故障应进行排除。在输入端加上一个幅度小于 0.5V，频率为 1kHz 的正弦信号，测量输出波形。

技能实训 3　LM386 功率放大器制作

1．认识电路

（1）电路组成。

LM386 功率放大器电路原理图，如图 5-4 所示。

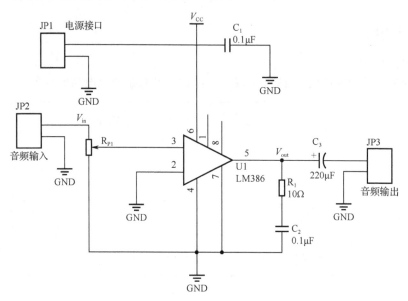

图 5-4　LM386 功率放大器电路原理图

（2）LM386 简介。

LM386 是美国国家半导体公司生产的一款音频功率放大器，是一种低电压通用型音频集成功率放大器。具有自身功耗低、电压增益可调整、电压范围大、外接元件少和总谐波失真小等优点，广泛应用于收音机、电视机、对讲机和信号发生器等电子设备中。

LM386 有两个信号输入端，2 脚为反相输入端，3 脚为同相输入端。

（3）电路工作原理。

用 LM386 组成的 OTL 功率放大电路，输入信号从同相输入端 3 脚输入，输出信号从 5 脚经 220μF 的耦合电容 C_3 输出。

6 脚所接电容 C_1 为退耦滤波电容。输出端 5 脚所接电阻 R_1 和电容 C_2 组成阻抗校正网络，抵消负载中的感抗分量，防止电路自激，有时也可省去不用。

2．电路测试与分析

装接完毕，检查无误后，将稳压电源的输出电压调整为 5～9V。对电路单元进行通电试验，如有故障应进行排除。

在输入端加上幅度为 u_i 的正弦信号，此时应听到扬声器发出的响声。用示波器测量输出电压 u_o 的峰-峰值，求出 u_o 相对于 u_i 的电压增益。

知识点 1 电路中的反馈

1. 反馈的概念

反馈就是将部分或全部信号从输出端反方向送回输入端，用来影响其输入量的措施。

反馈放大电路常用方框图如图 5-5 所示，图中 A 表示无反馈的放大电路，也称基本放大电路，这种状态称为放大器的开环状态。F 代表的是反馈电路，符号 $\otimes$ 代表信号的比较环节。输出信号（u_o/i_o）经反馈电路处理得到反馈信号（u_f/i_f）返送到输入端，与信号源（u_i/i_i）叠加产生净输入信号（u_i'/i_i'）加至基本放大器的输入端，由此可见反馈放大器是一个闭合回路，这种状态称为放大器的闭环状态。

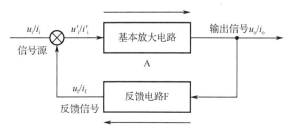

图 5-5 反馈放大器方框图

2. 反馈的分类及判断

（1）反馈的分类（如表 5-1 所示）。

表 5-1 反馈的分类

分类方法	反馈类型	定　义	说　明
反馈极性	正反馈	反馈信号与信号源同相，使放大器净输入信号增强的反馈	常用于振荡电路中
	负反馈	反馈信号与信号源反相，使放大器的净输入信号削弱的反馈	常用于改善放大器性能
反馈信号成分	直流反馈	反馈信号是直流量的反馈	主要用于稳定放大器的静态工作点
	交流反馈	反馈信号是交流量的反馈	可以改善放大器的交流性能
在输入端的连接方式	串联反馈	反馈信号与输入信号串联后加到放大器的输入端的反馈，如图 5-6（a）所示	反馈信号与输入信号不在同一点连接
	并联反馈	反馈信号与输入信号并联后加到放大器的输入端的反馈，如图 5-6（b）所示	反馈信号与输入信号在同一点连接
在输出端的连接方式	电压反馈	反馈信号取自放大电路的输出电压，与输出电压成正比，如图 5-6（c）所示	取样环节与放大器输出端并联
	电流反馈	反馈信号取自放大电路的输出电流，与输出电流成正比，如图 5-6（d）所示	取样环节与放大器输出端串联

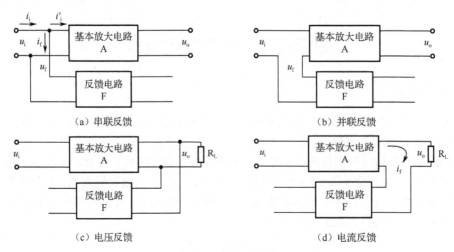

图 5-7　反馈的分类

（2）反馈的判断。

① 正、负反馈的判别。

常用瞬时极性法来判别正、负反馈。

② 串、并联反馈的判别。

方法是将输入端短路，若反馈信号为零则为并联反馈；若反馈信号仍存在，则为串联反馈。值得注意的是，串联反馈总是以反馈电压的形式作用于输入回路，而并联反馈总是以反馈电流的形式作用于输入回路。

③ 电压、电流反馈的判别。

方法是将输出端短路，若反馈信号消失，则属于电压反馈；若反馈信号依然存在，则属于电流反馈。

（3）电路反馈判断步骤。

① 电路中是否存在反馈；如果有反馈，其性质是正反馈还是负反馈。

② 从输出回路看，反馈信号取自于输出电压还是输出电流，以判断它是电压反馈还是电流反馈。

③ 从输入回路看，反馈信号是与原输入信号相串联还是相并联，以判断它是串联反馈还是并联反馈。

（4）负反馈对放大电路性能的影响。

负反馈是以牺牲放大电路的放大倍数来换取性能的改善的，主要体现在稳定放大倍数、减小非线性失真、展宽通频带、对输入电阻和输出电阻的影响。

知识点 2　集成运算放大器

1. 集成运放电路的组成及符号

（1）集成运放的组成。

集成运算放大器简称集成运放，主要用来完成模拟信号的求和、微分和积分等运算，故称为运算放大器。集成运放基本组成，如图 5-8 所示，主要有三个部分，差分输入级、中间放大级、输出级，其外部还常接有偏置电路。

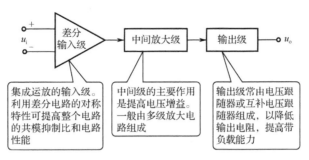

图 5-8 集成运放的基本组成框图

（2）常用 μA741 集成运放芯片产品实物图如图 5-9 所示，集成运放电路符号如图 5-10 所示。

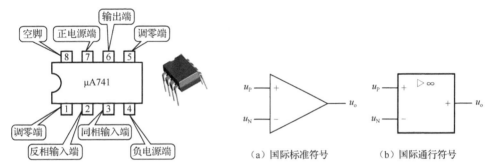

图 5-9 常用 μA741 集成运放芯片产品实物

图 5-10 集成运放电路符号

集成运放电路符号如图 5-10 所示，其中图（a）是集成运放的国际标准符号，图（b）是集成运放的国际通行符号。输入端"+"为同相输入端，信号从该端输入时，在输出端信号相位不变；"−"为反相输入端，信号从该端输入时，在输出端相位反相。

2. 差分放大电路

（1）零点漂移现象。

当直接耦合放大器的输入电压（u_i）为零时，输出电压（u_o）不为零且缓慢变化，这种现象称为零点漂移。温度变化是造成零点漂移的主要原因，因而零点漂移也称为温度漂移，简称温漂。最有效的抑制温漂的措施是采用差分放大电路。

（2）差分放大电路的组成。

典型的基本差分放大电路，如图 5-11 所示。该电路是由两个特性完全相同的三极管 VT_1 和 VT_2 组成的对称电路，电路由正负两个极性的电源供电，有两个信号输入端，输入信号电压分别为 u_{i1} 和 u_{i2}，一个信号输出端，输出信号从两个集电极取出，称为双端输出，所以，为双输入、双输出差分放大电路。

根据输入信号的输入方式与输出信号取出方式不同，还有其他三种差分放大电路：单输入单输出、单输入双输出、双输入单输出。

（3）差分放大电路抑制零点漂移的原理。

当环境温度发生变化时，两管的工作点发生变化，由于电路的对称性，两只三极管输出电压的变化量也应相同，显然变化后的输出电压也相等，即 $u_{c1}=u_{c2}$，使放大器输出电压 $u_o=u_{c1}-u_{c2}=0$，两个管子的零点漂移相互抵消，从而有效地抑制了整个放大电路输出端的零点漂移。

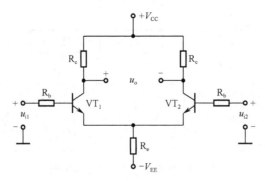

图 5-11　基本差分放大电路

（4）共模与差模。

① 共模信号与共模放大倍数。

如图 5-11 所示电路，当 u_{i1} 与 u_{i2} 所加信号为大小相等极性相同的输入信号（称为共模信号）时，由于电路参数对称，VT_1 和 VT_2 所产生的电流变化也相同，$\Delta i_{b1}=\Delta i_{b2}$，$\Delta i_{c1}=\Delta i_{c2}$，因此集电极电位的变化也相等，$\Delta u_{c1}=\Delta u_{c2}$，因为输出电压为 VT_1 和 VT_2 的集电极电位差，所以输出电压 $u_o=u_{c1}-u_{c2}=(U_{CQ1}+\Delta u_{c1})-(U_{CQ2}+\Delta u_{c2})=0$，说明差放大电路对共模信号具有很强的抑制作用。因为温度变化对三极管造成的影响是大小相等，变化方向一致的，所以温度漂移可以等效为共模信号。

为了描述差分放大电路对共模信号的抑制能力，引入一个新的参数——共模放大倍数 A_c，定义为

$$A_c = \frac{u_{oc}}{u_{ic}} = \frac{u_{oc1} - u_{oc2}}{u_{ic}} = 0$$

式中，u_{ic} 为共模输入电压，u_{oc} 为共模输出电压。共模放大倍数代表差分放大电路抑制温漂的能力，要求越小越好，在理想情况下，$A_c=0$。

② 差模信号与差模放大倍数。

当所加输入信号为大小相等极性相反的信号（称为差模信号）时，由于电路参数对称，VT_1 和 VT_2 所产生的电流变化大小相等而方向相反，这样得到的输出电压变化也是大小相等方向相反，从而可以实现电压放大。差分放大电路又称为差动放大电路，所谓"差动"是指当两个输入端信号之间有差别时，输出电压才有变动的意思。

输入差模信号时的放大倍数称为差模放大倍数，记作 A_{ud}。定义为

$$A_{ud}=\frac{u_{od}}{u_{id}}=\frac{u_{o1}-u_{o2}}{u_{i1}-u_{i2}}=\frac{2u_{o1}}{2u_{i1}}=-\frac{\beta R_c}{r_{be}+R_b}$$

式中，u_{id} 为差模输入电压，u_{od} 为差模输出电压。差模放大倍数代表放大电路的放大能力，要求越大越好。与单管放大器相比，虽然差分放大器用了两个三极管，但放大能力与一个三极管相同，因而差分放大器以牺牲一个三极管的放大倍数为代价，换取了低温漂的效果。

③ 共模抑制比。

差分放大电路要求共模放大倍数越小越好，差模放大倍数越大越好，为了综合考察差分放大电路对差模信号的放大能力和对共模信号的抑制能力，引入一个新的指标参数——共模抑制比，记作 K_{CMR}，定义为：

$$K_{CMR}=|A_d/A_c|$$

其值越大，说明电路性能越好，理想情况下，$K_{CMR} \rightarrow \infty$。

3．集成运放的主要参数与特点

（1）集成运放的主要参数。

开环电压增益 A_u 为 100～140dB；

开环差模输入电阻 r_i～∞；

开环差模输出电阻 r_o→0；

开环频带宽度 BW→∞；

满足上述条件的集成运放即为理想运放。

（2）集成运放电路的工作特点。

虚短：集成运放的开环电压增益很大，在电源电压为有限值的情况下，输入端电压近似为零。即输入两端在分析时可以看成是短路的，$u_+≈u_-$，但实际并没有短接，这种特点称为"虚短"。

虚断：由于集成运放输入电阻很大，输入电压很小，因此，可认为其输入端输入电流近似为零，$i_+=i_-=0$，两输入端视可为开路，但不是真正断开，这种特点称为"虚断"。

4．集成运放的基本应用

集成运放的应用分为线性应用和非线性应用两大类。

（1）集成运放的线性应用。

① 反相比例运算电路。

如图 5-12 所示为反相比例运算电路，输入信号通过 R、加到反相输入端。

根据"二虚"概念，可得运放闭环放大倍数。

$$A_{uf} = \frac{R_f}{R_1} u_i$$

闭环放大倍数只取决于外部电阻阻值，与开环放大倍数无直接关系。其中"–"表示 u_i 与 u_o 相反。u_o 与 u_i 存在比例关系且相位相反，故称为相反比例运算电路。

R_f 跨接在输入与输出回路之间，因此，是一个反馈元件，其引入的是电压并联负反馈，使得电路输入电阻 $r_i≈R_1$，输出电阻 r_o→0。

② 同相比例运算电路。

如图 5-13 所示为同相比例运算电路，输入信号通过 R_2 加到同相输入端。

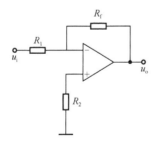
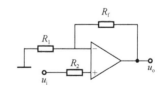

图 5-12　反相比例运算电路　　　　图 5-13　同相比例运算电路

根据"二虚"概念，可得运放闭环放大倍数

$$A_{uf} = 1 + \frac{R_f}{R_1}$$

u_o 与 u_i 存在比例关系且相位相同，故称为同相比例运算电路。R_f 引入的是电压串联负反馈，使得电路输入电阻 $r_i \to \infty$，比反相比例运算电路高很多，输出电阻 $r_o \to 0$。

③ 反相加法比例运算电路。

如图 5-14 所示为反相加法运算电路，在运放的反相输入端输入多个信号。

$$u_o = -\left(\frac{R_f u_{i1}}{R_1} + \frac{R_f u_{i2}}{R_2} + \frac{R_f u_{i3}}{R_3} \right)$$

电路的输出电压正比于各输入电压之和，故称为反相加法比例运算电路。

④ 减法比例运算电路。

如图 5-15 所示为减法比例运算电路，两输入信号分别加到运放电路的反相输入端与同相输入端。

为使运放两输入端输入电阻对称，通常使 $R_1 = R_2 R_3 = R_f$。$u_o = \frac{R_f}{R_1}(u_{i2} - u_{i1})$，输出电压等于两输入电压之差，实现了对输入差模信号的比例运算，所以称为差分比例运算电路。

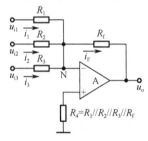

图 5-14　反相加法运算电路

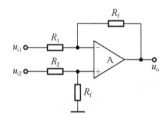

图 5-15　减法比例运算电路

（2）集成运放的非线性应用。

集成运放应用于非线性电路时，处于开环或正反馈状态下。

非线性运用状态下，$u_+ \neq u_-$，"虚短"概念不再成立。当同相输入端信号电压大于反相输入端信号电压时，输出端电压 $u_o = +u_{om}$，当 u_+ 小于 u_- 时，输出端电压 $u_o = -u_{om}$。

电压比较器是对输入的两个电压的大小进行比较的电路，比较结果由输出高电平或低电平来表示，电路如图 5-16（a）所示。集成运放的同相输入端接参考电压 U_{REF}，被比较信号 u_i（输入电压）由反相输入端接入，输出电压 u_o 表示 u_i 与 U_{REF} 比较的结果。

由于集成运放处于开环工作状态，具有很高的开环差模电压放大倍数，所以：

当 $u_i < U_{REF}$ 时，即 $u_+ > u_-$ 时，集成运放处于正饱和状态，输出电压为正饱和值 $+U_{om}$；

当 $u_i > U_{REF}$ 时，即 $u_+ < u_-$ 时，集成运放处于负饱和状态，输出电压为负饱和值 $-U_{om}$；

当 $u_i = U_{REF}$ 时，输出电压发生跳变。

其电压传输特性如图 5-16（b）所示。输出电平发生跳变时所对应的输入电压被称为门限电压。

电压比较器的参考电压 U_{REF} 也可以从反相输入端输入，被比较信号 u_i 从同相输入端输入，其传输特性如图 5-16（c）所示。

当参考电压 $U_{REF} = 0$ 时，则输入信号电压每次过零时，其输出电压都会发生跳变，这种比较器称为过零比较器。

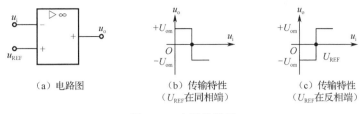

（a）电路图　　（b）传输特性　　（c）传输特性
　　　　　　　　　　（U_{REF}在同相端）　　（U_{REF}在反相端）

图 5-16　电压比较器

知识点 3　集成低频功率放大器

1．TDA2030 集成低频功率放大器

（1）TDA2030 引脚介绍：有两个信号输入端，1 脚为同相输入端，2 脚为反相输入端，输入端的输入阻抗在 500kΩ 以上。

（2）TDA2030 应用电路。

用 TDA2030 既可以组成 OCL 电路（需要双电源供电），又可以组成 OTL 电路，通常，输入信号从同相输入端输入。图 5-17 为 OTL 电路，由单电源供电，输入信号从同相输入端输入。

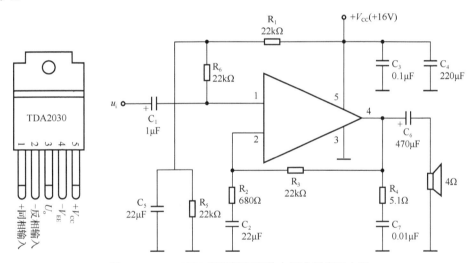

图 5-17　TDA2030 引脚排列和单电源典型应用电路

2．LA4100 系列集成低频功率放大器

LA4100 系列集成低频功率放大器主要有日本三洋公司生产的，该系列主要有 LA4100、LA4101、LA4101、LA4112 等产品。不同国家及地区生产的 LA4100 系列产品，性能、外形、封装、指标等都相同，在实际使用中可以互换。

项目六　正弦波振荡器认知及应用

【技能目标】

（1）会制作电容三点式正弦波振荡器电路并调试。

（2）会安装与调试 RC 桥式音频信号发生器。

（3）会安装与调试调频式无线话筒。

（4）能用示波器观测振荡波形，能用频率计测量振荡频率。

【知识目标】

（1）掌握正弦波振荡器的组成框图及类型。

（2）理解产生自激振荡的条件。

（3）能识读 LC 振荡器、RC 桥式振荡器、石英晶体振荡器的电路图。

（4）了解振荡电路的工作原理及工作特点，能估算振荡频率。

振荡电路是在没有外加输入信号的情况下，依靠电路自激振荡产生特定频率输出电压的电路。本项目主要介绍了常用的几种正弦波振荡电路的电路组成和工作原理，以及振荡器的安装和调试。

技能实训1　电容三点式正弦波振荡器制作

1. 认识电路

电容三点式正弦波振荡器原理图，如图 6-1 所示。它是在电容三点式 LC 振荡器基础上，将 L_2 与 C_7 并联后再与 C_5 串联代替原有电感而构成的。C_5、C_7、L_2 构成的支路在振荡器的振荡频率上呈感性，所以，该电路实质上还是一个电容三点式振荡器，C_7 用来改变振荡器波段，如果将 C_5 和 C_7 都变为可调电容，则 C_5 用来粗调频率，C_7 用来微调频率，且改变频率时电路依旧可以稳定工作。

当电路通电后，噪声信号经放大电路放大后，LC 选频网络从噪声中选出频率为 $f_0 = \dfrac{1}{2\pi\sqrt{L_2(C_5 + C_7)}}$ 的信号，由 C_4 引入正反馈送回放大电路输入端，再放大，如此循环，最终电路振荡起来，输出正弦波。

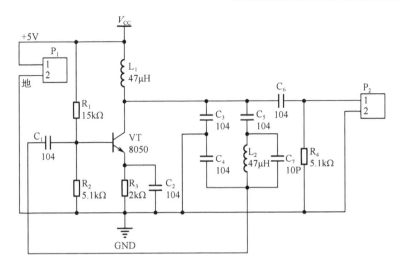

图 6-1　电容三点式正弦波振荡器原理图

2．电路测试与分析

装接完毕，检查无误后，将稳压电源的输出电压调整为 5V。对电路进行通电试验，如有故障应进行排除。用示波器和频率计测量输出信号的幅度和频率。

技能实训 2　RC 正弦波振荡器制作

1．认识电路

RC 正弦波振荡器原理图，如图 6-2 所示。

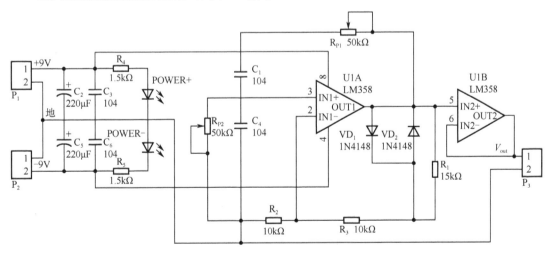

图 6-2　RC 正弦波振荡器原理图

本电路以 U1A 为核心构成 RC 正弦波振荡器，选频网络由 R_1、C_1 和 R_2、C_2 组成的串并联电路组成，RC 串并联电路引入正反馈，满足相位平衡，U1A 构成放大电路，满足振幅平衡。电路中 VD_1、VD_2、R_3、R_5、R_{P1}、R_4 构成负反馈支路，调节 R_{P1} 的阻值可以调节负反馈深度以保证起振条件和改善输出波形，VD_1 和 VD_2 对接，分别在输出波形正负两半周轮流工作，用来稳定输出波形幅度。U1B 构成跟随器，实现阻抗变换，提高输出信号驱动能力。

2．电路测试与分析

装接完毕，检查无误后，用万用表测量电路的电源两端，若无短路，方可接入±9V 双电源。加入电源后，如无异常现象，可开始调试。

用示波器和频率计测量输出正弦波信号，比较所测频率与理论计算值的差别。

技能实训 3　调频无线话筒制作

1．认识电路

调频无线话筒原理图，如图 6-3 所示。

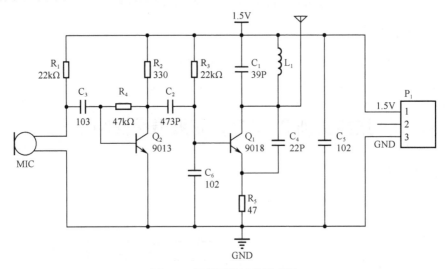

图 6-3　调频无线话筒原理图

电路采用三点式振荡器，简单可靠，起振容易。三极管 Q_1 为振荡管，C_4 是正反馈电容，使电路满足相位平衡条件，L_1 和 C_1 为调谐回路，电路振荡频率由 L_1、C_1、C_4 和三极管结电容决定。C_2、C_3 为耦合电容，以三极管 Q_2 为核心构成电压放大器，把由话筒转换而来的音频电压信号进行放大。放大后经 C_2 耦合输入 Q_1 基极，使 Q_1 的集极和基极间结电容随音频信号变化而变化，从而达到调频目的，经调频的音频信号经天线向空中辐射。

2．电路测试与分析

具体内容见教材。

知识点 1　调谐放大器

1．调谐放大器的工作原理

当信号频率 f 等于 LC 并联电路的谐振频率 f_0 时，即 $f = f_0$，LC 并联电路产生谐振，

f_0 的大小与并联电路的电感 L 和电容 C 有关。

$$f_0 = \frac{1}{2\pi\sqrt{LC}}$$

把 LC 并联电路作为放大器的输出端负载，当放大器的输入信号频率为谐振频率 f_0 时，LC 并联电路产生谐振且阻抗最大，则此时放大器输出电压最大，LC 调谐放大器电路如图 6-4 所示。

2. 单回路调谐放大器

单回路调谐放大器就是在每级放大器中仅有一个调谐回路，电路组成与前面所学低频放大器相似，只是把集电极电阻 R_C 用 LC 并联电路替换，电路如图 6-5 所示。

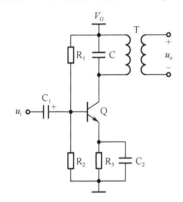
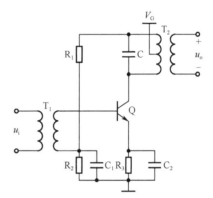

图 6-4　LC 调谐放大器原理图　　　　图 6-5　单回路调谐放大器原理图

知识点 2　正弦波振荡电路

1. 正弦波振荡电路的组成及振荡条件

（1）正弦波振荡电路的组成。

振荡电路的组成框图，如图 6-6 所示，一般由基本放大电路、选频网络、正反馈电路组成。其中放大电路起着能量转换的作用；选频网络则是在一定频率下产生谐振，使振荡电路产生单一频率的信号；正反馈电路是将输出的全部或一部分送回到输入端，使电路产生自激，从而形成振荡。

（2）正弦波振荡电路的振荡条件。

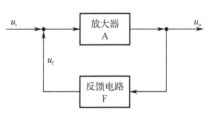

图 6-6　正弦波振荡器方框图

正弦波振荡电路的振荡条件有两个。

① 振幅平衡条件：指反馈信号和输入信号的幅值必须相等，即 $u_i = u_f$。则有

$$|AF| = 1$$

式中，A 为基本放大器的电压放大倍数，F 为反馈电路的反馈系数。

② 相位平衡条件：指反馈信号和输入信号的相位必须一致。即相位差为 2π 的整数倍。则有

$$\varphi = 2n\pi,\ n = 0,1,2,\cdots$$

式中，φ 为输入信号 u_i 和反馈信号 u_f 的相位差。

2．常用正弦波振荡器

（1）RC 桥式正弦波振荡器组成。

RC 正弦波振荡器有移相式、双 T 网络式和桥式三种形式，这里只介绍最常用的 RC 桥式正弦波振荡器，电路如图 6-7 所示。

① RC 桥式正弦波振荡器电路的组成。

RC 桥式正弦波振荡器由基本放大器和 RC 正反馈选频网络组成，其中基本放大器由运算放大器组成，选频网络由 R_1、C_1 和 R_2、C_2 组成的串并联电路组成，RC 串并联电路引入正反馈，满足相位平衡条件。R_4 引入电压串联负反馈，以稳定输出正弦波幅度，R_4 通常选用具有负温度系数的热敏电阻（非线性元件）。在电路中，如果令 R_1 和 C_1 串联阻抗为 Z_1，R_2 和 C_2 并联阻抗为 Z_2，则 Z_1、Z_2、R_3 和 R_4 组成电桥的四个臂，RC 桥式正弦波振荡器的名称即由此而来。

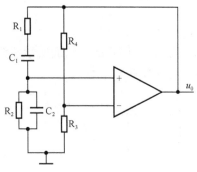

图 6-7　RC 桥式正弦波振荡器原理图

② RC 桥式正弦波振荡器电路的工作原理。

在电路中，RC 串并联电路作选频网络并引入正反馈，反馈系数 $F=\dfrac{1}{3}$，只要基本放大器放大倍数略大于 3，振荡电路就可以产生振荡输出正弦波。当基本放大器的放大倍数过大时，放大器就会进入非线性区域，此时，具有负温度系数的热敏的电阻 R_4 引入负反馈，自动调节反馈强弱以稳定输出信号幅度。

③ RC 桥式正弦波振荡器电路的振荡频率

RC 正弦波振荡器一般用来产生 1MHz 以下的低频信号。在电路中，一般取 $R_1=R_2=R$，$C_1=C_2=C$，则振荡信号的频率与 R、C 取值有关，振荡频率公式如下。

$$f_0 = \frac{1}{2\pi RC}$$

（2）LC 正弦波振荡器。

LC 正弦波振荡器的选频网络采用的是 LC 谐振电路，输出波形为正弦波。常见的 LC 正弦波振荡器有变压器耦合式和三点式振荡器，其中，三点式振荡器又包括电感三点式和电容三点式两种，下面分别介绍这三种 LC 正弦波振荡器。

① 变压器耦合式 LC 正弦波振荡器。

变压器耦合式 LC 正弦波振荡器有多种形式，利用变压器耦合方式把反馈信号送回到输入端。如图 6-8 所示是常见的共发射极变压器耦合式 LC 振荡器。

a．电路组成。

在电路中，Q 是振荡管，R_1、R_2 是基极偏置电阻，R_3 是发射极直流负反馈电阻，C_1 和 C_2 分别是基极和发射极旁路电容，T 是变压器，LC 并联回路构成选频网络，L_1 为反馈线圈。

b．工作原理。

电路通过线圈 L_1 引入正反馈保证电路相位平衡，以 Q 为核心的基本放大电路为电路提供足够大的放大倍数，满足振幅平衡条件。LC 选频网络从噪声中选出频率为 f_0 的谐振频率。

c．电路的振荡频率。

由于电路中的选频网络是 LC 谐振电路，所以，电路的振荡频率就是谐振电路的谐振频率 f_0，即

$$f_0 = \frac{1}{2\pi\sqrt{LC}}$$

② 电感三点式 LC 振荡器。

电感三点式 LC 振荡器也叫"哈特莱"振荡器，电路如图 6-9 所示。

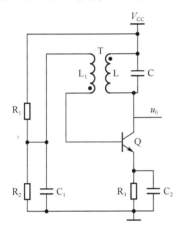

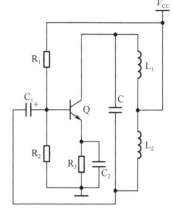

图 6-8　变压器耦合式 LC 正弦波振荡器原理图　　图 6-9　电感三点式 LC 正弦波振荡器原理图

a．电路的组成及工作原理。

在电路中，Q 是振荡管，R_1、R_2 是基极偏置电阻，R_3 是发射极直流负反馈电阻，C_1 是输入耦合电容，C_2 是发射极旁路电容。电感 L_1、L_2 和电容 C 并联，组成选频网络和反馈电路。其中线圈 L_2 引入正反馈，满足相位平衡条件，以 Q 为核心的基本放大电路为电路提供足够大的放大倍数，满足振幅平衡条件，使电路很容易产生振荡，输出一定频率的正弦波。

b．电路的振荡频率及特点。

电感三点式振荡器的振荡频率依然由 LC 并联谐振回路决定，频率公式为

$$f_0 = \frac{1}{2\pi\sqrt{LC}} = \frac{1}{2\pi\sqrt{(L_1+L_2+2M)C}}$$

公式中 $L=L_1+L_2+2M$，其中 M 是 L_1 和 L_2 之间的互感系数。该电路的特点是电路很容易起振，振荡频率很高，通常可以做到几十兆赫兹，缺点是输出波形较差。

③ 电容三点式 LC 振荡器。

电容三点式 LC 振荡器也叫"考毕兹"振荡器，电路如图 6-10 所示。

a．电路的组成及工作原理。

在电路中，Q 是振荡管，R_1、R_2 是基极偏置电阻，R_3 是集电极负载电阻，C_1 是输入耦合电容，C_2 是输出耦合电容，C_3 是发射极旁路电容。电感 L 和电容 C_3、C_4 并联，

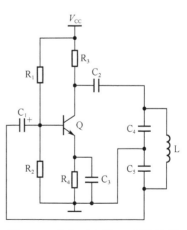

图 6-10　电容三点式 LC 正弦波振荡器原理图

组成选频网络和反馈电路。其中线圈 C_5 引入正反馈，满足相位平衡条件；以 Q 为核心的基本放大电路为电路提供足够大的放大倍数，满足振幅平衡条件。

b．电路的振荡频率及特点。

电容三点式振荡器的振荡频率，由电感 L 和电容 C_1、C_2 组成的并联谐振回路决定，频率公式为

$$f_0 = \frac{1}{2\pi\sqrt{LC}} = \frac{1}{2\pi\sqrt{L\dfrac{C_1 C_2}{C_1 + C_2}}}$$

式中，$C = \dfrac{C_1 C_2}{C_1 + C_2}$ 是谐振回路的总电容。该电路的特点是振荡频率很高，通常可以做到 100MHz 以上，由于反馈量取自电容，不含高次谐波，所以输出波形好，缺点是电路不容易起振，调节频率需要同时改变 C_1 和 C_2 的容值，很不方便。

（3）石英晶体振荡器。

把石英晶体按一定切割方向和几何尺寸进行切割所得到的石英晶体薄片称为石英晶片，具有压电效应。用石英晶体代替 LC 振荡器中的电感 L 和电容 C，就称为石英晶体振荡器，石英晶体振荡器能产生频率稳定度极高的正弦波。

① 石英晶体的等效电路和电气符号。

石英晶体的等效电路和电气符号如图 6-11 所示。

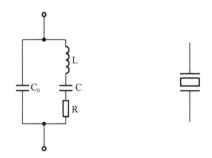

（a）石英晶体等效电路　　　　（b）石英晶体电气符号

图 6-11　石英晶体等效电路和电气符号图

由等效电路可知，该电路有两个谐振频率，即 R、L、C 支路的串联谐振频率 f_s 和等效电路的并联谐振频率 f_p，频率公式分别如下。

串联谐振频率公式：$f_s = \dfrac{1}{2\pi\sqrt{LC}}$

并联谐振频率公式：$f_p = \dfrac{1}{2\pi\sqrt{L\dfrac{CC_0}{C + C_0}}} \approx f_s$（由于 $C_0 \gg C$，所以 f_p 和 f_s 十分接近）

② 石英晶体振荡器。

石英晶体振荡器的基本电路有两种，即串联型石英晶体振荡器和并联型石英晶体振荡器，分别介绍如下。

a．串联型石英晶体振荡器。

串联型石英晶体振荡器电路，如图 6-12 所示。

该电路中 L、C_1、C_2 组成三点式振荡器，石英晶体连接在正反馈回路中，当振荡频率

等于 f_s 时，此时晶体阻抗最小，且为纯阻性，电路满足自激振荡条件而振荡。

　　b．并联型石英晶体振荡器。

　　并联型石英晶体振荡器电路，如图 6-13 所示。

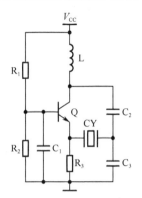 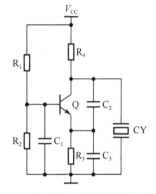

图 6-12　串联型石英晶体振荡器原理图　　　　图 6-13　并联型石英晶体振荡器原理图

　　从结构上看，谐振回路中用石英晶体取代了电感 L 的位置，其实际上还是一个电容三点式振荡器，该电路的振荡频率选在 f_s 和 f_p 之间。

第二篇　数字电路基础

项目七　逻辑门电路认知及应用

 复习要求

【技能目标】

（1）掌握 TTL 和 CMOS 门电路集成芯片的引脚识读方法，掌握其使用常识。

（2）掌握集成门电路的逻辑功能测试方法，学会使用门电路集成芯片。

（3）能根据电路图安装满足特定要求的组合逻辑电路，如编辑器、抢答器，并进行功能测试。

（4）掌握七段显示数码管的使用方法。

【知识目标】

（1）掌握二进制数、十六进制数的表示方法，进行数制间的转换，掌握 8421 码的编码方式。

（2）了解逻辑函数和逻辑变量的概念，掌握三种基本逻辑运算及常用复合逻辑运算。

（3）掌握三种基本逻辑门及常用复合逻辑门的图形符号，理解门电路的逻辑功能；掌握 TTL 门电路和 CMOS 门电路的使用常识。

（4）了解常用门电路集成电路，掌握集成门电路的逻辑功能测试方法，能够使用门电路集成电路。

（5）掌握逻辑代数基本定律，了解用公式法化简逻辑函数的方法。

（6）掌握组合逻辑电路的工作特点、分析方法，了解设计方法。

（7）掌握编码器、译码器的基本概念，了解常用编码器、译码器集成电路的功能及应用。

（8）掌握数码显示器件的基本结构及应用。

 复习内容

　　本项目主要介绍数字电路的特点、数字电路中的数制及转换。逻辑门电路是数字电路的基本单元。通过学习基本逻辑门电路和复合逻辑门电路、TTL 门电路和 CMOS 门电路，掌握逻辑函数的表示方法、基本逻辑运算规律和逻辑函数的化简方法。

技能实训 1　三种基本门电路搭建

1．认识三种基本门电路（如图 7-1 所示）

（1）与门。

由 S_1、S_2、VD_1、VD_2、LED_1、R_1、R_2、R_3 组成的二极管与门电路中，若 A、B 两个输入端全为 5V（高电平）时，二极管 VD_1 和 VD_2 都截止，输出 Y_1 为高电平；若 A、B 输入端中有一个或一个以上为 0V（低电平），则二极管 VD_1 和 VD_2 至少有一个正偏导通，输出端电压都被下拉为低电平，发光二极管 LED_1 截止。电路实现"与"逻辑关系。

（2）或门。

由 S_3、S_4、VD_3、VD_4、LED_2、R_4 组成的或门电路中，若 A、B 两个输入端中有一个或一个以上为 5V（高电平）时，二极管 VD_3 和 VD_4 至少有一个导通，则输出端 Y_2 为高电平；若 A、B 两个输入端都为 0V（低电平），则二极管反偏而截止，输出端 Y_2 为低电平。电路实现"或"逻辑关系。

（3）非门。

由 S_5、Q_1、LED_2、R_5、R_6、R_7 组成的非门电路中，若输入为 5V（高电平）时，三极管 Q_1 饱和导通，输出 Y_3 为低电平；若输入端为 0V（低电平）时，三极管反偏而截止，输出 Y_3 为高电平。电路实现"非"逻辑关系。

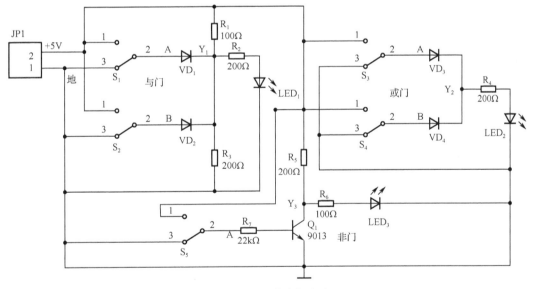

图 7-1　三种基本门电路

2．电路制作与调试

（1）按电路原理图的结构在单孔印制电路板上绘制电路元器件的布局草图。

（2）按工艺要求对元器件的引脚进行成形加工。

（3）按布局图在实验印制电路板上依次进行元器件的排列、插装。

（4）按焊接工艺要求对元器件进行焊接，直到所有元器件连接并焊完为止。

（5）焊接电源输入线（或端子）和信号输入、输出端子。

技能实训 2　　优先编码器制作

1．认识电路

（1）编码：把二进制码按一定的规律编排，使每组代码具有特定的含义称为编码。

（2）编码器：能实现编码功能的器件。

2．集成芯片 74LS147 和 74LS04

集成芯片 74LS147 和 74LS04 的引脚排列，如图 7-2 所示。

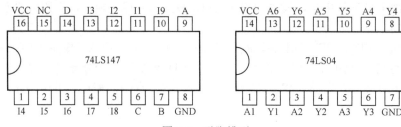

图 7-2　引脚排列

（1）引脚排列。

（2）工作原理：74LS147 优先编码器的输入端和输出端都是低电平有效，即当某一个输入端为低电平 0 时，4 个输出端就以低电平 0 的输出对应其的 8421BCD 编码。当 9 个输入全为 1 时，4 个输出也全为 1，代表输入十进制数"0"时的 8421BCD 编码输出。优先级别从高到低，如从拨码开关同时输入数据 1、3、5、7、9 时，74LS147 只输出 9 的二进制 BCD 编码 0110，通过反相器 74LS04 后，输出 1001，发光二极管 VD_1、VD_4 发光。

3．装配注意事项

（1）按电路原理图熟悉印制电路板上元器件的布局。

（2）按工艺要求对元器件的引脚进行成形加工。

（3）在印制电路板上依次进行元器件的排列、插装。

（4）按焊接工艺要求对元器件进行焊接，直到所有元器件连接并焊完为止。

（5）焊接电源输入线（或端子）和信号输入、输出端子。

技能实训 3　八路抢答器制作

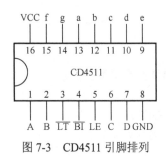

图 7-3　CD4511 引脚排列

1．认识电路

抢答器由抢答电路、编码器、译码显示电路、锁存电路、复位电路、报警电路组成。

2．电路工作原理

（1）CD4511 引脚排列，如图 7-3 所示。

（2）工作原理：该抢答器电路可同时进行八路优先抢答，根据抢答情况，显示优先抢答者的编号，同时蜂鸣器发声，即抢答成功。复位后，显示清零，可继续抢答。

3．装配注意事项

（1）按电路原理图熟悉印制电路板上元器件的布局。

（2）按工艺要求对元器件的引脚进行成形加工。

（3）在印制电路板上依次进行元器件的排列、插装。

（4）按焊接工艺要求对元器件进行焊接，直到所有元器件连接并焊完为止。

（5）焊接电源输入线（或端子）和信号输入、输出端子。

知识点 1　数字电路基本

1．数制与码制

（1）模拟信号与数字信号。

① 电信号按其信号形式的分类。

电子线路中的电信号按其形式可分为模拟信号和数字信号两大类。

② 模拟信号和模拟电路。

模拟信号通常是指在时间上和数值上都是连续变化的信号。处理模拟信号的电路称为模拟电路。

③ 数字信号和数字电路。

数字信号通常是指在时间上和数值上不连续变化的信号。处理数字信号的电路称为数字电路。

（2）数字电路的特点。

① 由于数字电路的工作信号是不连续变化的数字信号，数字电路的主要元件是开关元件。

② 在数字电路中，通常用"0"和"1"表示两种对立的状态，即低电平和高电平（或称低电位和高电位）两种工作状态。所以电路简单，易于集成，数字电路通常多采用集成电路。

③ 数字电路的主要研究对象是电路的输出与输入信号之间的逻辑关系。通常，主要分析工具是逻辑代数，表达电路的功能主要有真值表、逻辑函数表达式、电路图和波形图等。

（3）数制。

① 数制的定义。

选取一定的进位规则，用多位数码来表示某个数的值，称为数制。

② 二进制数。

二进制数的表示方法如下：

任何一个二进制数都可以写成

$$S=a_{n-1}\times 2^{n-1}+a_{n-2}\times 2^{n-2}+\cdots+a_1\times 2^1+a_0\times 2^0$$

式中，n 是二进制数的位数（$n=1$、2、3、$\cdots$）；2^{n-1}、2^{n-2}、$\cdots$、2^1、2^0 是各位的"位权"；a_{n-1}、a_{n-2}、$\cdots$、a_1、a_0 是各个数的数码，由具体数字来决定。

（4）二进制数和十进制数的数制转换。

① 二进制数转换为十进制数。

方法：按权展开相加。

该方法是把二进制数按权位展开，然后把所有各项的数值按十进制数相加，即可得到等值的十进制数数值，即"乘权相加法"。

② 十进制数转换为二进制数。

方法：把十进制数逐次用 2 除取余，一直除到商数为零。然后将先取出的余数作为二进制数的最低位数码。即按照记录顺序反向排列，便得到所求的二进制数。

（5）码制。

① 代码：十进制数和其他信息（如文字、符号等）可以用各种不同规律的若干 0 或 1 数码表示，这些表示信息的数码称为代码。

② BCD 码：用四位二进制数表示一位十进制数，这样的二进制代码称为二-十进制代码。

③ 8421BCD 码：它是一种有权码，也是使用最多的二-十进制码，它的每一位都有确定的位权值，从左到右分别为 8（2^3）、4（2^2）、2（2^1）、1（2^0）。

2. 逻辑门电路

（1）逻辑门电路的概念。

把能够像门一样依一定的条件"开"或"关"的电路称为"门"电路。门电路的输出状态是由输入状态决定的，它们之间具有一定的逻辑关系。

（2）逻辑电路的有关约定。

① 正逻辑体制。

用 1 表示高电平、用 0 表示低电平，称为正逻辑体制。

② 负逻辑体制。

用 1 表示低电平、用 0 表示高电平，称为负逻辑体制。本书均采用正逻辑体制。如不做特殊说明，一般采用正逻辑体制。

（3）与门。

① 与逻辑关系：当决定某件事情的所有条件全部具备之后，这件事情才能发生，否则不发生，这样的因果关系称为与逻辑关系。

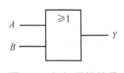

图 7-4　与门逻辑符号

与门电路：能实现与逻辑功能的电路称为与门电路。

② 与门逻辑符号和逻辑表达式。

与门逻辑符号，如图 7-4 所示。

与门逻辑表达式：$Y=A×B$（逻辑乘）或 $Y=A·B=AB$。

③ 与门真值表，如表 7-1 所示。

表 7-1　与门真值表

输　　入		输　　出
A	B	$Y=A·B$
0	0	0
0	1	0
1	0	0
1	1	1

④ 与门逻辑功能："有 0 出 0，全 1 出 1"。

（4）或门。

① 或逻辑关系：在决定某件事情的各种条件中，只要有一个条件具备，这件事情就会发生。这样的因果关系称为或逻辑关系。

② 或门逻辑符号和逻辑函数表达式。

或门逻辑符号，如图 7-5 所示。

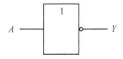

图 7-5　或门逻辑符号

或门逻辑函数表达式为 $Y=A+B$。

③ 或门真值表，如表 7-2 所示。

表 7-2　或门真值表

输　　入		输　　出
A	B	$Y=A+B$
0	0	0
0	1	1
1	0	1
1	1	1

④ 或门逻辑功能："有 1 出 1，全 0 出 0"。

（5）非门。

① 非门逻辑关系：某件事情的发生，取决于某个条件的相反状态，这种关系称为非门逻辑关系。

② 非门逻辑符号和逻辑表达式。

非门逻辑符号，如图 7-6 所示。

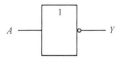

图 7-6　非门逻辑符号

非门逻辑表达式：$Y=\overline{A}$。

③ 非门真值表，如表 7-3 所示。

表 7-3　非门真值表

输　　入	输　　出
A	$Y=\overline{A}$
0	1
1	0

④ 非门逻辑功能："有 0 出 1，有 1 出 0"。

（6）复合逻辑门电路。

常见的组合逻辑门电路有与非门、或非门、异或门、同或门等，复合逻辑门电路如表 7-4 所示。

表 7-4　复合逻辑门电路

逻辑关系	含　义	逻辑表达式	图形符号
与非	条件都具备了事件就不发生	$Y = \overline{A \cdot B}$	
或非	只有一个条件具备，事件就不发生	$Y = \overline{A + B}$	
异或	两个条件只有一个具备，另一个不具备，事件才发生	$Y = \overline{A}B + A\overline{B}$ $= A \oplus B$	
同或	两个条件同时具备或同时不具备，事件才发生	$Y = AB + \overline{A}\overline{B}$ $= A \odot B = \overline{A \oplus B}$	

3. 数字集成电路

数字集成电路按组成器件的分类：有 TTL 和 CMOS 两大系列。

（1）TTL 门电路。

① 定义。

TTL 门电路是普通三极管型数字集成电路，是指晶体管-晶体管逻辑门电路，输入端和输出端都由三极管组成，简称 TTL 电路。

② 特点。

有体积小、质量轻、功耗低、负载能力强、抗干扰能力好等优点。

（2）CMOS 门电路。

① MOS 管组成的门电路。

一共有三种：一种是由 PMOS 管组成的 PMOS 电路；另一种是由 NMOS 管组成的 NMOS 电路；还有一种是由 PMOS 管和 NMOS 管组成的互补电路即 CMOS 电路。

② CMOS 门电路的特点。

CMOS 集成电路具有制造工艺简单、功耗低、集成度高、抗干扰能力强、电源电压范围宽的优点，特别适合大规模集成电路。

知识点 2　组合逻辑电路基础

组合逻辑电路是由基本逻辑门和复合逻辑门电路组合而成的。组合逻辑电路的特点是不具有记忆功能，电路某一时刻的输出由该时刻的输入决定，与输入信号作用前的电路状态无关。

1. 逻辑代数的基本公式

（1）逻辑代数基本公式。

① 常量和常量的关系：$0+0=0$ $0+1=1$ $1+1=1$
  $0 \cdot 0=0$ $0 \cdot 1=0$ $1 \cdot 1=1$

② 变量和常量的关系：$A+0=A$ $A+1=1$ $A \cdot 0=0$ $A \cdot 1=A$

③ 变量和反变量的关系：$\overline{A}+A=1$ $\overline{A} \cdot A=0$

（2）逻辑代数基本定律。

① 交换律：$A+B=B+A$ $A \cdot B=B \cdot A$

② 结合律：$A+B+C=（A+B）+C=A+（B+C）$
  $A \cdot B \cdot C=（A \cdot B）\cdot C=A \cdot （B \cdot C）$

③ 重叠律：$A+A=A（A+A+A+\cdots=A）$
  $A \cdot A=A（A \cdot A \cdot A \cdots=A）$

④ 分配律：$A+B \cdot C=（A+B）\cdot （A+C）$
  $A \cdot （B+C）=A \cdot B+A \cdot C$

⑤ 吸收律：$A+AB=A$ $A \cdot （A+B）=A$

⑥ 非非律：$\overline{\overline{A}}=A$

⑦ 反演律（又称摩根定律）：

$$\overline{A+B}=\overline{A} \cdot \overline{B}$$

$$\overline{A \cdot B}=\overline{A}+\overline{B}$$

2. 组合逻辑电路的分析和设计方法

（1）组合逻辑电路的分析方法。

① 根据题意，由已知条件——逻辑电路图写出各输出端的逻辑函数表达式。

② 用逻辑代数和逻辑函数化简等基本知识对各逻辑函数表达式进行化简和变换。

③ 根据简化的逻辑函数表达式列出相应的真值表。

④ 依据真值表和逻辑函数表达式对逻辑电路进行分析，确定电路的逻辑功能，给出对该电路的评价。

（2）组合逻辑电路的设计。

① 根据实际要求的逻辑关系建立真值表。

② 由真值表写出逻辑函数表达式。

③ 化简逻辑函数表达式。

④ 依据逻辑函数表达式画出逻辑电路图。

知识点 3　编码器

1. 编码器

（1）编码。

在数字电路中，经常要把输入的信号（如十进制数、文字、符号等）转换成若干位二进制码（如 BCD 码等），这种转换过程称为编码。

（2）二进制编码器（如图7-7所示）及表示方法。

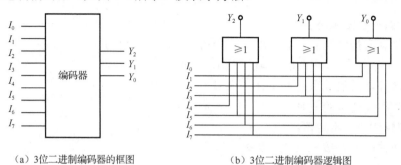

（a）3位二进制编码器的框图　　　　　（b）3位二进制编码器逻辑图

图7-7　二进制编码器

① 定义：能够将各种输入信息编成二进制代码的电路称为二进制编码器。

② 表示方法：1位二进制代码可以表示0、1两种不同的输入信号，2位二进制代码可以表示00、01、10、11四种不同的输入信号，3位二进制代码可以表示000、001、010、011、100、101、110、111八种不同的信号。由此可知，2^n个输入信号只需n位二进制码就可以完成编码，即需要n个输出端口。

2. 优先编码器

编码规则：优先编码器允许同时输入两个以上的编码信号。但是，在设计优先编码器时，已将所有的输入信号按照优先顺序排队，工作时只对优先级别最高的输入信号进行编码，其余的输入信号可看成无效信号。

知识点4　译码器

1. 译码器

（1）译码。

译码是编码的逆过程，是将给定的代码所表示的信息原意译成相应的输出信号的过程。能实现译码功能的逻辑电路称为译码器。

（2）译码器特点。

二进制译码器是二进制编码器的逆过程。二进制译码器的输入是一组二进制代码，输出是一组与输入代码相对应的高、低电平信号。根据输入、输出端的个数不同二进制译码器分为2-4线译码器（74LS139）、3-8线译码器（74LS138）和4-16线译码器（74LS154）等。译码器是一种多个输入端和多个输出端电路，在任意时刻，其输出端只有一个为1，其余均为0（高电平有效）；或一个为0，其余为1（低电平有效）。

2. 数码显示器

发光原理：常用的数码显示器有半导体数码管（LED）、液晶数码管（LCD）和荧光数码管3种，七段数码显示器发光线段的排列形状。发光二极管分别用a、b、c、d、e、f、g加以区分。数码管一般采用七段显示，但有些数码管右下角还增加一个小数点，作为字形的第八段，即八段显示数码管。

（1）七段数码管的排列形状图，如图 7-8 所示。

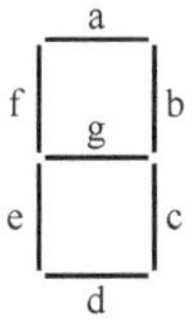

图 7-8　七段数码管的排列形状图

（2）发光段组成的数字图形，如图 7-9 所示。

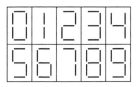

图 7-9　数字图形

（3）引脚排列，如图 7-10 所示。

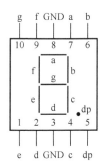

图 7-10　引脚排列

（3）共阴极和共阳极数码管，如图 7-11 所示。

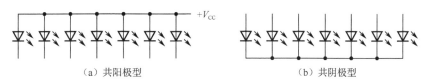

（a）共阳极型　　　　　　　　　　（b）共阴极型

图 7-11　数码管类型

项目八　脉冲电路认知及应用

**复习要求**

【技能目标】

（1）会装配、测试、调整多谐振荡器。

（2）能根据电路图安装用555时基电路构成单稳态触发器、多谐振荡器，施密特触发器。

【知识目标】

（1）理解脉冲信号的概念。

（2）了解多谐振荡器、单稳触发器、施密特触发器的工作特点及基本应用。

（3）了解555时基电路的引脚功能和逻辑功能。

（4）掌握由555时基电路构成的典型单元电路，了解555时基电路在生活中的应用实例。

（5）掌握模/数与数/模转换的基本概念、性能指标，了解典型的转换器芯片。

**复习内容**

　　本项目主要介绍脉冲电路和数字逻辑电路，它们处理的都是不连续的脉冲信号。脉冲电路是专门用来产生电脉冲和对电脉冲进行放大、变换和整形的电路。家用电器中的定时器、报警器、电子开关、电子钟表、电子玩具以及电子医疗器具等，都要用到脉冲电路。通过多谐振荡器、555触摸延时开关及双色LED的安装调试技能实训，引出波形产生电路——单稳态触发器、多谐振荡器、施密特触发器及555时基电路的知识。

技能实训1　多谐振荡器搭建

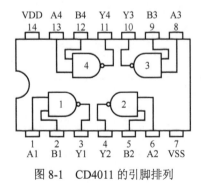

图8-1　CD4011的引脚排列

1．认识电路

　　（1）组成：由CD4011集成电路和少许外围阻容元件构成的一种多谐振荡电路。

　　（2）工作原理。

　　CD4011的引脚排列及引脚说明，分别如图8-1、表8-1所示。

　　多谐振荡器由CD4011集成电路内部两个与非门和外围两对R、C定时元件组成。多谐振荡器不停地振荡，就会输出矩形脉冲波。调节电位器，可以得到不同周期（频率）的矩形波。

表 8-1　CD4011 的引脚说明

引 脚 序 号	标　注	功 能 释 义	引 脚 序 号	标　注	功 能 释 义
1	A1	数据输入端	8	A3	数据输入端
2	B1	数据输入端	9	B3	数据输入端
3	Y1	数据输出端	10	Y3	数据输出端
4	Y2	数据输出端	11	Y4	数据输出端
5	B2	数据输入端	12	B4	数据输入端
6	A2	数据输入端	13	A4	数据输入端
7	VSS	接地端	14	VDD	电源正极

2．电路制作与调试

（1）按电路原理图的结构在单孔印制电路板上绘制电路元器件的布局草图。

（2）按工艺要求对元器件的引脚进行成形加工。

（3）按布局图在印制电路板上依次进行元器件的排列、插装。

（4）按焊接工艺要求对元器件进行焊接，直到所有元器件连接并焊完为止。

（5）焊接电源输入端子和输出端子。

技能实训2　555 触摸延时开关制作

1．认识电路

（1）555 定时器：也称 555 时基电路，是一种中规模集成电路。它具有功能强、使用灵活、使用范围宽的特点。

（2）工作原理。

单稳态触发器电路由 555 定时器和外围阻容元件构成，可以实现触摸延时开关控制，常用于走廊灯控制电路中。

2．电路制作与调试

（1）按电路原理图熟悉印制电路板上电路元器件的布局。

（2）按工艺要求对元器件的引脚进行成形加工。

（3）在印制电路板上依次进行元器件的排列、插装。

（4）按焊接工艺要求对元器件进行焊接，直到所有元器件连接并焊完为止。

（5）焊接电源输入端子和输出端子。

技能实训3　基于 NE555 的双色 LED 制作

1．认识电路

（1）同技能实训 2 一样也采用 555 定时器：组成电路。

（2）工作原理。

基于 NE555 的双色 LED 控制电路是由 555 定时器和外接元件构成的。该电路没有稳态，仅存在两个暂稳态，电路亦不需要外加触发信号，利用电源通过对电容充电，使电路产生振荡。

2．装配注意事项

（1）按电路原理图熟悉印制电路板上电路元器件的布局。
（2）按工艺要求对元器件的引脚进行成形加工。
（3）按布局图在印制电路板上依次进行元器件的排列、插装。
（4）按焊接工艺要求对元器件进行焊接，直到所有元器件连接并焊完为止。
（5）焊接电源输入端子和输出端子。

知识点 1　常见的脉冲产生电路

1．脉冲的基本概念

脉冲信号就是瞬间突然变化、作用时间极短的电压或电流。常把脉冲信号简称为脉冲。它可以是周期性重复的，也可以是非周期性的，或单次的。

2．常见的脉冲信号

常见的脉冲波形有方波、矩形波、锯齿波、三角波、阶梯波和尖峰波等。

3．多谐振荡器

（1）多谐振荡器的概念。

多谐振荡器工作时，电路的输出在高、低电平间不停地翻转，没有稳定的状态，所以又称为无稳态触发器。

（2）用门电路和 RC 电路构成的多谐振荡器。

如图 8-2 所示为用非门与 RC 电路组成的一种实用的环形多谐振荡器。它是将三个非门 G_1、G_2、G_3 串联起来，并将 G_3 的输出端反馈到 G_1 输入端形成环路，从而构成往复振荡多谐振荡器。G_4 是输出脉冲整形门。外围电阻和电容是定时元件，用来调整振荡的频率。改变电阻 R 或电容 C 的数值（即改变时间常数），可以改变振荡频率。

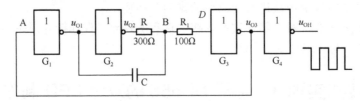

图 8-2　环形多谐振荡器

4．单稳态触发器

（1）单稳态触发器是一种只有一个稳定状态和一个暂稳态的触发器。它可以输出一个具有一定脉冲宽度的矩形波。

（2）单稳态触发器可以由门电路与外接 RC 电路组成，也可以通过集成单稳态电路外接 RC 电路实现。

（3）单稳态触发器在外加触发脉冲的作用下，能从稳态翻转到暂稳态，经过一段时间延迟后，触发器自动地从暂稳态翻转回稳态。暂稳态的时间宽度由内部定时元件 R、C 的数值决定，与输入信号的波形形状无关，输入信号仅起触发作用。

（4）在数字系统中，单稳态触发器广泛应用于定时、延时、整形和去干扰电路中。

5．施密特触发器

（1）施密特触发器是脉冲波形变换中经常使用的一种电路，其电路的特点是具有两个稳态。

（2）施密特触发器的特点：从第一稳态翻转到第二稳态，而后再由第二稳态翻转到第一稳态，所需的触发电平不同，存在差值，即存在回差现象。

（3）施密特触发器与一般的双稳态触发器的区别：因为施密特触发器也有两个稳定状态，所以也是双稳态电路，电路状态的翻转依赖于外触发信号来维持，一旦外触发信号幅度降低到一定电平以下，电路立即恢复到初始稳定状态，这一点和一般的双稳态电路不同。

（4）施密特触发器的应用。

① 波形变换：把连续变化的输入电压，如正弦波、三角波等，变换为矩形脉冲输出。

② 脉冲整形。

③ 幅度鉴别。

④ 外接定时元件，可以组成单稳态触发器和多谐振荡器。

知识点 2　555 时基电路及应用

1．555 时基电路

（1）组成及分类

① 组成：555 定时器主要由比较电路、RS 触发器、放电开关及输出电路组成。

② 分类：

555 定时器按照内部元件分为双极型（又称 TTL 型）和单极型两种。双极型内部采用的是晶体管；单极型内部采用的是场效应管。

555 定时器按单片电路中包括定时器的个数分为单时基定时器和双时基定时器两种。常用的单时基定时器有双极型定时器 5G555 和单极型定时器 CC7555。双时基定时器有双极型定时器 5G556 和单极型定时器 CC7556。

③ 555 定时器功能，如表 8-2 所示。

表 8-2　555 定时器功能表

输　入			输　出	
阈值输入（V_{I1}）	触发输入（V_{I2}）	复位	输出（V_O）	放电管 T
×	×	0	0	导通
$<2V_{CC}/3$	$<V_{CC}/3$	1	1	截止
$>2V_{CC}/3$	$>V_{CC}/3$	1	0	导通
$<2V_{CC}/3$	$>V_{CC}/3$	1	不变	不变

如果在电压控制端施加一个控制电压（其值在 $0\sim V_{CC}$），比较器的参考电压发生变化，从而影响定时器的工作状态变化的阈值。

555 定时器引脚排列及内部电路框图，如图 8-3 所示。

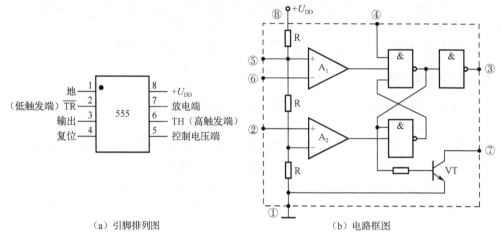

（a）引脚排列图　　　　　　　　　（b）电路框图

图 8-3　引脚排列及内部电路框图

2．555 时基电路的应用

（1）单稳态触发器。

① 单稳态触发器电路如图 8-4（a）所示。

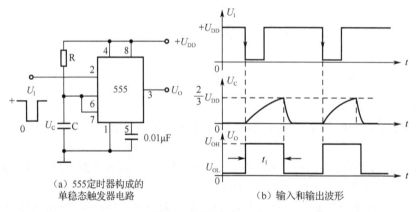

（a）555 定时器构成的　　　　　　（b）输入和输出波形
单稳态触发器电路

图 8-4　单稳态触发器

② 工作原理。

接通电源→电容 C 充电（至 $2/3U_{DD}$）→RS 触发器置 0→$U_O=0$，T 导通，C 放电，此时电路处于稳定状态。当②加入 $U_I<1/3U_{DD}$ 时，RS 触发器置"1"，输出 $U_O=1$，使 T 截止。电容 C 开始充电，按指数规律上升，当电容 C 充电到 $2/3U_{DD}$ 时，比较器 A1 翻转，使输出 $U_O=0$。此时，T 又重新导通，C 很快放电，暂稳态结束，恢复稳态，为下一个触发脉冲的到来做好准备。其中输出 U_O 脉冲的持续时间 $t_1=1.1RC$，一般取 $R=1k\Omega\sim10M\Omega$，$C>1000pF$。

③ 电路输出波形。

电路输出矩形波。输出高电平的时间由暂稳态持续时间决定，即由电容从 0V 充电到 $2/3U_{DD}V$ 所需时间决定（暂稳态持续时间大于触发负脉冲）。

（2）多谐振荡器。

① 多谐振荡器电路如图 8-5（a）所示。

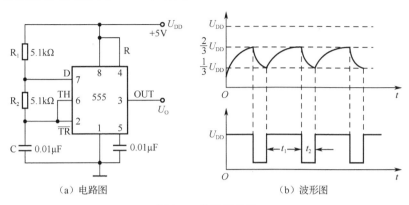

（a）电路图　　　　　　　　（b）波形图

图 8-5　多谐振荡器

② 电路工作原理。

电路由 555 定时器和外接元件 R_1、R_2、C 构成多谐振荡器，脚②和脚⑥直接相连。电路无稳态，仅存在两个暂稳态，亦不需外加触发信号，即可产生振荡。电源接通后，U_{DD} 通过电阻 R_1、R_2 向电容 C 充电。当电容上电 $U_C=2/3U_{DD}$ 时，阈值输入端⑥受到触发，比较器 A_1 翻转，输出电压 $U_O=0$，同时放电管 T 导通，电容 C 通过 R_2 放电；当电容上电压 $U_C=1/3U_{DD}$，比较器 A_2 工作，输出电压 U_O 变为高电平。C 放电终止、又重新开始充电，周而复始，形成振荡。

（3）施密特触发器。

① 施密特触发器，电路如图 8-6（a）所示。

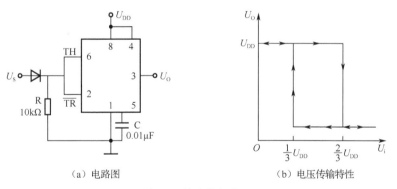

（a）电路图　　　　　　　　（b）电压传输特性

图 8-6　施密特触发器

② 电路工作原理。

U_S 为正弦波，经 D 半波整流到 555 定时器的②脚和⑥脚，当 U_i 上升到 $2/3U_{DD}$ 时，U_O 从 1→0；U_i 下降到 $1/3U_{DD}$ 时，U_O 又从 0→1。电路的电压传输特性如图 8-6（b）所示。其中：

上限阈值电平：$V_{UT}=\dfrac{2}{3}U_{DD}$，下限阈值电平：$V_{LT}=\dfrac{1}{3}U_{DD}$，回差电压：$\Delta U=1/3U_{DD}$。

知识点 3　AD/DA 转换

1. 模/数（A/D）转换器

（1）模拟信号（电路）和数字信号（电路）。

电信号分为两种——模拟信号（模拟量）和数字信号（数字量）。模拟量是随时间连续变化的量，数字量是非连续变化的量，所以传递和处理信号的电路也分为模拟电路和数字电路，它们分别处理模拟信号和数字信号，在实际应用中，常需要对模拟量和数字量进行相互转换。

（2）模/数（A/D）转换器概念。

A/D 转换器用来通过一定的电路将模拟量转变为数字量。

（3）转换条件。

在 A/D 转换前，输入到 A/D 转换器的输入信号必须经各种传感器把各种物理量转换成电压信号。一个完整的 A/D 转换过程必须包括采样、保持、量化、编码四部分电路，在具体实施时，常把这四个步骤合并进行。

（4）转换方法。

逐次逼近型和并联比较型。

（5）模/数转换器（ADC）的主要性能参数：分辨率、量化误差、转换时间、绝对精度、相对精度。

（6）ADC0809 典型模/数转换器。

① ADC0809 引脚图与内部结构，如图 8-7 所示。

② ADC0809 主要技术指标包括电源电压：5V；分辨率：8 位；时钟频率：640kHz；转换时间：100μs；未经调整误差：1/2LSB 和 1LSB；模拟量输入电压范围：0～5V。

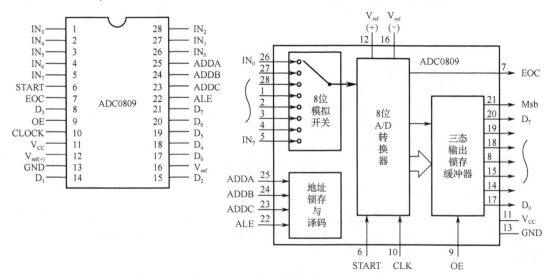

图 8-7　ADC0809 引脚图与内部结构

2. 数/模（D/A）转换器

（1）工作原理。

D/A 转换器是指将数字量转换成模拟量的电路。D/A 转换器的输入量是数字量 D，输出量为模拟量 V_0，要求输出量与输入量成正比，即 $V_0=D\times V_R$，其中 V_R 为基准电压。数字量输入的位数有 8 位、12 位和 16 位等。

（2）主要性能参数：分辨率、线性误差、建立时间、温度灵敏度、输出电平。

（3）典型的数/模转换器 DAC0832。

① 工作原理。

DAC0832 具有双缓冲功能，输入数据可分别经过两个锁存器保存。第一个是保持寄存器，而第二个锁存器与 D/A 转换器相连。DAC0832 中的锁存器的门控端 G 输入为逻辑 1 时，数据进入锁存器；而当 G 输入为逻辑 0 时，数据被锁存。

② 主要技术指标包括：电源电压：+5～+15V；分辨率：8 位；转换时间：1μs；满量程误差：±1LSB；功耗：20mW；满足 TTL 电平规范的逻辑输入。

项目九　时序逻辑电路认知及应用

【技能目标】

（1）掌握集成触发器的逻辑功能测试方法。

（2）会用触发器安装电路，实现所要求的逻辑功能。

（3）能根据电路图安装典型时序逻辑电路，如计数器、移位寄存器，实现逻辑功能。

【知识目标】

（1）了解时序逻辑电路的特点。

（2）了解基本 RS 触发器的电路组成，掌握 RS 触发器所能实现的逻辑功能。

（3）了解同步 RS 触发器的特点，了解时钟脉冲的作用。

（4）掌握 JK 触发器的电路符号，了解 JK 触发器的逻辑功能和边沿触发方式。

（5）掌握集成触发器的引脚功能、逻辑功能测试方法。

（6）了解寄存器的功能、基本构成和常见类型，了解典型集成移位寄存器的应用。

（7）了解计数器的功能及类型，掌握二进制、十进制等典型集成计数器的外特性及应用。

本项目主要介绍了组合逻辑电路，组合逻辑电路没有记忆功能，实际中很多电路需要具有记忆功能，如时钟、计数器等，本项目介绍具有记忆功能的时序逻辑电路，包括计数器、移位寄存器的安装调试技能实训及触发器的相关知识。

技能实训 1　无抖动开关与普通开关搭建

1. 认识电路

（1）无抖动开关和抖动开关对比电路图，如图 9-1 所示。

（2）工作原理。

① CD4011 内部结构图，如图 9-2 所示。

CD4011 的外形为双列直插式 14 引脚。

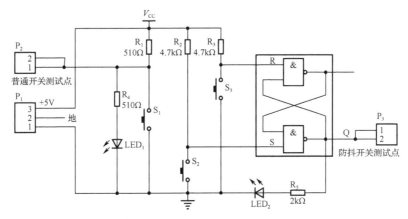

图 9-1　无抖动开关与抖动开关

② 工作原理：用集成块 CD4011 内部的两个与非门连接成一个基本 RS 触发器，当按钮开关 S_3、S_2 闭合时可使 RS 触发器复位端 R 和置位端 S 的电平变为 0，断开时可使 R、S 的电平变为 1。通过 S_3、S_2 可给 RS 触发器设置输入状态，从而决定输出状态。当 S_3 闭合、S_2 断开时，$R=0$，$S=1$，触发器的输出端 $Q=0$，LED_2 不会点亮，当 S_3 断开、S_2 闭合时，$R=1$，$S=0$，触发器的输出端 $Q=1$，LED_2 点亮。当 S_3、S_2 都断开时，$R=S=1$，触发器的输出端 Q 保持原来的状态（即 $R=S=1$ 之前的那个状态），输出端 Q 的电平变化，相当于开关的闭合和断开。这种闭合与断开是无抖动的（可用示波器在测

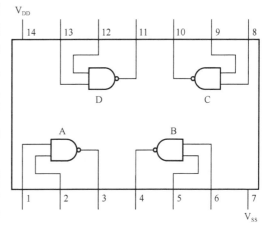

图 9-2　CD4011 内部结构图

试点 P_3 观察 Q 端的电平变化，是矩形波）。按键 S_2、S_3、CD4011 等构成了一个无抖动开关。

2．电路制作与调试

（1）按电路原理图的结构在单孔印制电路板上绘制电路元器件的布局草图。

（2）按工艺要求对元器件的引脚进行成形加工。

（3）按布局图在连孔板上依次进行元器件的排列、插装。

（4）按焊接工艺要求对元器件进行焊接。

① 利用 CD4011 内部的两个与非门，通过外部连接，制作一个基本 RS 触发器。确定 RS 触发器的输入端子 $\overline{R_D}$、$\overline{S_D}$，输出端子 Q。

② 将各元件按原理图连接成完整的电路。

技能实训 2　秒计数器制作

1．认识电路

（1）秒计数器电路图，如图 9-3 所示。

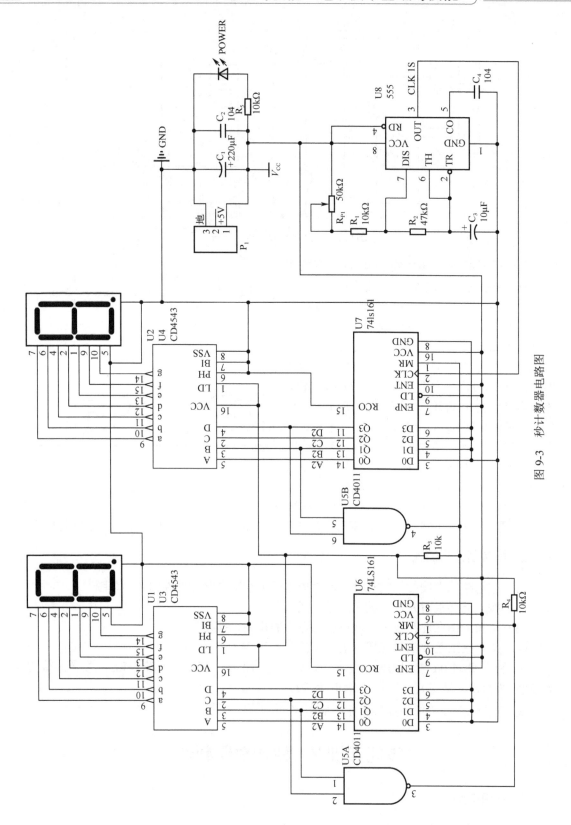

图 9-3　秒计数器电路图

（2）工作原理

① CD4543 外形与引脚排列如图 9-4 所示。

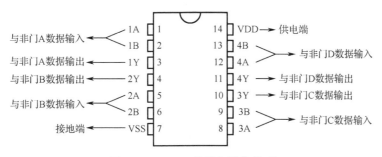

图 9-4 CD4543 外形与引脚排列

② 工作原理：U6 和 U7 经外部连接均呈计数功能。由 555 时基集成电路 3 脚输出的时钟脉冲信号传到 U7（74LS161）的 2 脚，74LS161 对时钟脉冲计数，所计的脉冲个数（即秒的数值）以二进制数的形式（Q3、Q2、Q1、Q0）从 11、12、13、14 脚输出传给 CD4543（U4），Q3 为高位。CD4543 的 4、2、3、5（按从高位到低排列）收到二进制数后，从 9、10、11、12、13、14、15 脚输出相应的电平（0 或 1），驱动数码管 U2 相应的段点亮，显示与计数相对应的十进制数（个位）。当 U2 显示从 0 变到 9 时刻，U7 的 Q3、Q2、Q1、Q0 的值为 1010，与非门（U5B）输出端由 1 变为 0，U7 的 MR（1 脚）变为低电平，实现了 U7 计数的清零（以后从 0 开始计数），同时，U6（74LS161）的 CLK（2 脚）电平由 1 变为 0，U7 的计数加 1，并通过 U3 驱动数码管 U1 显示计数的十位。当 U1 的计数为 5 时，U6 的 Q3、Q2、Q1、Q0 的值为 0110，与非门（U5A）输出端由 1 变为 0，使 U6 清零。

2. 电路制作与调试

（1）按电路原理图的结构在单孔印制电路板上绘制电路元器件的布局草图。

（2）按工艺要求对元器件的引脚进行成形加工。

（3）在印制电路板上依次按先小后大、先矮后高的顺序分批进行元器件的排插装、焊接剪去多余的引脚。

（4）焊接电源输入线（或端子）。

技能实训 3 移位寄存器制作

1. 认识电路

（1）双向移位寄存器电路图，如图 9-5 所示。

（2）工作原理。

双向移位寄存器的核心元件 74HC194 是由 D 触发器构成的四位双向移位寄存器，由四位拨码开关 S2 设置数码（1 或 0 的组合），由拨动开关 S5 和 S6 设置移位方向，按键 S7 按下后，可实现寄存器清零，按键 S1 每按下一次，可给 CLK 端送入一个脉冲的上升沿，数据就会移动一位，可以看见 LED 相应地移动点亮。

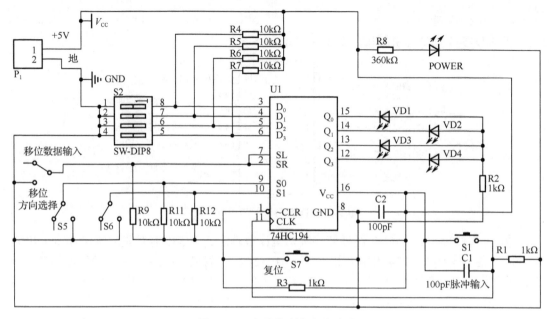

图 9-5　双向移位寄存器电路图

2．装配注意事项

（1）按电路原理图的结构在印制电路板上绘制电路元器件的布局草图。

（2）按工艺要求对元器件的引脚进行成形加工。

（3）在印制电路板上依次按先小后大、先矮后高的顺序分批进行元器件的排插装、焊接剪去多余的引脚。

（4）焊接电源输入线（或端子）。

（5）要求：

① 不漏装、错装，不损坏元器件。

② 无虚焊，漏焊和桥接，焊点表面要光滑、干净。

③ 元器件排列整齐，布局合理，并符合工艺要求。

注意：必须将所有的集成电路插座焊接在电路板上，再将集成块插在相应的插座上。

知识点 1　RS 触发器

1．数字电路的特点

输出的状态仅取决于输入的当前的状态，与输入、输出的原始状态无关，而时序电路是一种输出不仅与当前的输入有关，而且与其输出端的原始状态有关，相当于在组合逻辑的输入端加上了一个反馈输入，在其电路中有一个存储电路，其可以将输出的状态保持住。

2．触发器

（1）触发器定义

触发器（Flip Flop，简写为 FF），是数字电路中具有记忆功能的单元电路。

（2）触发器特点

① 有两个稳态，可分别表示二进制数码 0 和 1，无外触发时可维持稳态。

② 在外触发作用下，两个稳态可相互转换（称翻转），已转换的稳定状态可长期保持下来，这就使得触发器能够记忆二进制信息，常用作二进制存储单元。

3. 与非门 RS 触发器

（1）电路结构和电路逻辑符号，如图 9-6 所示。

与非门 RS 触发器由两个与非门的输入和输出交叉连接而成。

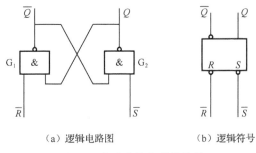

（a）逻辑电路图　　　　　　　（b）逻辑符号

图 9-6　电路结构和逻辑符号

（2）逻辑功能

与非门 RS 触发器的逻辑功能，如表 9-1 所示。

表 9-1　逻辑功能表

$\overline{R_D}$	$\overline{S_D}$	Q	功能说明
0	1	0	置 0（触发器处于 0 态）
1	0	1	置 1（触发器处于 1 态）
1	1	不变	保持原状态（$Q_{n+1}=Q_n$）
0	0	不定	不允许（因为此时触发器的输出端 $Q=\overline{Q}=1$，既不是置 0 状态。也不是置 1 状态。并且 $\overline{R_D}$ 和 $\overline{S_D}$ 要立即由 0 变为 1，由于 G_1 和 G_2 在性能上的差异性，使输出无法确定

4. 或非门 RS 触发器

（1）电路结构和电路逻辑符号，如图 9-7 所示。

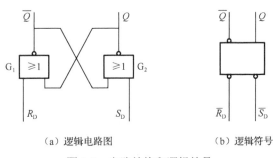

（a）逻辑电路图　　　　　　　（b）逻辑符号

图 9-7　电路结构和逻辑符号

（2）逻辑功能。

或非门 RS 触发器的逻辑功能，如表 9-2 所示。

表 9-2　逻辑功能

$\overline{R_D}$	$\overline{S_D}$	Q	功　能　说　明
1	0	0	置 0
0	1	1	置 1
0	0	不变（$Q_{n+1}=Q_n$）	保持
1	1	不定	不允许

5. 同步 RS 触发器

（1）电路结构和电路逻辑符号，如图 9-8 所示。

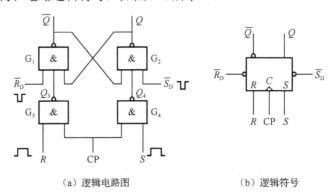

（a）逻辑电路图　　　　　　（b）逻辑符号

图 9-8　电路结构和逻辑符号

（2）逻辑功能。

同步 RS 触发器的逻辑功能，如表 9-3 所示。

表 9-3　逻辑功能

时钟信号 CP	R	S	Q	功　能　说　明
0	X	X	不变	禁止
1	0	0	不变	保持原状态（$Q_{n+1}=Q_n$，）
1	0	1	1	置 1
1	1	0	0	置 0
1	1	1	不定	不允许

注意事项：

由于在 CP=1 期间，G_3，G_4 门都是开着的，都能接收 R，S 信号，所以，如果在 CP=1 期间 R，S 发生多次变化，则触发器的状态也可能发生多次翻转。

（3）空翻。

在一个时钟脉冲周期中，触发器发生多次翻转的现象称为空翻。由于存在空翻现象的存在，使同步触发器抗干扰能力变差。

知识点 2　JK 和 D 触发器

1．主从 JK 触发器

（1）电路结构。

主从 JK 触发器可由两个同步 RS 触发器组成。电路结构与逻辑符号，如图 9-9 所示。

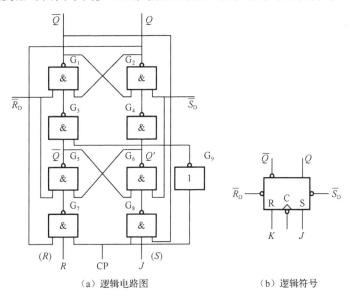

（a）逻辑电路图　　　　　（b）逻辑符号

图 9-9　电路结构与逻辑符号

（2）真值表及逻辑功能。

① 真值表如表 9-4 所示。

表 9-4　真值表

J	K	Q_{n+1}	J	K	Q_{n+1}
0	0	Q_n	0	1	0
0	1	$\overline{Q_n}$	1	0	1

② 逻辑功能。

当 CP=1 时，$\overline{CP}$=0，从触发器被封锁，保持原来的状态。主触发器工作，根据输入信号 J、K 的值，Q 主的状态随之变化。

当 CP 由 1 变 0 时刻为第二阶段，主触发器被封锁，从触发器打开，接收主触发器送来的信号，并根据逻辑关系决定输出端 Q 的状态。由以上分析可知，一个 CP 脉冲期间，主从触发器的状态仅改变一次，称为一次翻转现象，克服了空翻现象。

2．D 触发器

（1）电路结构和电路逻辑符号，如图 9-10 所示。

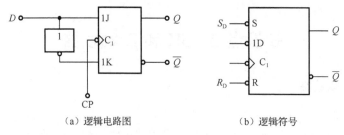

（a）逻辑电路图　　　　　　　　　　（b）逻辑符号

图 9-10　电路结构和电路逻辑符号

在 JK 触发器的基础上，增加一个与非门把 J、K 两个输入端合为一个输入端 D，CP 为时钟脉冲输入端。这样，就把 JK 触发器转换成了 D 触发器

（2）逻辑功能。

逻辑功能，如表 9-5 所示。

表 9-5　逻辑功能

CP 脉冲	D	Q	说　明
0	X	不变	当 CP=0 时，D 的值不影响输出端的状态
1	0	0	当 CP=1 时，输出端的状态与输入端的状态相同
1	1	1	

当 CP=1 时，如果 D=0，则 Q=0，如果 D=1，则 Q=1。当 CP=0 时，不管 D 取什么值，触发器的输出端维持原来的状态。

知识点 3　计数器

1. 计数器基本知识

（1）计数器概念。

统计输入脉冲个数的功能称为计数，能实现计数操作的电路称为计数器。

（2）计数器分类。

① 按照时钟脉冲的引入方式，计数器可分为同步计数器和异步计数器。

② 按照计数过程中计数变化的趋势，分为加法计数器、减法计数器和可逆计数器。

③ 根据进位制的不同，计数器又可分为二进制计数器、十进制计数器和 N 进制计数器。

2. 二进制计数器 74LS161

74LS161 是集成 TTL 四位二进制同步计数器。

（1）引脚图，如图 9-11 所示。

（2）逻辑功能。

① 异步清零功能。

② 同步并行预置数功能。

③ 保持功能。

④ 同步二进制计数功能。

⑤ 进位输出 RCO。

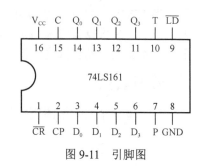

图 9-11　引脚图

3．二进制计数器 74LS290

（1）引脚图及逻辑符号，如图 9-12 所示。

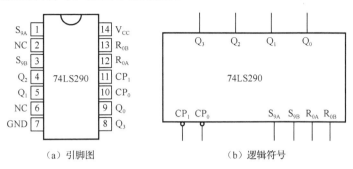

（a）引脚图   （b）逻辑符号

图 9-12　引脚图和逻辑符号

（2）逻辑功能，如表 9-6 所示。

表 9-6　逻辑功能

输　入					输　出		功　能
$R_{0A} \cdot R_{0B}$	$S_{9A} \cdot S_{9B}$	CP			Q_0	Q_0	
		CP_0	CP_1	顺序			
1	0	X	X	—	0　0　0	0	异步置0
X	1	X	X	—	1　0　0	1	异步置9
0	0	↓	↓	0	0　0　0	0	二—五进制计数
				1	0　0　1	1	
				2	0　1　0	0	
				3	0　1　1		
				4	1　0　0		
				5	1　0　1		

知识点 4　移位寄存器

1．移位寄存器基础知识

（1）串行数据概念。

一个触发器能存储一位二进制数，n 位二进制数则需 n 个触发器来存储。当 n 位数据同时出现时称为并行数据，而 n 位数据按时间先后一位一位出现时称为串行数据。

（2）移位寄存功能。

① 寄存数码。

用 n 个触发器组成的 n 位移位寄存器可以用来寄存 n 位串行数据，可以实现串行数据到并行数据的转换，也可实现并行数据到串行数据的转换。

② 移位。

在控制信号作用下，既可实行右移，也可实行左移。

2. 集成移位寄存器 74LS194，如图 9-13 所示。

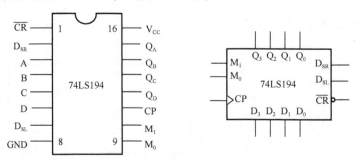

图 9-13　引脚图和逻辑符号

（1）工作模式：具有并行寄存，左移寄存，右移寄存和保持及清零五种工作模式。如表 9-7 所示。

表 9-7　工作模式

CP 或 CLK	CR 或 CLR	S1	S0	功能	$Q_0Q_1Q_2Q_3$
×	0	×	×	清零	当 CR=0 时，可使 $Q_0Q_1Q_2Q_3$=0000，寄存器工作正常时，CR=1
↑	1	1	1	送数	在 CP 上升沿到来时，数码由 D_3、D_2、D_1、D_0 端并行输入到寄存器，在 CP 端输入脉冲时由 Q_3、Q_2、Q_1、Q_0 并行输出（D_3、Q_3 为高位），此时串行数据 D_{SR}、D_{SL} 被禁止
↑	1	0	1	右移	串行数据送到右移输入端 D_{SR}，在 CP 上升沿到来时依次向 Q_3、Q_2、Q_1、Q_0 方向移动，数据可以从 Q_0 端串行输出，也可以由 $Q_3Q_2Q_1Q_0$ 并行输出
↑	1	1	0	左移	串行数据送到左移输入端 D_{SL}，在 CP 上升沿到来时依次向 Q_0、Q_1、Q_2、Q_3 方向移动，数据可以从 Q_3 端串行输出，也可以由 Q_0、Q_1、Q_2、Q_3 端并行输出
↑	1	0	0	保持	Q_3、Q_2、Q_1、Q_0 端保持为原来的状态

（2）引脚功能。

$\overline{CR}$ 为低电平有效的清零端，D_{SR} 为右移串行输入端，D_{SL} 为左移串行输入端，D_3、D_2、D_1、D_0 为并行输入端。Q_3、Q_2、Q_1、Q_0 为输出端，寄存器工作于何种模式由 M_1、M_0 端信号确定。

项目十 综合实训

【技能目标】

1. 能根据装配工艺卡片完成收音机、数字万用表整机组装。
2. 能够完成收音机、数字万用表的调测。

【知识目标】

1. 了解超外差收音机电路的组成、工作原理。
2. 了解收音机整机调试、检测步骤。
3. 了解数字万用表的电路组成、工作原理。
4. 了解数字万用表的总装、测试、校准方法。

本项目主要介绍电子整机组装，电子或电器产品在制造中所采用的电气连接和装配的工艺过程，即根据设计要求（装焊图或电原理图）将电子元器件（无器件、有源器件或接插件等）准确无误装焊到基板（PCB）上焊盘表面的工艺过程，同时，保证各焊点符合标准规定的物理特性和电子特性的要求。本项目根据模拟电路和数字电路两部分内容，设计了收音机及数字万用表整机组装内容，以了解不同的电子产品组装与调试的方法与技能。

综合实训一 六管超外差收音机的组装与调试

任务一 收音机的装配

1. 超外差收音机的电路方框图。如图 10-1 所示。
2. NT-7B 七管收音机电路原理图。如图 10-2 所示。
3. NT-7B 七管收音机电路工作原理。

（1）输入调谐电路：通过输入调谐电路的谐振选出需要的电台信号，当改变 CA，就能收到不同频率的电台信号。

（2）变频电路：本机振荡和混频合起来称为变频电路。其结果是产生各种频率的信号。

（3）中频放大和 AGC 电路：既是放大器的交流负载又是中频选频器，灵敏度、选择性等指标靠中频放大器保证。

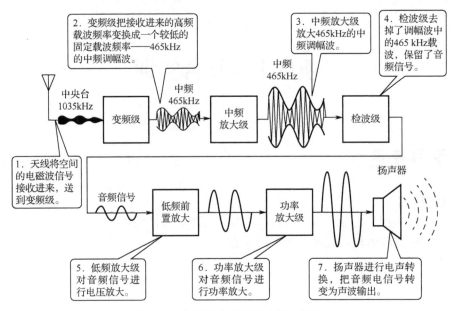

2．变频级把接收进来的高频载波频率变换成一个较低的固定载波频率——465kHz的中频调幅波。

3．中频放大级放大465kHz的中频调幅波。

4．检波级去掉了调幅波中的465 kHz载波，保留了音频信号。

1．天线将空间的电磁波信号接收进来，送到变频级。

5．低频放大级对音频信号进行电压放大。

6．功率放大级对音频信号进行功率放大。

7．扬声器进行电声转换，把音频电信号转变为声波输出。

图 10-1　超外差收音机的电路方框图

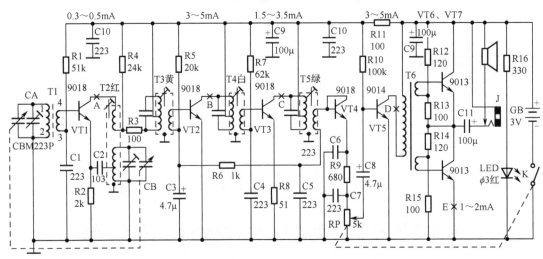

图 10-2　NT-7B 七管收音机电路原理图

（4）检波电路：中频信号经二级中频放大后由 T5 耦合到检波管 VT4（发射-基极结用作检波）。检波级的主要任务是把中频调幅信号还原成音频信号，C5、C6、C7 起滤去残余中频成分的作用。

（5）前置低放电路：检波后的音频信号由电位器 RP 送到前置低放管 VT5，经过低放可将音频信号电压放大几十到几百倍，但是音频信号经过放大后带负载能力还很差，不能直接推动扬声器工作，还需进行功率放大。旋转电位器 RP 可以改变 VT5 的基极对地的信号电压的大小，可达到控制音量的目的。

（6）功率放大器：主要是输出较大的电压和较大的电流。

4．收音机的元件识别

（1）磁性天线 T1。

① 元件符号，如图 10-3 所示。

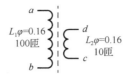

图 10-3 元件符号

② 振荡线圈电路符号与中周电路符号，如图 10-4 所示。

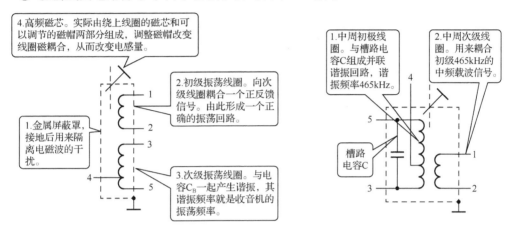

图 10-4 振荡线圈电路符号与中周电路符号

（2）中频变压器及振荡变压器。

中频变压器也称为中周，是超外差式收音机中的重要元件，它主要起到选频作用，它在很大程度上决定了整机灵敏度、选择性和通频带。

（3）有机密封双连可变电容器。

我们调节刻度盘搜索电台时，实际上就是在调谐双连可变电容器。如图 10-5 所示。

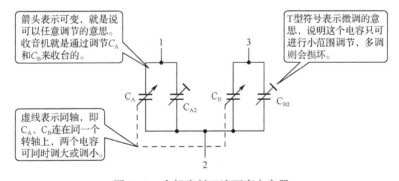

图 10-5 有机密封双连可变电容器

（4）开关电位器。

开关电位器将开关和电位器制作在同一个元件上。

（5）耳机插座。

① 作用。

耳机插头插入时有两个作用：一是将扬声器断开，二是接通耳机。

② 电路符号及耳机插座外形图，如图 10-6 所示。

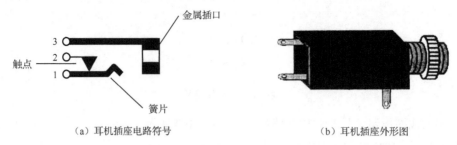

（a）耳机插座电路符号　　　　　　　　　　　　（b）耳机插座外形图

图 10-6　电路符号及耳机插座外形

任务二　收音机的调整与测试

整机调测步骤如下：

（1）调测工作点电流和试听。

（2）调中频或校中周。

（3）统调外差跟踪。

（4）各级晶体管工作点的调测。

综合实训二　贴片数字万用表的组装与调试

任务一　数字万用表的装配

1．任务分析

学会识别和检测各个元器件，保证各个元器件是合格的，然后依据电路图和 PCB 板上的位号图对元器件正确的插装整形，最后对每个焊点可靠地焊接，这样才可能装配好一台合格的整机。

（1）数字万用表的技术指标。

（2）实训器材清单。

2．数字万用表

（1）数字万用表的组成：数字万用表 NT9205A 主要有表头（液晶显示器），电源开关、拨盘旋钮、输入插座、晶体管插孔、复制保持键、表笔等部分构成。

① 表头（液晶显示器）：一般由一只 A/D（模拟/数字）转换芯片+外围元件+液晶显示器组成。

② 复制保持键和电源开关部分。

③ 转换开关。

④ 插孔。

（2）数字万用表的工作原理。

① 数字万用表的原理框图，如图 10-7 所示。

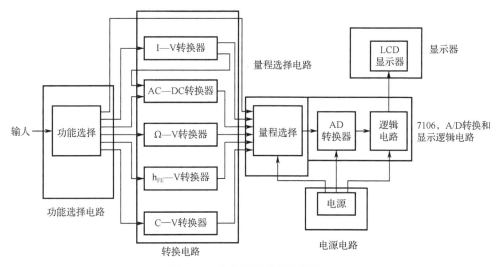

图 10-7 数字万用表的原理框图

② 数字万用表的工作原理。

数字万用表是由数字电压表配上相应的功能转换电路构成的,它可对交、直流电压,交、直流电流,电阻,电容以及频率等多种参数进行直接测量。数字万用表的整体性能主要由这一数字表头的性能决定。数字电压表是数字万用表的核心,A/D 转换器是数字电压表的核心,不同的 A/D 转换器构成不同原理的数字万用表。功能转换电路是数字万用表实现多参数测量的必备电路。数字万用表的原理框图包括功能选择电路、转换电路,量程选择电路、电源电路、A/D 转换电路、显示逻辑电路和显示器几部分。

任务二 数字万用表测试、校准

1. 任务分析

一台数字万用表安装完毕后,应仔细检查元件是否有错焊、虚焊及漏焊,要对组装好的数字万用表进行测试、校准。

2. 任务实施

(1)正常显示测试。

不连接测试笔,转动拨盘,仪表在各挡位的读数发生变化,负号(-)可能会在各为零的挡位中闪动显示,另外尾数有一些数字的跳动也是算正常的。

(2)校准。

① A/D 转换器校准。

② 直流 10A 挡校准。

注意事项:在焊接锰铜丝时,锰铜丝的阻值会随它的温度变化而变化,只有等到冷却时才是最准确的。剪锰铜丝可使它的截面积减小,从而使阻值增大,注意一定不要剪断锰铜丝。

（3）挡位测试。

① 直流电压测试。

准备一个直流可变电压源，将电源分别设置在 DCV 量程各挡的中间值，然后对比被测表与监测表测量各挡中间值的误差，读数误差应在允许范围内。

② 交流电压测试。

测量方法：

挡位至 2V-200V-750VAC 各挡，输入 10VAC 电压，跟已知精确表比较读数误差应在允许范围内。

挡位至 2V-200mV 时，输入分压的 100mVAC 电压，跟已知精确表比较读数误差应在允许范围内。

③ 直流电流测量。

测量方法：

将拨盘转到 200uA 挡位，当 RA 等于 100kΩ 时，回路电流约为 90uA，对比被测表与监测表的读数。

④ 电阻/二极管测试。

测量方法：

第一步：准备 1000kΩ、100kΩ、10kΩ、1000Ω、100Ω的电阻各一个，分别用欧姆挡的各挡测量。

第二步：挡位为 20M、200M 时用 10M 标准电阻校准。

第三步：用一个好的硅二极管（如 1N4004）测试二极管挡，读数应约为 650Ω左右。

⑤ 通断测试。

将待测表功能旋钮转至音频通断测试挡，输入 50Ω以下的电阻值，蜂鸣器应能发声，声音应清脆无杂音。

测量一个好的硅二极管的正向电压降，读数为 700mV 左右。

⑥ h_{FE} 值测试。

将拨盘转到 h_{FE} 挡位，用一个小的 NPN 型（9014）和 PNP 型（9015）三极管，并将发射极、基极、集电极分别插入相应的插孔。

被测表显示晶体管的 h_{FE} 值，晶体管的 h_{FE} 值范围较宽，与已知标准值比较，其误差应在允许范围内。

⑦ 电容测量。

将转盘拨至 200nF 量程，取一个标准的 100nF 的金属电容，插在电容夹的两个输入端，注意不要短路，如有误差可调节 VR3 电位器直到读数准确。

电子技术基础与技能题型示例

一、单项选择题

1. 图中导线同接线端子的连接为（ ）形式。

A. 绕焊   B 钩焊   C 搭焊   D. 接焊

2. 在焊接过程中，（ ）法动作稳定，长时间操作不宜疲劳。

A. 正握   B. 反握   C. 握笔

3. 烙铁头按照材料分为合金头和纯铜头，使用寿命长的烙铁头是（ ）。

A. 合金头   B. 纯铜头   C. 都一样   D. 不确定

4. 焊接一般电容器时，应选用的电烙铁是（ ）。

A. 15W 内热式   B. 30W 内热式

C. 60W 外热式   D. 100W 外热式

5. 4. 150W 外热式电烙铁采用的握法是（ ）。

A. 正握法   B. 反握法   C. 握笔法

6. 焊点出现弯曲的尖角是由于（ ）造成的。

A. 焊接时间过短，烙铁撤离方向不当

B. 焊剂太多，烙铁撤离方向不当

C. 电烙铁功率太大

D. 电烙铁功率太小

7. 75W 外热式电烙铁（ ）。

A. 一般做成直头，使用时采用握笔法

B. 一般做成弯头，使用时采用正握法

C. 一般做成弯头，使用时采用反握法

D. 一般做成直头，使用时采用反握法

8. 下列电烙铁适合用反握法的是（ ）。

A. 15W   B. 20W   C. 35W   D. 150W

9. 焊点表面粗糙不光滑（ ）。

A. 电烙铁功率太大或焊接时间过长

B. 电烙铁功率太小或焊丝撤离过早

C. 焊锡条含锡量高

D. 助焊剂太少造成的

10. 一般电烙铁有三个接线柱，其中一个是接金属外壳的，接线时应（ ）。

A. 用三芯线将外壳保护接地

　　B．用三芯线将外壳保护接零

　　C．用两芯线即可，接金属外壳的接线柱可空着

　　D．用两芯线即可，一根将外壳保护接零

11．在 P 型半导体中（　　　）。

　　A．只有自由电子　　　　　　　　B．只有空穴

　　C．有空穴也有自由电子　　　　　D．以上都不正确

12．在下图中，（　　　）图的指示灯不会亮。

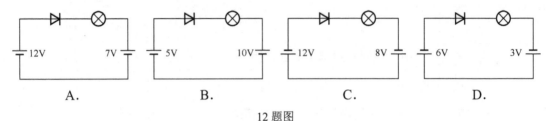

　　　A.　　　　　　　　B.　　　　　　　　C.　　　　　　　　D.

12 题图

13．一个二极管的反向击穿电压是 150V，则其最高反向电压 U_R 应是（　　　）。

　　A．大于 150V　　　　　　　　　B．等于 150V

　　C．约是 75V　　　　　　　　　　D．不能确定

14．下列二极管可用于稳压的是（　　　）。

　　A．2AK4　　　　B．2CW20A　　　C．2CZ14F　　　D．2DuA

15．当反向电压增大到一定数值时，二极管反向电流突然增大，这种现象称为（　　　）。

　　A．正向稳压　　　B．正向死区　　　C．反向截止　　　D．反向击穿

16．以下二极管中，需要工作在正向电压下的二极管是（　　　）。

　　A．稳压二极管　　　　　　　　　B．光电二极管

　　C．发光二极管　　　　　　　　　D．变容二极管

17．稳压值为 6V 的稳压二极管，温度升高，稳压值（　　　）。

　　A．略有上升　　　B．略有降低　　　C．基本不变　　　D．根据情况而变

18．光电二极管当受到光照时电流将（　　　）。

　　A．不变　　　　B．增大　　　　C．减小　　　　D．都有可能

19．两个稳压值不同的二极管串联在电路中，可以得到（　　　）种电压值。

　　A．2　　　　　　　　　　　　　　B．3

　　C．4　　　　　　　　　　　　　　D．不能确定

20．理想二极管构成的电路如右图所示，则（　　　）。

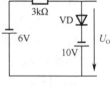

　　A．VD 截止 U_o =-10V　　　　　B．VD 截止 U_o =-3V

　　C．VD 导通 U_o =-10V　　　　　D．VD 导通 U_o =-6V

21．在下图中，正确使用稳压二极管的稳压电路是（　　　）。

20 题图

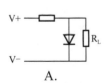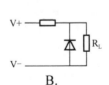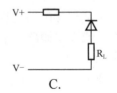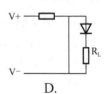

　　　A.　　　　　　　　B.　　　　　　　　C.　　　　　　　　D.

21 题图

22. PN 结是半导体器件的核心，具有（　　　）特性。

    A．单向导电　　　B．双向导电　　　C．不导电　　　D．不确定

23. 一般来说，硅二极管的正向压降为（　　　）V，锗二极管的正向压降为（　　　）V。

    A．0.2V　　　　B．0.3V　　　　C．0.6V　　　　D．0.7V

24. 二极管的主要参数有最大整流电流、正向压降、最大反向工作电压、反向电流和

（　　　）。

    A．最高工作频率　　　　　　　　B．最低工作频率

    C．正向电流　　　　　　　　　　D．反向电压

25. 二极管两端加上正向电压时（　　　）。

    A．一定导通　　　　　　　　　　B．超过死区电压才导通

    C．超过 0.3V 才导通　　　　　　D．超过 0.7V 才导通

26. 色环电阻的颜色为红、蓝、棕、金，其表示参数为（　　　）。

    A．2.4Ω±5%　　　　　　　　　B．260Ω±5%

    C．250Ω±5%　　　　　　　　　D．240Ω±10%

27. 如果用万用表测得二极管的正、反向电阻都很大，则二极管（　　　）。

    A．特性良好　　　　　　　　　　B．内部开路

    C．功能正常　　　　　　　　　　D．已被击穿

28. 如果用万用表测得二极管的正、反向电阻都很小，则二极管（　　　）。

    A．特性良好　　　　　　　　　　B．内部开路

    C．功能正常　　　　　　　　　　D．已被击穿

29. 色环电阻中红色环离其他色环较远，则此红色环表示的数是（　　　）。

    A．2　　　　　　B．10^2　　　　C．2%　　　　D．3

30. 二极管的正极电位为-10V，负极电位为-5V，则二极管处于（　　　）。

    A．正偏　　　　　B．反偏　　　　C．零偏　　　　D．无法确定

31. 硅二极管的导通电压为（　　　）。

    A．0.2V　　　　B．0.3V　　　　C．0.5V　　　　D．0.7V

32. 二极管的伏安特性曲线反映的是二极管（　　　）的关系曲线。

    A．$V_D—I_D$　　　B．$V_D—R_D$　　　C．$I_D—R_D$　　　D．$f—I_D$

33. 下列说法错误的是（　　　）。

    A．$I_E = I_B+I_C$ 适合各类三极管

    B．$I_C = \beta I_B$ 适合各类三极管

    C．所有三极管放大都要满足发射结正偏、集电结反偏

    D．所有三极管放大，三极电位都要满足：$U_C>U_B>U_E$

34. 测得 NPN 型三极管的三个电极的电压分别为 $U_B = 1.2V$，$U_E = 0.5V$，$U_C = 3V$，该三极管处在（　　　）状态。

    A．导通　　　　　B．截止　　　　C．放大　　　　D．饱和

35. NPN 型三极管工作在放大状态时，其两个结的偏压为（　　　）。

    A．$V_{BE}>0$　$U_{BE}<U_{CE}$　　　　B．$V_{BE}<0$　$U_{BE}<U_{CE}$

    C．$V_{BE}>0$　$U_{BE}>U_{CE}$　　　　D．$V_{BE}<0$　$U_{BE}>0$

36. 处于放大状态时，加在硅材料三极管的发射结正偏压为（　　　）。

    A．0.1～0.3V　　B．0.5～0.8V　　C．0.9～1.0V　　D．1.2V

37．需要用万用表判别在放大状态的某个晶体管的类型与三个电极时，最方便的方法是测出（　　）。

A．各极对地的电阻　　　　　　　　B．各极对地的电压

C．各极对地的电流　　　　　　　　D．哪种都行

38．当三极管的两个 PN 结都反偏时，三极管所处的状态是（　　）。

A．导通状态　　　B．放大状态　　　C．饱和状态　　　D．截止状态

39．当三极管的发射结都正偏，集电结反偏时，三极管所处的状态是（　　）。

A．导通状态　　　B．放大状态　　　C．饱和状态　　　D．截止状态

40．某 NPN 型三极管 c、e、b 的电位分别是 2.3V、2V、2.7V，则该管工作在（　　）。

A．放大状态　　　B．截止状态　　　C．饱和状态　　　D．击穿状态

41．用万用表测得 PNP 型三极管三个电极的电位分别是 $V_C=6V$，$V_B=0.7V$，$V_E=1V$ 则晶体管工作在（　　）状态。

A．放大　　　　　B．截止　　　　　C．饱和　　　　　D．损坏

42．在三极管的输出特性曲线中，当 I_B 减小时，它对应的输出特性曲线（　　）。

A．向下平移　　　　　　　　　　　B．向上平移面

C．向左平移　　　　　　　　　　　D．向右平移

43．工作在放大区的某三极管，如果当 I_B 从 10μA 增大到 30μA 时，I_C 从 2mA 变为 3mA，那么它的 β 约为（　　）。

A．50　　　　　　B．20　　　　　　C．100　　　　　D．10

44．工作于放大状态的 PNP 型三极管，各电极必须满足（　　）。

A．$V_C > V_B > V_E$　　　　　　　B．$V_C < V_B < V_E$

C．$V_B > V_C > V_E$　　　　　　　D．$V_C > V_E > V_B$

45．三极管的主要特性是具有（　　）作用。

A．电压放大　　　　　　　　　　　B．单向导电

C．电流放大　　　　　　　　　　　D．电流与电压放大

46．一个正常放大的三极管，测得它的三个电极 c、b、e 的电位分别为 6V、3.7V、3.0V，则该管是（　　）管。

A．PNP 型锗　　　B．NPN 型锗　　　C．PNP 型硅　　　D．NPN 型硅

47．三极管各极对地电位如图所示，则处于放大状态的硅三极管是（　　）。

A．　　　　　　　　B．　　　　　　　　C．　　　　　　　　D．

48．当三极管的发射结和集电结都反偏时，则晶体三极管的集电极电流将（　　）。

A．增大　　　　　B．减少　　　　　C．反向　　　　　D．几乎为零

49．用数字式万用表 $R\times 1k$ 的电阻挡测量一只能正常放大的三极管，用黑表笔接触一只引脚，红表笔分别接触另两只引脚时测得的电阻值都较小，该三极管是（　　）。

A．PNP 型　　　　B．NPN 型　　　　C．锗型　　　　　D 硅型

50．三极管的 I_{CEO} 大，说明该三极管的（　　）。

A．工作电流大　　B．击穿电压高　　C．寿命长　　　　D．热稳定性差

51. 在桥式整流电路中，若有一只整流二极管开路，则（　　）。

    A. 可能烧毁元器件　　　　　　　　B. 输出电流变大

    C. 电路变为半波整流　　　　　　　D. 输出电压为 0

52. 在单相桥式整流电路中，变压器二次电压有效值为 10V，则每只整流二极管承受的最大反向电压为（　　）。

    A. 10V　　　　　B. $10\sqrt{2}$ V　　　　C. $5\sqrt{2}$ V　　　　D. 20V

53. 全波整流电路中，若需保证输出电压为 45V，变压器二次线圈侧电压应为（　　）。

    A. 100V　　　　B. 50V　　　　C. 45V　　　　D. 37.5V

54. 有一桥式整流电容滤波电路的变压器二次线圈侧电压 U_2=20V，R_L=40Ω，C=1000μF，现输出电压等于 28V，这表明（　　）。

    A. 电路工作正常　　　　　　　　　B. 滤波电容开路

    C. 负载开路　　　　　　　　　　　D. 有一只二极管开路

55. 变压器二次线圈侧的电压 U_2=10V，经桥式整流电容滤波后，其输出直流电压 U_L 约为（　　）。

    A. 20V　　　　B. 9V　　　　C. 12V　　　　D. 4.5V

56. 在桥式整流电容滤波电路中，变压器二次侧电压 U_2=20V，二极管承受的最高反向电压是（　　）。

    A. 20V　　　　B. 28V　　　　C. 24V　　　　D. 56V

57. 下列元器件中（　　）将电信号转变成光信号。

    A. 发光二极管　　　　　　　　　　B. 稳压二极管

    C. 光电二极管　　　　　　　　　　D. 变容二极管

58. 共射基本放大电路中的集电极电阻 R_C 的主要作用是（　　）。

    A. 实现电流放大　　　　　　　　　B. 提高输出电阻

    C. 实现电压放大　　　　　　　　　D. 都不对

59. 单管基本放大电路出现饱和失真时，应使 R_b 的阻值（　　）。

    A. 增大　　　　B. 减小　　　　C. 不变　　　　D. 不确定

60. 在分压式偏置电路中，若更换晶体管，$β$ 由 50 变为 100，则电路的静态工作点 Q（　　）。

    A. 将上移　　　B. 基本不变　　C. 将下降　　　D. 不能确定

61. 三极管是（　　）器件。

    A. 电流控制电流　　　　　　　　　B. 电流控制电压

    C. 电压控制电压　　　　　　　　　D. 电压控制电流

62. 关于放大器输入、输出电阻的说法，错误的是（　　）。

    A. 输入、输出电阻是一个等效电阻，并不是指电路中某一个实际电阻

    B. 输入、输出电阻可以用来分析电路的静态工作情况

    C. 对放大器的要求是输入电阻大、输出电阻小

    D. 从输入、输出电阻角度来看，共集电极电路性能最优

63. 在基本放大电路中，基极电阻 R_B 的作用是（　　）。

    A. 放大电流　　　　　　　　　　　B. 调节偏置电流 I_{BQ}

    C. 把放大的电流转换成电压　　　　D. 防止输入信号短路

64．放大电路在未输入交流信号时，电路所处工作状态是（　　）。

  A．静态   B．动态   C．放大状态 D．截止状态

65．在基本放大电路中，输入耦合电容 C_1 的作用是（　　）。

  A．通直流和交流   B．隔直流通交流

  C．隔交流通直流   D．隔交流和直流

66．放大电路中，为了使工作于饱和状态的晶体三极管进入放大状态，可采用的办法是（　　）。

  A．减小 I_B B．提高 V_{CC} 的绝对值

  C．减小 I_C 的值   D．增大 I_B

67．画放大电路的直流通路时，电容视为（　　）。

  A．短路   B．开路

  C．不变   D．不做任何处理

68．在单级共射放大电路中，若输入电压为正弦波形，则输出与输入电压的相位（　　）。

  A．同相   B．反相   C．相差 $90°$ D．相差 $60°$

69．在单级共射放大电路中，若输入电压为正弦波形，而输出波形则出现了底部被削平的现象，这种失真是（　　）失真。

  A．饱和   B．截止   C．饱和和截止 D．交越

70．在共射固定式偏置放大电路中，为了使工作于截止状态的晶体三极管进入放大状态，可采用的办法是（　　）。

  A．增大 R_c B．减小 R_b C．减小 R_c D．增大 R_b

71．采用分压式偏置放大电路，下列说法正确的是（　　）。

  A．起到稳定静态工作点的作用 B．带负载能力增强

  C．提高了电压放大倍数   D．减轻了信号源的负担

72．在多级放大电路中，既能放大直流信号，又能放大交流信号的是（　　）多级放大电路。

  A．阻容耦合 B．变压器耦合 C．直接耦合 D．电感耦合

73．若三级放大电路的电压增益 $G_{V1}=G_{V2}=30dB$，$G_{V3}=20dB$，电路将输入信号放大了（　　）dB。

  A．80   B．800   C．10000   D．18000

74．一个三级放大器，各级放大电路的输入阻抗分别为 $R_{i1}=1MΩ$，$R_{i2}=100kΩ$，$R_{i3}=200KΩ$，则此多级放大电路的输入阻抗为（　　）。

  A．1MΩ   B．100kΩ   C．200kΩ   D．1.3kΩ

75．两级放大器的电压放大倍数 $A_{V1}=30$，$A_{V2}=50$，输入信号有效值 $V_i=1mV$，输出端信号有效值应为（　　）。

  A．80mV   B．1.5V   C．0.15V   D．150mV

76．负反馈放大器的反馈深度等（　　）。

  A．$1+A_VF$ B．$1+AF$ C．$1/1+AF$ D．$1-AF$

77．射极输出器是典型的（　　）放大器

  A．电压串联负反馈   B．电流串联负反馈

  C．电压并联负反馈   D．电流并联负反馈

78. 放大器的反馈是指（   ）。
    A. 将信号送到输入端　　　　　　B. 将信号送到输出端
    C. 输出信号送到输入端　　　　　D. 将输入信号送到输出端

79. 判别放大器属于正反馈还是负反馈的方法是（   ）。
    A. 输出端短路法　　　　　　　　B. 瞬时极性法
    C. 输入端短路法　　　　　　　　D. 输入开路法

80. 放大器引入负反馈后性能变化是（   ）。
    A. 放大倍数下降，信号失真减小
    B. 放大倍数下降，信号失真加大
    C. 放大倍数增大，信号失真减小
    D. 放大倍数不变，信号失真减小

81. 电流并联负反馈放大器可以（   ）。
    A. 提高输入电阻和输出电阻　　　B. 提高输入电阻、降低输出电阻
    C. 降低输入电阻、提高输出电阻　D. 降低输入电阻和输出电阻

82. 放大电路引入负反馈后，下列说法不正确的是（   ）。
    A. 放大能力提高　　　　　　　　B. 放大能力降低
    C. 通频带变宽　　　　　　　　　D. 非线性失真减小

83. 一个阻抗变换电路，要求输入电阻大，输出电阻小，应选（   ）负反馈电路。
    A. 电压串联　　　　　　　　　　B. 电压并联
    C. 电流串联　　　　　　　　　　D. 电流并联

84. 共集电极电路的反馈类型是（   ）。
    A. 电压串联负反馈　　　　　　　B. 电流并联负反馈
    C. 电压并联负反馈　　　　　　　D. 电流串联负反馈

85. 使用差动放大电路的目的是为了提高（   ）。
    A. 输入电阻　　　　　　　　　　B. 电压放大倍数
    C. 抑制零点漂移　　　　　　　　D. 电流放大倍数

86. 差动放大器抑制零点漂移的效果取决于（   ）。
    A. 两个晶体管的静态工作点　　　B. 两个晶体管的对称程度
    C. 各个晶体管的零点漂移　　　　D. 两个晶体管的放大倍数

87. 电路的差模放大倍数越大表示（   ），共模抑制比越大表示（   ）。
    A. 有用信号的放大倍数越大
    B. 共模信号的放大倍数越大
    C. 抑制共模信号和零漂的能力越强
    D. 抑制共模信号和零漂的能力越弱

88. 差动放大电路的作用是（   ）。
    A. 放大差模　　　　　　　　　　B. 放大共模
    C. 抑制共模　　　　　　　　　　D. 抑制共模，又放大差模

89. 集成运放电路是一个_____的多级放大电路（   ）。
    A. 阻容耦合式　　　　　　　　　B. 直接耦合式
    C. 变压器耦合式　　　　　　　　D. 三者都有

90. 直接耦合放大器零点漂移产生的主要原因是（　　）。

    A．输入信号较大　　　　　　　　B．环境温度

    C．各元件质量　　　　　　　　　D．电压放大倍数

91. 在直流稳压电源中加滤波器的主要目的是（　　）。

    A．将高频变成低频

    B．变交流电为直流电

    C．去掉脉动直流电中的脉动成分

    D．将正弦交流信号变为脉动信号

92. 集成运放的输出电阻越小（　　）。

    A．放大倍数越低　　　　　　　　B．带负载能力越弱

    C．带负载能力越强　　　　　　　D．放大倍数越高

93. 互补输出级采用射极输出方式是为了使（　　）。

    A．电压放大倍数高　　　　　　　B．输出电流小

    C．输出电阻增大　　　　　　　　D．带负载能力强

94. 乙类双电源互补对称功放电路的效率可达（　　）。

    A．25%　　　　　B．78.5%　　　　　C．50%　　　　　D．90%

95. 集成稳压器 CW7812 的输出稳定电压是（　　）。

    A．−2V　　　　　B．+2V　　　　　C．12V　　　　　D．−12V

96. 稳压管的稳压是利用 PN 结的（　　）来实现。

    A．单向导电特性　　　　　　　　B．正向导通特性

    C．反向击穿特性　　　　　　　　D．反向截止特性

97. 现有稳压值 6V 的硅稳压管两只，按右图连接成电路，输出电压值是（　　）。

    A．6.7V　　　　　　　　　　　　B．12V

    C．1.4V　　　　　　　　　　　　D．6.3V

97 题图

98. 要求输出稳定电压+10V，集成稳压器应选用的型号是（　　）。

    A．CW7812　　　B．CW317　　　C．CW7909　　　D．CW337

99. 集成稳压器 CW7912 的输出稳定电压是（　　）。

    A．−2V　　　　　B．+2V　　　　　C．12V　　　　　D．−12V

100. 可以实现电路间阻抗变换使负载获得最大输出功率的耦合方式是（　　）。

    A．直接耦合　　　　　　　　　　B．阻容耦合

    C．变压器耦合　　　　　　　　　D．以上三种都可以

101. 某三级放大电路，每级电压放大倍数为 A_u，则总的电压放大倍数为（　　）。

    A．$3A_u$　　　　B．A_u^3　　　　C．$A_u/3$　　　　D．A_u

102. 某三级放大电路，每级的通频带 f_{bw}，则总的通频带为（　　）。

    A．f_{bw}　　　　B．$3f_{bw}$　　　　C．小于 f_{bw}　　　　D．大于 f_{bw}

103. 为了放大变化缓慢的微弱信号，多级放大电路应采用（　　）耦合方式。

    A．直接　　　　　B．阻容　　　　　C．变压器　　　　　D．都不对

104. 放大器电压放大倍数，$A_v = -40$，其中负号代表（　　）。

    A．放大倍数小于 0　　　　　　　B．衰减

    C．同相放大　　　　　　　　　　D．反相放大

105．在基本放大电路中，电压放大器空载是指（　　）。

A．$R_L = 0$　　　　B．$R_L = R_C$　　　　C．$R_L = \infty$　　　　D．都不对

106．在三极管放大电路中，若电路的静态工作点太低，将会产生（　　）。

A．饱和失真　　B．截止失真　　C．交越失真　　D．不产生失真

107．放大器的输出电阻 r_0 越小，则（　　）。

A．带负载能力越强　　　　　　B．带负载能力越弱

C．放大倍数越低　　　　　　　D．通频带越宽

108．放大电路的交流通路是指（　　）。

A．电压回路　　　　　　　　　B．电流通过的路径

C．交流信号流通的路径

109．在阻容耦合放大器中，耦合电容的作用是（　　）。

A．隔断直流，传送交流　　　　B．隔断交流，传送直流

C．传送交流和直流　　　　　　D．隔断交流和直流

110．放大器外接一负载电阻 R_L 后，输出电阻 r_0 将（　　）。

A．增大　　　　B．减小　　　　C．不变　　　　D．等于 R_L

111．三极管是一种（　　）的半导体器件。

A．电压控制　　　　　　　　　B．电流控制

C．功率控制　　　　　　　　　D．既是电压控制又是电流控制

112．SMT 元件按功能可分为无源元件、（　　）和机电元件三大类。

A．半导体元件　　B．有源器件　　C．电子元件

113．三极管由（　　）个 PN 结构成。

A．4　　　　　B．3　　　　　C．2　　　　　D．1

114．三极管的 PN 结之间形成了基区、集电区和（　　）三个区。

A．P 区　　　　　B．N 区　　　　　C．发射区

115．二极管加上正向电压时，二极管的正极电位比负极电位（　　）。

A．低　　　　　B．高　　　　　C．大　　　　　D．小

116．滤波的目的是尽可能地滤除脉动直流电的（　　），保留脉动直流电的（　　）。

A．直流成分　　B．交流成分　　C．电压　　　　D．电流

117．常用的滤波电路有（　　）、电感滤波电路、复式滤波电路等几种类型。

A．电容滤波电路　　　　　　　B．变压器滤波

C．电阻滤波电路

118．CW78×× 系列集成稳压器为（　　）电压输出。

A．正　　　　　B．负　　　　　C．可调　　　　D．固定

119．测得某放大电路中三极管各极电位分别是 3V、2.3V、12V 则三极管的三个电极分别是（　　），该管是（　　）型。

A．E、B、C　　B．B、C、E　　C．B、E、C　　D．PNP　　E．NPN

120．二极管正向导通时，呈现（　　）。

A．较小电阻　　B．较大电阻　　C．不稳定电阻　　D．没有电阻

121．二极管的正极电位为-2.0V，负极电位为-1.0V，则二极管处于（　　）。

A．正偏　　　　B．反偏　　　　C．不确定　　　　D．双向导通

122．交流电通过整流电路后，得到的电压是（　　　　）。

  A．交流电压   B．脉动直流电压

  C．比较理想的直流电压   D．理想交流电压

123．桥式整流电路在输入交流电的每半个周期内有（　　　　）只二极管导通。

  A．1   B．2   C．4   D．不确定

124．桥式整流电容滤波电路中，如果交流输入电压有效值为 10V，则负载两端的电压有效值为（　　　　）。

  A．9V   B．10V   C．12V   D．14V

125．滤波电路中，滤波电容和负载的连接关系是（　　　　）。

  A．串联   B．并联   C．混联   D．直连

126．半波整流电路电阻负载时，理想二极管承受的最高反压是（　　　　）。

  A．$2U_i$ B．$2\sqrt{2}U_i$ C．$\sqrt{2}U_i$ D．$\sqrt{2}/2U_i$

127．CW337 集成稳压器输出的电压是（　　　　）。

  A．负电压   B．正电压   C．交流电压   D．可调电压

128．共基极放大电路的输入端由三极管的（　　　　）和（　　　　）组成。

  A．基极、集电极   B．基极、发射极

  C．集电极、发射极   D．P 极、N 极

129．共发射放大电路的输出端由三极管的（　　　　）和（　　　　）组成。

  A．基极、集电极   B．基极、发射极   C．集电极、发射极

130．放大电路的交流通路应把（　　　　）和（　　　　）短路。

  A．电容、电感   B．电容、电源   C．电阻、电容   D．电阻、电源

131．利用（　　　　）通路可以近似估算放大电路的静态工作点。

  A．交流   B．直流   C．等效电阻   D．电压

132．利用（　　　　）通路可以估算放大器的动态参数。

  A．交流   B．直流   C．等效电阻   D．电压

133．多级放大电路常用的级间耦合方式有阻容耦合、变压器耦合和（　　　　）。

  A．直接耦合   B．电容耦合   C．电感耦合   D．电阻耦合

134．电路中的运算放大器不是工作于线性状态的是（　　　　）。

  A．加法器   B．电压跟随器

  C．比较器   D．反相输入比例运算电路

135．单管放大电路设置静态工作点是为了使三极管（　　　　）。

  A．饱和区   B．截止区   C．放大区   D．在三个区任意过度

136．在共射极放大电路中，其输入信号与输出信号的波形相位差为（　　　　）。

  A．0°   B．90°   C．45°   D．180°

137．无信号输入时，放大电路的状态为（　　　　）。

  A．静态   B．动态   C．稳态   D．静态或动态

138．共射极放大器输出电流，输出电压与输入电压的相位关系是（　　　　）。

  A．输出电流、输出电压与输入电压同相。

  B．输出电流、输出电压与输入电压反相。

  C．输出电流与输入电压同相，输出电压与输入电压反相。

  D．输出电流与输入电压反相，输出电压与输入电压同相。

139. 共射极放大电路的交流输出波形上半周失真时为（　　　）。

　　A．饱和失真　　　B．截止失真　　　C．交越失真　　　D．混合失真

140. 解决共射极放大电路饱和失真的方法（　　　）。

　　A．增大 Rb　　　B．增大 Rc　　　C．减小 Rb　　　D．不确定

141. 共集电极放大电路，其输入信号与输出信号的波形相位差（　　　）。

　　A．0°　　　　　B．45°　　　　　C．90°　　　　　D．180°

142. 共基极放大电路具有（　　　）。

　　A．电流放大能力　　　　　　　　B．电压放大能力
　　C．频率放大能力　　　　　　　　D．相位放大能力

143. 共模抑制比是差分放大电路的一个主要技术指标，它反映放大电路（　　　）能力。

　　A．放大差模抑制共模　　　　　　B．放大共模抑制差模
　　C．输出电阻低　　　　　　　　　D．输入电阻高

144. 集成运算放大器能处理（　　　）。

　　A．直流信号　　　　　　　　　　B．交流信号
　　C．交流和直流信号　　　　　　　D．所有信号

145. 集成运放有（　　　）。

　　A．一个输入端、一个输出端　　　B．一个输入端、二个输出端
　　C．二个输入端、一个输出端　　　D．二个输入端、二个输出端

146. 根据反馈电路和基本放大电路在输入端的接法不同，可将反馈分为（　　　）。

　　A．直流反馈和交流反馈　　　　　B．电压反馈和电流反馈
　　C．串联反馈和并联反馈　　　　　D．正反馈和负反馈

147. 共集电极放大电路的负反馈组态是（　　　）。

　　A．电压串联负反馈　　　　　　　B．电流串联负反馈
　　C．电压并联负反馈　　　　　　　D．电流并联负反馈

148. 反相比例运算放大器中的反馈类型为（　　　）。

　　A．电压串联负反馈　　　　　　　B．电压并联负反馈
　　C．电流串联负反馈　　　　　　　D．电流并联负反馈

149. 有一放大电路需要稳定输出电压，提高输入电阻，则需引入（　　　）。

　　A．电压串联负反馈　　　　　　　B．电流串联负反馈
　　C．电压并联负反馈　　　　　　　D．电流并联负反馈

150. 同相比例运放中的反馈类型为（　　　）。

　　A．电压串联负反馈　　　　　　　B．电流串联负反馈
　　C．电压并联负反馈　　　　　　　D．电流并联负反馈

151. 集成运放输入级一般采用的电路是（　　　）。

　　A．差分放大电路　　　　　　　　B．射极输出电路
　　C．共基极电路　　　　　　　　　D．电流串联负反馈电路

152. 对称式差动放大器在差模输入时的放大倍数与电路中每一级基本放大电路的放大倍数的关系为（　　　）。

　　A．一半　　　　　B．相等　　　　　C．二者之和　　　　D．二者之积

153. 为了使放大器带负载能力强，一般引入（　　　）负反馈。

　　A．电压　　　　　B．电流　　　　　C．串联　　　　　D．并联

154．所谓的开环指的是（　　　）。

    A．无信号源　　　　B．无反馈通路　　　C．无负载　　　　　　D．无交流信号

155．所谓的闭环指的是（　　　）。

    A．考虑信号源内阻　　　　　　　　B．有反馈通路

    C．接入负载　　　　　　　　　　　D．有交流信号

156．直流负反馈是指（　　　）。

    A．只存在于直接耦合电路

    B．直流通路中的负反馈

    C．只存在放大直流信号时才有的反馈

    D．阻容耦合电路中不存在的反馈

157．若反馈深度 $1+AF>1$，则放大电路工作在（　　　）状态。

    A．正反馈　　　　　B．负反馈　　　　　C．开环　　　　　　　D．闭环

158．某基本放大器的电压放大倍数 A_u 为 200，加入负反馈后放大器的电压放大倍数降为 20，则该电路的反馈系数 F 为（　　　）。

    A．$F=0.045$　　　B．$F=0.45$　　　C．$F=0.9$　　　　　D．$F=1$

159．引入负反馈后，放大器的放大倍数（　　　）。

    A．变大　　　　　　B．变小　　　　　　C．不变　　　　　　　D．不确定

160．引入负反馈后，放大器的通频带（　　　）。

    A．变宽　　　　　　B．变窄　　　　　　C．不变　　　　　　　D．不确定

161．电压串联负反馈对输入电阻是（　　　）。

    A．增大　　　　　　B．减小　　　　　　C．不变　　　　　　　D．近似不变

162．一晶体管的极限参数为 $P_{CM}=100mW$，$I_{CM}=20mA$，$U_{(BR)CEO}=15V$，试问在下列情况下，哪种是正常工作？（　　　）。

    A．$U_{CE}=6V$，$I_C=20mA$　　　　B．$U_{CE}=2V$，$I_C=40mA$

    C．$U_{CE}=3V$，$I_C=10mA$　　　　D．都不正确

163．OCL 电路采用的直流电源是（　　　）。

    A．正电源　　　　　B．负电源　　　　　C．正、负双电源　　　D．不能确定

164．功率放大器最重要的指标是（　　　）。

    A．输出电压　　　　　　　　　　　B．输出功率及效率

    C．输入输出电阻　　　　　　　　　D．电压放大倍数

165．OTL 电路中，静态时输出耦合电容 C 上电压为（设电源电压为 V_{CC}）（　　　）。

    A．$+V_{CC}$　　　　B．$V_{CC}/2$　　　　C．0　　　　　　　　D．$-V_{CC}$

166．甲乙类功放器中三极管的导通角等于（　　　）。

    A．360°　　　　　　B．180°　　　　　　C．180°～360°　　　D．小于180°

167．与甲类功放器比较，乙类功放器的主要优点是（　　　）。

    A．放大倍数大　　　　　　　　　　B．效率高

    C．无交越失真　　　　　　　　　　D．有交越失真

168．振荡器的输出信号最初由（　　　）而来的。

    A．基本放大器　　　　　　　　　　B．选频网络

    C．干扰或噪声信号

169. 放大电路中引入交流负反馈后，其性能会得到多方面的改善，下列表述中不正确的是（　　）。

    A. 可以稳定放大倍数   B. 可以改变输入电阻和输出电阻

    C. 使频带变窄   D. 可以减小非线性失真

170. LC 正弦波振荡电路中选频网络在 $f = f_0 = \dfrac{1}{2\pi\sqrt{LC}}$ 时呈（　　）。

    A. 阻性   B. 感性   C. 容性   D. 无法确定

171. 在单相桥式整流电容滤波电路中，已知变压器副边电压有效值 U_2 为 10V，测得输出电压平均值 $U_{O(AV)}$ 可能的数值为（　　）。

    A. 14V   B. 12V   C. 9V   D. 10V

172. 正弦波振荡器的振荡频率取决于（　　）。

    A. 电路的放大倍数   B. 正反馈的强度

    C. 触发信号的频率   D. 选频网络的参数

173. RC 桥式正弦波振荡器电路要满足相位平衡条件，要求放大器的输入端与输出端的信号相位差为（　　）。

    A. 180°   B. 90°   C. 45°   D. 0°

174. 文氏电桥振荡器指的是（　　）。

    A. 电容反馈式振荡器   B. 电感反馈式振荡器

    C. RC 振荡器   D. 石英晶体振荡器

175. 正弦波振荡器起振的振幅条件是（　　）。

    A. $AF>1$ B. $AF = 1$ C. $AF<1$ D. $AF = 0$

176. 石英晶体振荡器运用于计算机上的主要原因是（　　）。

    A. 能产生低频信号   B. 能产生高频信号

    C. 频率的稳定性高   D. 容易制造

177. 要产生稳定的低频正弦波，最好使用（　　）

    A. 石英晶体振荡器   B. LC 振荡器

    C. 电感三点式   D. 电容三点式

178. 根据逻辑代数基本定律可知：$A+BC = $（　　）。

    A. A B. $A \cdot B+A \cdot C$

    C. $A \cdot (B+C)$ D. $(A+B) \cdot (A+C)$

179. 下列哪种逻辑表达式化简结果错误（　　）。

    A. $A+1 = A$ B. $A+AB = A$ C. $A \cdot 1 = A$ D. $A \cdot A = A$

180. 当 $A = B = 0$ 时，能实现 $Y = 1$ 的逻辑运算是（　　）。

    A. $Y = AB$ B. $Y = A+B$ C. $Y = \overline{A+B}$ D. $Y = \overline{\overline{A}+\overline{B}}$

181. 二进制的减法运算法则是（　　）。

    A. 逢二进一   B. 逢十进一   C. 借一作十   D. 借一作二

182. MOS 或门的多余输入端应（　　）。

    A. 悬空   B. 接高电平   C. 接低电平   D. 高低电平均可

183. 下列不可以作为无触点开关的是（　　）。

    A. 二极管   B. 三极管   C. 电阻   D. 可控硅

184．下列各组数中，是八进制的是（　　　）。

    A．27452　　　　B．63957　　　　C．47EF8　　　　D．37481

185．函数 $F = AB+BC$，使 $F = 1$ 的输入 ABC 组合为（　　　）。

    A．$ABC = 000$　　B．$ABC = 010$　　C．$ABC = 101$　　D．$ABC = 110$

186．与十进制数（53.5）$_{10}$ 等值的数或代码为（　　　）。

    A．（11010011.0101）$_{8421BCD}$　　　　　　B．（36.8）$_{16}$

    C．（110101.1）$_{2}$　　　　　　　　　　　　D．（55.4）$_{8}$

187．选择一组不正确的公式是（　　　）。

    A．$A+B = B+A$　　B．$0 \cdot A = 0$　　C．$A+AB = A+B$　　D．$A+AB = A$

188．能将串行输入数据变为并行输出的电路为（　　　）。

    A．编码器　　　　B．译码器　　　　C．比较器　　　　D．数据分配器

189．下列器件不属于组合逻辑电路的是（　　　）。

    A．编码器　　　　B．译码器　　　　C．触发器　　　　D．加法器

190．八位二进制数能表示 10 进制数的最大值为（　　　）。

    A．255　　　　　B．199　　　　　C．248　　　　　D．192

191．下列逻辑函数中，属于最小项表达式形式的是（　　　）。

    A．$L = ABC+BCD$　　　　　　　B．$L = \overline{AB} \cdot \overline{C} + \overline{A}BC$

    C．$L = AC+ABCD$　　　　　　　D．$L = \overline{\overline{A} \cdot BC} + \overline{A}BC$

192．组合逻辑电路应该由哪种器件构成（　　　）。

    A．触发器　　　　B．计数器　　　　C．门电路　　　　D．振荡器

193．三位二进制编码器输出与输入端的数量分别为（　　　）。

    A．3 个和 2 个　　　　　　　　　B．3 个和 8 个

    C．8 个和 3 个　　　　　　　　　D．2 个和 3 个

194．七段显示译码器，当译码器七个输出端状态为 $abcdefg = 0110011$ 时，高电平有效，输入一定为（　　　）。

    A．0011　　　　　B．0110　　　　　C．0100　　　　　D．0101

195．下列门电路，不属于基本门电路的是（　　　）。

    A．与门　　　　　B．或门　　　　　C．非门　　　　　D．与非门

196．组合逻辑电路的特点有（　　　）。

    A．电路某时刻的输出只决定于该时刻的输入

    B．含有记忆元件

    C．输出、输入间有反馈通路

    D．电路输出与以前状态有关

197．计算机系统中进行的基本运算是（　　　）。

    A．加法　　　　　B．减法　　　　　C．乘法　　　　　D．除法

198．已知 $Y = A_1 A_0 D_0 + A_1 \overline{A_0} D_1 + \overline{A_1} A_0 D_2 + \overline{A_1 A_0} D_3$ 为四选一数据选择器的表达式，则当 $A_1 A_0$ 时，$Y =$（　　　）。

    A．D_0　　　　　B．D_1　　　　　C．D_2　　　　　D．D_3

199．若译码驱动输出为低电平，则显示器应选用（　　　）。

    A．共阴极显示器　　　　　　　　B．共阳极显示器

    C．两者均可　　　　　　　　　　D．不能确定

200. TTL 逻辑电路是以（　　）为基础的集成电路。

　　A. 三极管　　　　B. 二极管　　　　C. 场效应管　　　　D. 晶闸管

201. 构成计数器的基本电路是（　　）。

　　A. 与门　　　　B. 555　　　　C. 非门　　　　D. 触发器

202. 某个寄存器中有 8 个触发器，它可存放（　　）位二进制数。

　　A. 2　　　　B. 3　　　　C. 8　　　　D. 28

203. 功能最为齐全，通用性强的触发器为（　　）。

　　A. RS 触发器　　　　　　　　　B. JK 触发器

　　C. T 触发器　　　　　　　　　　D. D 触发器

204. 若 JK 触发器的 $J=1$，$Q=0$，当触发脉冲触发后，Q 的状态为（　　）。

　　A. 0　　　　B. 1　　　　C. 与 K 一致　　　　D. 不定

205. 关于 JK 触发器，说法正确的是（　　）。

　　A. 主从型与边沿触发型 JK 触发器，电路结构不同，逻辑符号不同，逻辑功能也不同

　　B. JK 触发器逻辑功能为置 0，置 1，保持，无计数功能

　　C. $J=0$，$K=1$ 时，JK 触发器置 1

　　D. $J=K$ 时，JK 触发器相当于 T 触发器

206. 输入端存在约束条件的触发器是（　　）。

　　A. RS 触发器　　　B. JK 触发器　　　C. T 触发器　　　D. D 触发器

207. 同步 RS 触发器在时钟脉冲 CP＝0 时，触发器的状态（　　）。

　　A. 取决于输入信号 R、S　　　　B. 保持

　　C. 置 1　　　　　　　　　　　　　D. 置 0

208. 主/从 JK 触发器在 CP＝1 时，把（　　）。

　　A. 输入信号暂存在主触发器

　　B. 输入信号暂存在从触发器

　　C. 主触发器的输出信号传送到从触发器

　　D. 输出信号清 0

209. RS 触发器的"R"意指（　　）。

　　A. 重复　　　　B. 复位　　　　C. 优先　　　　D. 异步

210. 时序逻辑电路的一般结构由组合电路与（　　）组成。

　　A. 全加器　　　　B. 存储电路　　　　C. 译码器　　　　D. 选择器

211. 所谓编码是指（　　）。

　　A. 二进制代码表示量化后电平　　　B. 用二进制表示采样电压

　　C. 采样电压表示量化后电平　　　　D. 十进制代码表示量化后电平

212. 单稳态触发器暂态持续时间由什么因素决定？（　　）。

　　A. 触发电平大小　　　　　　　　B. 定时元件 R_C

　　C. 电源电压　　　　　　　　　　D. 三极管的 β 值

213. 单稳态触发器的工作过程为（　　）。

　　A. 稳态+暂态+稳态　　　　　　　B. 第一暂态+第二暂态

　　C. 第一稳态+第二暂态　　　　　　D. 第一暂稳态-第二暂稳态

214. 多谐振荡器属于（　　）电路。

　　A. 双稳态　　　　B. 单稳态　　　　C. 无稳态　　　　D. 记忆

215．由 555 定时器不能构成（　　）电路。

    A．双稳态电路　　　　　　　　　　B．单稳态电路

    C．多谐振荡器　　　　　　　　　　D．计数器电路

216．A/D 转换的过程通常分为四个步骤，按先后顺序为（　　）。

    A．采样、保持、量化、编码　　　　B．保持、量化、编码、采样

    C．量化、保持、编码、采样　　　　D．量化、编码、采样、保持

217．要使或门输出恒为 1，可将或门的一个输入始终接（　　）。

    A．0　　　　　　B．1　　　　　　C．输入端并联　　　　D．0、1 都可以

218．计数器不具备（　　）功能。

    A．计数　　　　B．定时　　　　C．分频　　　　D．整形

219．能将输入信息转变为二进制代码的电路称为（　　）。

    A．译码器　　　B．编码器　　　C．数据选择器　　　D．数据分配器

220．2-4 线译码器有（　　）。

    A．2 条输入线，4 条输出线　　　　B．4 条输入线，2 条输出线

    C．4 条输入线，8 条输出线　　　　D．8 条输入线，2 条输出线

221．半导体数码管是由（　　）排列成显示数字的。

    A．小灯泡　　　B．液态晶体　　　C．辉光器件　　　D．发光二极管

222．时序逻辑电路与组合逻辑电路的本质区别在于（　　）。

    A．结构不同　　　　　　　　　　　B．实现程序不同

    C．是否具有记忆功能　　　　　　　D．以上答案都不对

223．在右图所示电路中，由 JK 触发器构成了（　　）。

    A．D 触发器

    B．基本 RS 触发器

    C．T 触发器

    D．同步 RS 触发器

223 题图

224．设右图所示触发器当前的状态为 Q_n，则时钟脉冲到来后，触发器的状态 Q_{n+1} 将为（　　）。

    A．0　　　　　　　　　　　　　B．1

    C．Q_n　　　　　　　　　　　　D．$\overline{Q_n}$

225．基本 RS 触发器禁止（　　）。

    A．$\overline{R}$ 端，$\overline{S}$ 端同时为 1

    B．$\overline{R}$ 端为 0，$\overline{S}$ 端为 1

    C．$\overline{R}$ 端，$\overline{S}$ 端同时为 0

    D．$\overline{R}$ 端为 1，$\overline{S}$ 端为 0

224 题图

226．JK 触发器在 J、K 端同时输入高电平时，处于（　　）状态。

    A．置 1　　　　B．置 0　　　　C．保持　　　　D．翻转

227．下列触发器中存在空翻现象的是（　　）。

    A．同步 RS 触发器　　　　　　　　B．主从 JK 触发器

    C．D 触发器　　　　　　　　　　　D．T 触发器

228．下列触发器中，不属于时钟控制触发器的是（　　）。

    A．基本 RS 触发器　　　　　　　　B．同步 RS 触发器

C．主/从型触发器　　　　　　　　　D．边沿触发器

229．下列触发器，不具有置 0、置 1 功能触发器为（　　）。

　　A．RS 触发器　　B．JK 触发器　　C．D 触发器　　　　D．T 触发器

230．被称为可控制计数触发器的是（　　）。

　　A．RS 触发器　　　　　　　　　B．同步 RS 触发器

　　C．T 触发器　　　　　　　　　　D．D 触发器

231．下列电路中不属于时序电路的是（　　）。

　　A．同步计数器　　　　　　　　　B．数码寄存器

　　C．数据选择器　　　　　　　　　D．异步计数器

232．寄存器的功能可能不包括（　　）。

　　A．数码接收　　B．数码寄存　　C．数码输出　　　　D．数码移位

233．在相同的时钟脉冲作用下，同步计数器和异步计数器比较，工作速度（　　）。

　　A．较快　　　　B．较慢　　　　C．一样　　　　　　D．差异不确定

234．在 234 题图所示电路中，输入（　　）个时钟脉冲，Q_1 端输出 2 个脉冲。

　　A．1　　　　　B．2　　　　　C．4　　　　　　　D．8

234 题图

235．若要存入数据 $D_3D_2D_1D_0 = 1101$，用一个四位右移寄存器，则它首先输入（　　）。

　　A．$D_0 = 1$　　B．$D_3 = 1$　　C．$D_1 = 0$　　　　D．随意

236．某七进制加法计数器初始状态为 110，送入一个 CP 时钟后的状态（　　）。

　　A．111　　　　B．000　　　　C．101　　　　　　D．100

237．清零后的四位移位寄存器，如果要将四位数码全部串行输入，串行输出，需配合的 CP 脉冲个数为（　　）。

　　A．2　　　　　B．4　　　　　C．6　　　　　　　D．8

二、判断题

1．为了区别晶体管的电极和电解电容的正负端，一般在安装时，加上带有颜色的套管以示区别。　　　　　　　　　　　　　　　　　　　　　　　　　　　　（　　）

2．原图是供描绘底图用的设计文件。　　　　　　　　　　　　　　　　（　　）

3．在检测电阻的时候，手指可以同时接触被测电阻的两个引线，人体电阻的接入不会影响测量的准确性。　　　　　　　　　　　　　　　　　　　　　　　　　（　　）

4．握笔法适用于小功率的电烙铁焊接印制电路板上的元器件。　　　　（　　）

5．焊接时每个焊点一次焊接的时间应该是 3～5s。　　　　　　　　　　（　　）

6．电容器的识读采用直标法、色标法、文字符号法和数标法。　　　　（　　）

7．电感器的主要参数有电感量、品质因数和分布电容。　　　　　　　（　　）

8．空穴为多数载流子，自由电子为少数载流子的杂质半导体称为 P 型半导体。（　　）

9．PN 结的 P 型侧接高电位，N 型侧接低电位称为正偏，反之称为反偏。（　　）

10. 由漂移形成的电流是反向电流，它由少数载流子形成，其大小决定于温度，并与外电场有关。　　　　　　　　　　　　　　　　　　　　　（　　）

11. 稳压二极管稳压时是处于反向偏置状态，而二极管导通时是处于正向偏置状态。　　　　　　　　　　　　　　　　　　　　　　　　（　　）

12. 当温度升高时三极管的反向饱和电流 I_{CBO} 增加所以 I_C 减小。　（　　）

13. 三极管由两个 PN 结构成。　　　　　　　　　　　　　　　（　　）

14. 本征半导体温度升高后两种载流子浓度仍然相等。　　　　　（　　）

15. 只要在稳压管两端加反向电压就能起稳压作用。　　　　　　（　　）

16. 处于放大状态的晶体管，其发射极电流是多子扩散运动形成的。（　　）

17. 场效应管是由电压即电场来控制电流的器件。　　　　　　　（　　）

18. 功率放大电路中，输出功率越大，功放管的功耗越大。　　　（　　）

19. 电压反馈能稳定输出电压，电流反馈能稳定输出电流。　　　（　　）

20. 晶体二极管的正向特性也有稳压作用。　　　　　　　　　　（　　）

21. 二极管的正向电阻比反向电阻大。　　　　　　　　　　　　（　　）

22. 用指针式万用表检测二极管时，一般选 $R\times100$ 或 $R\times1k$ 挡。（　　）

23. 实际工作中，放大三极管与开关三极管不能相互替换。　　　（　　）

24. 放大电路按三极管的连接方式分类，有共发射极放大器、共基极放大器和共集电极放大器。　　　　　　　　　　　　　　　　　　　　　　　　　（　　）

25. 单管共射放大器具有反相作用。　　　　　　　　　　　　　（　　）

26. 放大器设置静态工作点不恰当时，会产生非线性失真。　　　（　　）

27. 三极管放大电路中，改变三极管基极电阻会改变三极管的静态工作点。（　　）

28. 基本共射极放大电路由于结构简单，因此得到广泛应用。　　（　　）

29. 共集电极放大电路的电压放大倍数等于 1，因此该电路不具备放大能力。（　　）

30. 共射极放大电路又称之为反相器，是因为其输入、输出信号相位相差 180° 而得名。　　　　　　　　　　　　　　　　　　　　　　　　　　　　　（　　）

31. "虚短"就是两点并不真正短接，但具有相等的电位。　　　（　　）

32. 差模信号是大小相等，极性相反，差分电路抑制温度漂移。　（　　）

33. 集成运放未接反馈电路时的电压放大倍数称为开环电压放大倍数。　（　　）

34. 为了提高三极管放大电路的输入电阻，采用串联负反馈。为了稳定输出电流，采用电流负反馈。　　　　　　　　　　　　　　　　　　　　　　　（　　）

35. 负反馈使放大电路增益上升，并提高增益稳定性。　　　　　（　　）

36. 乙类互补功放存在交越失真，可以利用甲类互补功放来克服。（　　）

37. 甲乙类互补功率放大器，可以消除乙类互补功率交越失真。　（　　）

38. 电压比较器"虚断"的概念不再成立，"虚短"的概念依然成立。（　　）

39. 理想集成运放线性应用时，其输入端存在着"虚断"和"虚短"的特点。（　　）

40. 理想的集成运放电路输入阻抗为无穷大，输出阻抗为零。　　（　　）

41. 功率放大器中两只三极管轮流工作，总有一只功放管是截止，一只功放管是放大的，因此，输出波形含有失真。　　　　　　　　　　　　　　　　　　（　　）

42. 一般乙类功放的效率比甲类功放要高。　　　　　　　　　　（　　）

43. 组成复合管的三极管必须是同类型的。　　　　　　　　　　（　　）

44. 甲乙类功放的工作点设置得合适，可以完全消除交越失真。　（　　）

45．乙类功放两个功放管轮流工作，故效率最大只有 50%。　　　　　　（　　）

46．OTL 功放电路静态时功放管处于微导通状态。　　　　　　　　　（　　）

47．为了稳定三极管放大电路静态工作点，采用直流负反馈。为稳定交流输出电压，采用电压负反馈，为了提高输入电阻采用串联负反馈。　　　　　　　（　　）

48．负反馈使放大电路增益下降，但它可以扩展通频带减少失真。　　　（　　）

49．差动放大电路理想状况下要求两边完全对称，因为，差动放大电路对称性愈好，对零漂抑制越好。　　　　　　　　　　　　　　　　　　　　　　　（　　）

50．选频放大器的放大倍数与信号频率有关。　　　　　　　　　　　　（　　）

51．电路只要具有正反馈，就能产生自激振荡。　　　　　　　　　　　（　　）

52．要保证振荡电路满足相位平衡条件，必须具有正反馈网络。　　　　（　　）

53．放大器必须同时满足振幅平衡和相位平衡条件才能产生自激振荡。　（　　）

54．振荡器中为了产生一定频率的正弦波，必须有选频网络。　　　　　（　　）

55．RC 桥式振荡器通常作为低频信号发生器。　　　　　　　　　　　（　　）

56．电感三点式振荡器的输出波形比电容三点式振荡器的输出波性好。　（　　）

57．石英晶体振荡器的最大特点是振荡频率高。　　　　　　　　　　　（　　）

58．若要使集成稳压器 CW7800 正常工作，其输入电压 U 可以比输出电压 U_o 略小一些。　　　　　　　　　　　　　　　　　　　　　　　　　　　　　　　（　　）

59．对于含选频网络的放大电路而言，只要不满足相位平衡条件，即使放大电路的放大倍数很大，它也不可能产生正弦波振荡。　　　　　　　　　　　　　　　（　　）

60．自激振荡电路中的反馈都为正反馈，若引入负反馈，则振荡器会停振。（　　）

61．振荡电路不需外加输入信号就可产生输出信号。　　　　　　　　　（　　）

62．正弦波振荡器中的三极管仍需要有一个合适的静态工作点。　　　　（　　）

63．RC 振荡器必须引入深度负反馈才能正常工作。　　　　　　　　　（　　）

64．正弦波振荡器的起振条件是 $AF>1$，$\varphi_A+\varphi_F = 2n\pi$。　　　　　　（　　）

65．模拟电路比数字电路更易于集成化和系列化，抗干扰能力更强。　　（　　）

66．在数字电路中，三极管的放大状态是一个很短的过渡状态。　　　　（　　）

67．锯齿波属于数字电路中常见的脉冲波形。　　　　　　　　　　　　（　　）

68．脉冲可以是周期性重复的，也可以是非周期性的或单次的。　　　　（　　）

69．逻辑"1"大于逻辑"0"。　　　　　　　　　　　　　　　　　　　（　　）

70．数字电路中，逻辑 1 只表示高电平，0 只表示低电平。　　　　　　（　　）

71．卡诺图中变量的排列顺序采用 8421BCD 码。　　　　　　　　　　（　　）

72．凡在数值上不连续的信号，称为数字信号。　　　　　　　　　　　（　　）

73．同一个逻辑函数式可以用多种逻辑图表示。　　　　　　　　　　　（　　）

74．非门通常是多个输入端，一个输出端。　　　　　　　　　　　　　（　　）

75．随时间连续变化的电压或电流称为脉冲。　　　　　　　　　　　　（　　）

76．与非门、或非门都能当非门使用。　　　　　　　　　　　　　　　（　　）

77．正负逻辑体制对电路性能没有影响。　　　　　　　　　　　　　　（　　）

78．数字电路中，高电平和低电平指的是一定的电压范围，并不是一个固定的数值。　　　　　　　　　　　　　　　　　　　　　　　　　　　　　　　　（　　）

79．真值表包括全部可能的输入值组合及其对应输出值。　　　　　　　（　　）

80．MOS 电路是一种高输入阻抗器件，输入端不能悬空。　　　　　　（　　）

81. CD4011 是 CMOS 四重二输入端集成电路。声光控开关经常用到它。　　（　　）

82. $(29)_{10} = (10011)_2$。　　（　　）

83. 在逻辑代数中，1+1+1 = 3。　　（　　）

84. 逻辑代数又称布尔代数或开关代数，是研究逻辑电路的数学工具。　　（　　）

85. 同一逻辑关系的逻辑函数是唯一的。　　（　　）

86. 任何一个逻辑电路，其输入和输出状态的逻辑关系可用逻辑函数式表示；反之，任何一个逻辑函数式总可以用逻辑电路与之对应。　　（　　）

87. 逻辑变量 AB 的取值只有两种可能 0 和 1。　　（　　）

88. 在进行逻辑函数式的运算过程中，逻辑函数等号两边相同的项可消去。

　　（　　）

89. 根据逻辑功能设计逻辑电路时将得到唯一确定的电路。　　（　　）

90. 函数最简的含义是每个乘积项中包含的变量最少。　　（　　）

91. 卡诺图化简法比公式法化简速度更快。　　（　　）

92. 画卡诺图化简时要求圈越大越好。　　（　　）

93. 卡诺图是用有规律排列的方格图来表达逻辑函数，并且可以采用直观的合并项的方法来化简逻辑函数。　　（　　）

94. 逻辑乘与代数乘是完全一样的。　　（　　）

95. 二进制数的进位关系是逢二进一，所以 1+1 = 10。　　（　　）

96. 若 $A+B = A+C$，则 $B = C$。　　（　　）

97. 若 $AB = AC$，则 $B = C$。　　（　　）

98. 若 $A+B = A+C$ 且 $AB = AC$，则 $B = C$。　　（　　）

99. $Y = AC + \overline{A}B + BC$ 是最简形式，不能再化简了。　　（　　）

100. 组合逻辑电路具有逻辑判断能力。　　（　　）

101. 根据逻辑功能设计逻辑电路时将得到唯一确定的电路。　　（　　）

102. 带使能端的译码器可作为数据分配器使用。　　（　　）

103. 一个全加器可以由两个半加器和一个或门构成。　　（　　）

104. 触发器具有记忆功能。　　（　　）

105. 在一个时钟脉冲 CP 内，同步 RS 触发器可以被输入信号触发多次。　　（　　）

106. 主从 JK 触发器的逻辑功能最全，它可以代替任何其他触发器　　（　　）

107. D 触发器具有 JK 触发器的全部功能。　　（　　）

108. 同步型 RS 触发器可以防止空翻现象，它的工作方式是分二拍进行的。（　　）

109. T′触发器具有计数功能。　　（　　）

110. 施密特触发器有两个稳定状态。　　（　　）

111. 同步 RS 触发器的 $\overline{R_\mathrm{D}}$、$\overline{S_\mathrm{D}}$ 端不受时钟脉冲控制就能将触发器置 0 或置 1。（　　）

112. 异步计数器具有计数速度快的特点。　　（　　）

113. 计数器除了用于计数外，还可用做分频、定时、测量等电路。　　（　　）

114. 时序逻辑电路必包含触发器。　　（　　）

115. 异步计数器中各位触发器在计数时同时翻转。　　（　　）

116. 编码器、译码器、寄存器、计数器均属于时序逻辑电路。　　（　　）

117. 移位寄存器只能串行输入。　　（　　）

118. CT74LS161 是十进制计数器　　（　　）

119．多谐振荡器输出的信号为正弦波。 （　　）

120．单稳态触发器的由暂稳态返回稳态，必须有外加触发信号作用。 （　　）

121．A/D 转换是将模拟量信号转换成数字量信号。 （　　）

122．ADC 分为电压型和电流型两大类，电压型 ADC 有权电阻网络、T 形电阻网络和树形开关网络 （　　）

123．随机存取存储器用来存放长期保存的程序及数据。 （　　）

124．脉冲周期 T 是两个脉冲宽度 t_p 的时间。 （　　）

125．通过采样，可以使一个脉冲信号变为一个时间上连续变化的模拟信号。（　　）

126．脉冲宽度 t_p 是一个距离的概念。 （　　）

127．一个触发器能存放两位二进制数码。 （　　）

128．T 触发器的 T 端置 1 时，每输入一个 CP 脉冲，输出状态就翻转一次。（　　）

129．因为 $A+AB=A$，所以 $B=0$。 （　　）

三、简答题

1．简述焊接练习五步法。

2．简述焊接五步法的操作要点。

3．简述电子设备组装级别。

4．色环电阻的标称阻值和误差通常都标注在电阻体上，其标称方法有哪三种？

5．电容器的主要作用有哪些？

6．在焊接过程中，助焊剂的作用是什么？

7．简述正弦波振荡电路的组成。

8．简述正弦波振荡电路的振荡条件。

9．简述电路中反馈的概念。

10．画出反馈放大电路常用方框图。

11．如何判断电路反馈类型。

12．画出集成运放的基本组成框图。

13．简述零点漂移现象。

14．简述（理想）集成运放的主要参数。

15．简述 15 题图所示电路中 C_3、C_4、R_4、C_7、R_3、R_2、C_2 的作用。

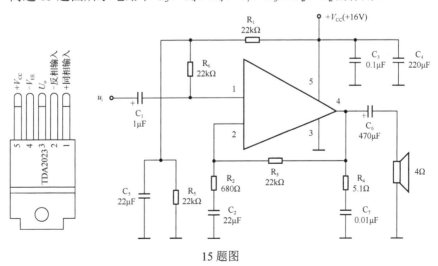

15 题图

16．简述放大电路按三极管的连接分类方式。

17．简述基本共射极放大电路的组成的各元件作用。

18．简述静态工作点与波形失真关系。

19．画出多级放大电路方框图。

20．简述在多级放大电路中常见耦合方式。

21．OCL 功率放大器电路最大输出功率为？

22．完成下面装配工艺卡。

装配工艺过程卡片

序号（位号）	装入件及辅助材料				工序名称	插件
					产品图号	PCB-20110625
	代号	名称	规格	数量	工艺要求	工装名称
R_1	0805	贴片电阻	1kΩ±5%	1		
R_2、R_3	0805	贴片电阻	1kΩ±5%	1		
C_1	CD11	电解电容	220μF/25V	2		
C_2	CD11	电解电容	4.7μF/25V			
C_3	0805	贴片电容	0.22μF/50V	1		
Q_1	S8050	三极管	NPN	1	距底板 4mm 左右安装	镊子、剪切、电烙铁等常用装接工具
VD_{1-4}		二极管	1N4001	4	贴底板安装，注意极性	
LED_2		发光二极管	红色	1	对脚号贴底板安装，注意极性	
IC_1		三端稳压器	LM7806	1		
R_{P1}		电位器 10k	3896 型	1	贴底板安装	
U_1		贴片集成块	RC522	1		
K_1		继电器	HF4100	1	贴底板安装	

图样

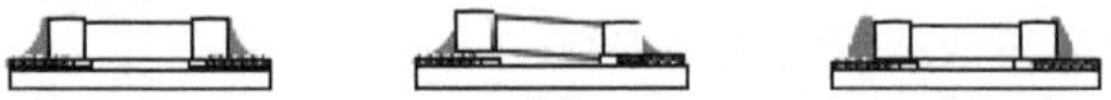

（a）　　　（b）　　　（c）

图1

（a）　　　（b）　　　（c）　　　（d）

5.7mm

图2

图3

图4

23．根据 23 题图所示波形，完成波形记录卡。

记录示波器波形（1分）	频率（0.5分）	幅度（0.5分）
	$f=$　　Hz	$V_{P-P}=$　　V
	时间档位（0.5分）	幅度档位（0.5分）
	20nS/DIV	500mV

23 题图

24．如 24 题图所示电路出现下列故障，请问会有什么现象？

（1）VD_1 接反。

（2）VD_1 开焊。

（3）VD_1 被击穿短路。

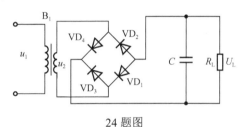

24 题图

25．测得工作在放大电路中几个晶体三极管三个电极电位 u_1、u_2、u_3 分别为下列各组数值。判断它们是 NPN 型还是 PNP 型，是硅管还是锗管，并确定电极 e、b、c。

（1）$u_1 = 3.5V$，$u_2 = 2.8V$，$u_3 = 12V$。

（2）$u_1 = 3V$，$u_2 = 2.8V$，$u_3 = 12V$。

（3）$u_1 = 6V$，$u_2 = 11.3V$，$u_3 = 12V$。

（4）$u_1 = 6V$，$u_2 = 11.8V$，$u_3 = 12V$。

26．试判断 26 题图所示的各电路能否放大交流电压信号？

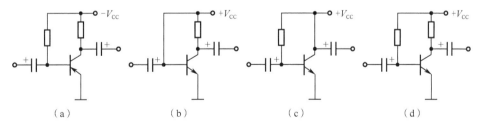

（a）　　　　　　（b）　　　　　　（c）　　　　　　（d）

26 题图

27．判断 27 题图中各三极管处于何种工作状态？（PNP 型锗，NPN 型硅。）

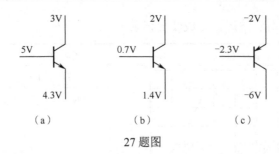

（a）　　　　（b）　　　　（c）

27 题图

28．甲、乙两人根据实测数据估算 NPN 硅管的 β 值，甲测出 $U_{CE}=5\text{V}$，$I_B=20\text{mA}$ 时，$I_C=1.4\text{mA}$，甲认为三极管的 β 约为 70；乙测出 $U_{CE}=0.5\text{V}$，$I_B=0.1\text{mA}$ 时，$I_C=3\text{mA}$，他认为 β 约为 30，分别判断他们的结论是否正确，说明理由。

29．三极管有哪三种工作状态？各状态的外部条件分别是什么？

30．如 30 题图所示，某供电电路中：

（1）试分析哪种情况下输出电压最高？哪种情况下输出电压最低？为什么？

（2）若 S_1、S_2 均闭合，但 VD_1 接反，会产生什么后果？

（3）若 S_1、S_2 均闭合，但 VD_3 断路，会产生什么后果？

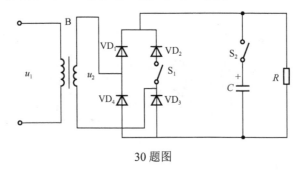

30 题图

31．在 31 题图所示电路中，试分析下列几种情况下两个二极管的工作情况和输出端 Y 的电位 U_Y，二极管的正向压降忽略不计。

（1）$U_A=U_B=0\text{V}$；（2）$U_A=3\text{V}$，$U_B=0\text{V}$；（3）$U_A=U_B=3\text{V}$。

32．电路如 32 题图所示，分别为集电极输出和发射极输出，问 R_e 在电路中是电压反馈还是电流反馈？

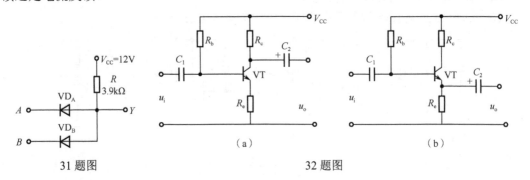

31 题图　　　　　　　　　　　32 题图

33．测得工作在放大电路中的三极管的电极电流 $I_1=2\text{mA}$，$I_2=0.02\text{mA}$，$I_3=2.02\text{mA}$ 如 33 题图所示。

（1）判断三极管类型及确定三个电极；

（2）估算 β 值。

34．测得放大电路中 4 只晶体管的直流电位如 34 题图所示，在 34 题图中标出三个电极，并分别说明它们是硅管还是锗管。

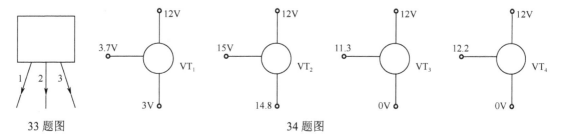

33 题图　　　　　　　　　　　　34 题图

35．如 35 题图所示电路，已知 $R_1 = R_2 = R_P = 10\text{k}\Omega$，稳压管稳压值 $U_Z = 6\text{V}$；三极管导通时 $U_{BE} = 0.7\text{V}$。

试求：（1）当输出电压升高时，稳压电路的稳压过程；

（2）计算输出电压 U_o 的范围。

36．如 36 题图所示电路，已知 $U_2 = 20\text{V}$，$R_L = 50\Omega$，$C = 2000\mu\text{F}$。现用直流电压表测量 R_L 两端电压 U_o，如出现以下情况，试分析哪些属正常工作时的输出电压，哪些属于故障情况，并指出故障所在。（1）$U_o = 28\text{V}$；（2）$U_o = 18\text{V}$；（3）$U_o = 24\text{V}$；（4）$U_o = 9\text{V}$。

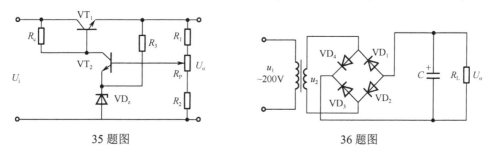

35 题图　　　　　　　　　　　　36 题图

37．分析 37 题图各电路是否可以稳压，若可稳压，稳压值是多少（设 $U_Z = 6\text{V}$）？

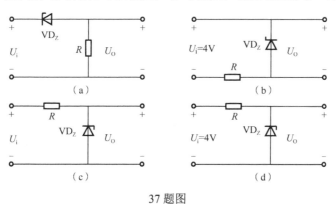

37 题图

38．试分析 38 题图是否可以实现放大作用？为什么？

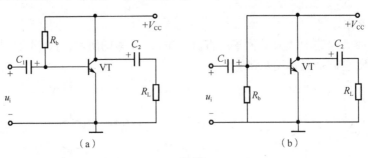

38 题图

39. 如 39 题图所示判断下列各图中反馈元件 R_f 的类型。

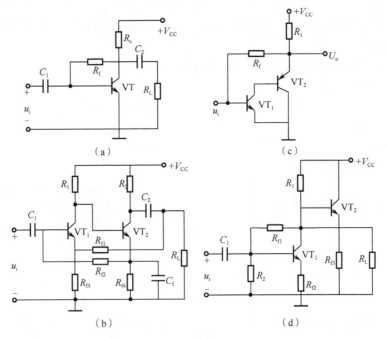

39 题图

40. 判断 40 题图中几种复合管组成是否正确，若正确，请写出其等效三极管类型和其电流放大系数的值（其中 $\beta_1 = 60$，$\beta_2 = 40$）。

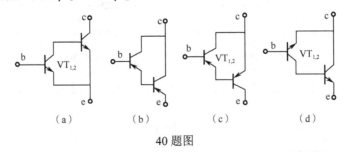

40 题图

41. 判断 41 题图中所示电路是否可以振荡。若不能，请说明原因；若可以，请说出其振荡类型。

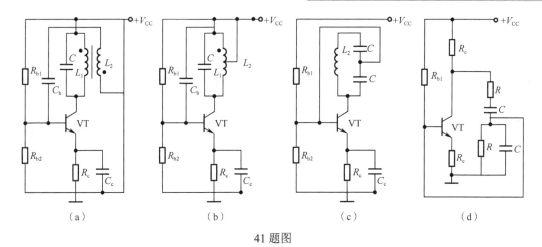

（a） （b） （c） （d）

41 题图

42．已知电路如 42 题图所示，分析并填写问题答案。

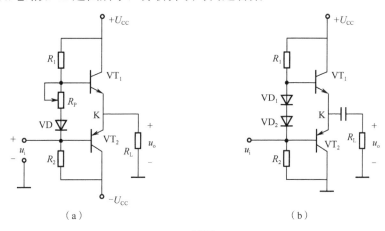

（a） （b）

42 题图

（1）电路中二极管的作用是消除_____。

A．饱和失真 　　　B．截止失真 　　　C．交越失真

（2）（a）电路互补功放电路为_____电路，静态时，晶体管发射极电位 U_{EQ} = _____。

（b）电路互补功放电路为_____电路，静态时，晶体管发射极电位 U_{EQ} = _____。

A．$U_{CC}/2$ 　　　B．= 0 　　　C．OTL 　　　D．OCL

（3）若 U_{CC} = 24V，R_L = 8Ω，（a）电路最大输出功率 P_{OM} = _____ （b）电路最大输出功率 P_{OM} = _____。

A．36W 　　　B．18W 　　　C．9W 　　　D．都不对

43．如 43 题图所示，求下列情况下，U_o 和 U_i 的关系式。

（1）S_1 和 S_3 闭合，S_2 断开时；

（2）S_1 和 S_2 闭合，S_3 断开时。

44．如 44 题图中用叠加法计算 U_o。

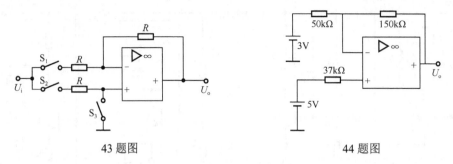

43 题图　　　　　　　　　　44 题图

45．用示波器观察一个由 NPN 型三极管组成的基本放大电路的输出波形如 45 题图所示，试说明各是何种失真？应怎样调整电路的参数来消除失真？

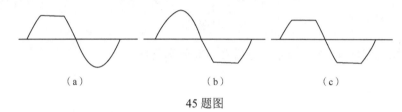

（a）　　　　　　　　　（b）　　　　　　　　　（c）

45 题图

46．如何将十进制数转换成二进制数？

47．什么是 8421BCD 码？

48．逻辑关系为"全 0 出 0，有 1 出 1"的含义是什么？

49．试说明 TTL 与 MOS 电路的区别？

50．试比较组合逻辑电路和时序逻辑电路的特点。

51．请简述设计一个组合逻辑电路的方法。

52．如何用一个 JK 触发器实现 D 触发器的功能？

53．什么是计数器？有哪些分类？

54．试写出 54 题图所示电路图的逻辑表达式。

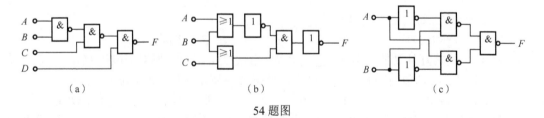

（a）　　　　　　　　　（b）　　　　　　　　　（c）

54 题图

55．55 题图所示是什么触发器？请列出真值表。

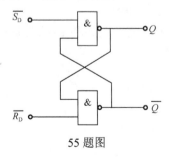

55 题图

56．什么是多谐振荡器？

57．什么是脉冲信号的上升时间和下降时间？

58．单稳态触发器的特点是什么？

59．什么是 AD 转换？请描述其工作过程。

60．请简述数字万用表的功能构成电路。

四、计算题

1．在 1 题图所示电路中，已知三极管均为硅管，且 $\beta = 50$，试估算静态值 I_B、I_C、U_{CE}。

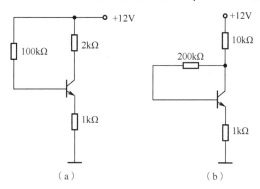

（a）　　　　　　　　　（b）

1 题图

2．三极管放大电路如 2 题图所示，已知 $U_{CC} = 12V$，$R_B = 480k\Omega$，$R_C = 2k\Omega$，$R_L = 2k\Omega$，$\beta = 50$。求（1）求静态工作点；（2）画出微变等效电路；（3）求放大倍数、输入电阻、输出电阻。

3．如 3 题图所示为某放大电路，已知 $V_{CC} = 24V$，$R_{B1} = 33k\Omega$，$R_{B2} = 10k\Omega$，$R_C = 3.3k\Omega$，$R_E = 1.5k\Omega$，$R_L = 5.1k\Omega$，$\beta = 66$。

求：（1）试估算静态工作点；

（2）若换上一只 $\beta = 100$ 的三极管，放大器能否正常工作；

（3）画出微变等效电路；

（4）求放大倍数、输入电阻、输出电阻。

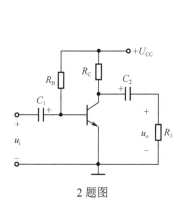

2 题图

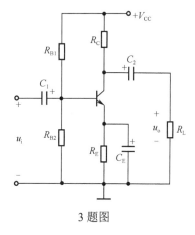

3 题图

4．已知某一放大器的 $A = 100$，现要求引入反馈以后增益 $A_f = 10$，问反馈系数 k_f 应为多少？

5．如 5 题图所示电路，已知 $R_f = 80k\Omega$，$R_1 = 10k\Omega$，$u_i = 0.5V$，试求输出电压 u_o。

6. 如 6 题图所示电路，已知 $u_{i1} = 1V$，$u_{i2} = 2V$，$u_{i3} = 3V$，$R_1 = R_2 = 20k\Omega$，$R_3 = 10k\Omega$，$R_f = R_4 = 20k\Omega$，求输出电压 u_o 的值？

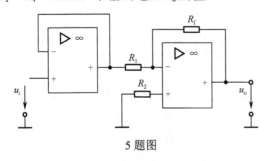

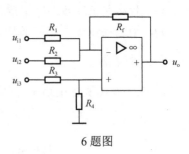

5 题图　　　　　　　　　　　　　　　　　6 题图

7. 如 7 题图所示电路，若 $R_1 = R_2 = 300\Omega$，$R_P = 200\Omega$，当 $U_i = 15V$，R_p 电位器在中点位置时，$U_o = 10V$，U_{BE} 不计；

试计算：（1）稳压管 VZ 的稳定电压 U_Z 值，

（2）输出电压 U_o 的可调范围。

8. 8 题图所示为 RC 桥式振荡电路，求：

（1）在图中标出同相端、反相端。

（2）振荡频率 f_0 多大。

（3）若 $R_1 = 50k\Omega$，R_f 的数值多大。

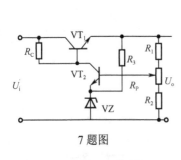

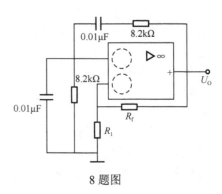

7 题图　　　　　　　　　　　　　　　　　8 题图

9. 已知电路如 9 题图所示，VD 为理想二极管，试分析：

（1）二极管导通还是截止？（2）$U_{AO} =$？

10. 已知如 10 题图所示电路：$V_{CC} = 12V$，$R_B = 300k\Omega$，$R_E = R_L = 2k\Omega$，$R_s = 500\Omega$，$U_{BEQ} \approx 0$，$C_1 = C_2 = 30uF$，$r_{be} = 1.5k\Omega$，$\beta = 100$，$u_s = 10\sin\omega t$ mV。

求：（1）I_{CQ}；（2）U_{CEQ}；（3）A_u（取小数点后 2 位）；（4）R_i；（5）R_o。

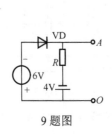

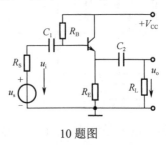

9 题图　　　　　　　　　　　　　　　　　10 题图

11．具有电流源的差分电路如 11 题图所示，已知 $U_{BEQ}=0.7V$，$\beta=100$，$r_{bb}=200\Omega$，试求：（1）VT_1、VT_2 静态工作点 I_{CQ}、U_{CEQ}；（2）差模电压放大倍数 A_{ud}；（3）差模输入电阻 R_{id} 和输出电阻 R_o。

12．电路如下图所示，设 $U_{CES}=0$ 试回答下列问题：

（1）$u_i=0$ 时，流过 R_L 的电流有多大？

（2）若 VD_3、VD_4 中有一个接反，会出现什么后果？

（3）为保证输出波形不失真，输入信号 u_i 的最大幅度为多少？管耗为多少？

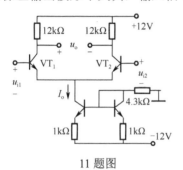

11 题图

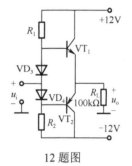

12 题图

13．如 13 题图所示电路，已知 $I_Q=5mA$，$R_1=500\Omega$，$R_2=0.4k\Omega$。

求：输出电压 u_o

14．如 14 题图所示电路，已知三极管的 $\beta=100$，$U_{BE}=0.7V$，$r_{bb'}=100\Omega$，$V_{CC}=12V$，$R_B=565k\Omega$，$R_C=3k\Omega$。

（1）计算电路的静态工作点。

（2）若负载电阻 $R_L=\infty$，三极管饱和压降 $U_{CES}=0.6V$，试计算电路的最大不失真输出电压的有效值。

（3）若负载电阻 $R_L=3k\Omega$，求 $\dot{A}_u$、R_i 和 R_o。

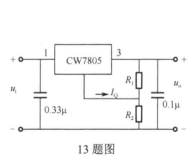

13 题图

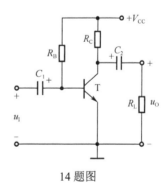

14 题图

15．在 15 题图所示电路中，已知三极管的 $\beta=100$，$r_{bb'}=100\Omega$，$U_{BEQ}=0.7V$，$R_c=10k\Omega$，$R_e=5.1k\Omega$，$R_W=100\Omega$，$V_{CC}=12V$，$V_{EE}=6V$，试计算 R_W 滑动端在中点时，VT_1 和 VT_2 的发射极静态电流 I_{EQ} 以及动态参数 A_d 和 R_i。

16．电路如 16 题图所示。判断电路中引入了哪种组态的交流负反馈；求出在深度负反馈条件下的 $\dot{A}_f$ 和 $\dot{A}_{uf}$。

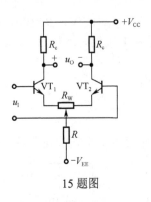

15 题图

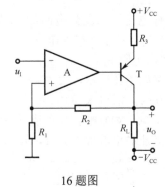

16 题图

17. 如 17 题图所示电路，试求输出电压与输入电压的运算关系式。

18. OCL 功率放大电路如 18 题图所示。

（1）静态时，输出电压 U_o 应是多少调整哪个电阻能满足这一要求。

（2）动态时，若输出电压波形出现交越失真，应调整哪个电阻如何调整。

（3）设 $V_{CC} = 15\,V$，输入电压为正弦波，三极管的饱和管压降 $|U_{CES}| = 3\,V$，负载电阻 $R_L = 4\,\Omega$。试求负载上可能获得的最大功率 P_{om} 和效率 η。

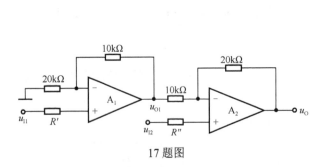

17 题图

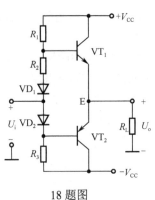

18 题图

19. 将下列二进制数化为十进制数。

（1）$(1100011)_2$；（2）$(11010)_2$；（3）$(1011)_2$；（4）$(101010)_2$。

20. 将下列是进制数化为二进制数。

（1）$(95)_{10}$；（2）$(13)_{10}$；（3）$(8)_{10}$；（4）$(132)_{10}$。

21. 公式法化简下列函数。

（1）$Y = \overline{ABC} + A + B + C$

（2）$Y = AB + \overline{A}\,C + BC$

（3）$Y = A\overline{B} + \overline{A}\,\overline{C} + B\overline{C}$

（4）$Y = A\overline{B} + C + \overline{A}\,\overline{C}\,D + B\overline{C}\,D$

（5）$Y = AB + ABDEF + \overline{A}\,C + BCD$

（6）$Y = AD + A\overline{D} + AB + \overline{A}\,C + BD$

（7）$Y = A + ABC + A\overline{BC} + CB + C\overline{B}$

（8）$Y = \overline{\overline{AB} + \overline{AB}}$

（9）$Y = A\,(A + \overline{B} + \overline{C})\,(\overline{A} + C + D)\,(E + \overline{C}\,\overline{D})$

（10）$Y = AB + \overline{AB}\ \overline{C} + A\overline{C}D + (\overline{C} + \overline{D})E$

（11）$Y = AB + C + \overline{AB + C}\ (CD + A) + BD$

（12）$Y = A(A + B\overline{C})(B + C)$

（13）$Y = A\overline{B} + B + BCD$

（14）$Y = \overline{\overline{AB} + \overline{A}B}$

（15）$Y = A + \overline{A}B + A(\overline{A} + B)$

22．用卡诺图化简下列函数。

（1）$L = A\overline{B} + \overline{A}B + \overline{A}\ \overline{B}$；

（2）$L = A\overline{B}\ \overline{C} + A\overline{B}C + \overline{A}\ \overline{B}\ \overline{C} + \overline{A}\ \overline{B}C$；

（3）$L = \overline{A}\ \overline{B}\ \overline{C}\ \overline{D} + A\overline{B}\ \overline{C}D + AB\overline{C}\ \overline{D} + A\overline{B}\ \overline{C}\ \overline{D}$；

（4）$L = \overline{A}B + A\overline{B}D + BD$；

（5）$L = A + \overline{A}B + \overline{A}\ \overline{B}\overline{C}$；

（6）$Y = AB + \overline{A}C + \overline{B}C$；

（7）$Y = A\overline{B} + B\overline{C} + \overline{B}C + \overline{A}B$；

（8）$Y = \overline{A}B\overline{C} + A\overline{B}\ \overline{C} + A\overline{B}C + AB\overline{C}$；

（9）$Y = \overline{A}\ \overline{B}\ \overline{C}\ \overline{D} + \overline{A}\ \overline{B}C\overline{D} + \overline{A}\ B\overline{C}\ \overline{D} + AB\overline{C} + \overline{A}\ B\overline{C}D$；

（10）$Y = \overline{A}\ \overline{B} + CD + AD + A\overline{B}\ \overline{C}\ \overline{D} + A\overline{B}C\overline{D}$。

23．化简下表所示卡诺图中的函数 L，并画出用与非门实现的逻辑电路。

AB \ CD	00	01	11	10
00			1	1
01	1	1	1	1
11	1		1	1
10			1	1

24．给定逻辑函数 $Y(A,B,C)$ 真值表，用卡诺图化简，写出 Y 最简与或式。

A	B	C	Y
0	0	0	1
0	0	1	0
0	1	0	1
0	1	1	1
1	0	0	1
1	0	1	0
1	1	0	1
1	1	1	0

A \ BC	00	01	11	10
0				
1				

25．根据要求设计电路。

（1）设计一个楼上、楼下开关的控制逻辑电路来控制楼梯上的路灯，使之在上楼前，用楼下开关打开电灯，上楼后，用楼上开关关灭电灯；或者在下楼前，用楼上开关打开电灯，下楼后，用楼下开关关灭电灯，画出用与非门实现的逻辑电路。

（2）设计一个三人半数表决功能电路。

（3）设计一个一位二进制数码比较单元。

26．同步 RS 触发器的 CP、R、S 端状态波形如下图所示。试画出 Q 端的状态波形。设初始状态为 0 态。

27．怎样用 4 选 1 的数据选择器 74HC153 生成 $Y = AB + \overline{AB}$ 的函数发生器？

28．分析如 26 题图所示逻辑电路图，画出状态图（按 Q1Q2 排列，起始状态 00），并说明为几进制计数器。

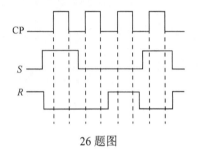

26 题图

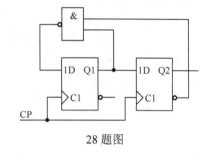

28 题图

五、综合题

1．如 1 题图所示的电路，哪些指示灯可能发亮？

2．已知 2 题图（a）中的二极管为锗管，2 题图（b）和图（c）中的二极管为硅管，试计算图中各电路中 A、B 两点间的电压。

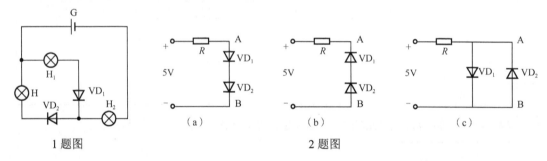

1 题图　　　　　　　　　　　　　　　2 题图

3．某三极管的 1 脚流入电流 3mA，2 脚流出电流为 2.95mA，3 脚流出电流为 0.05mA，判断各脚名称，并指出该管的类型。

4．请画出 NPN 型三极管组成的基本放大电路，并在图中标出 I_B，I_C，U_{BE}，U_{CE} 的位置。

5．请画出由 NPN 型三极管组成的分压式偏置电路，并做以下两点：（1）找出反馈，判断反馈类型；（2）画出交、直流通路。

6．单相半波可控整流电路和输入波形如 6 题图所示，若 $\alpha = \dfrac{\pi}{2}$，试画出控制极电压 u_g 和输出电压 u_L 波形。

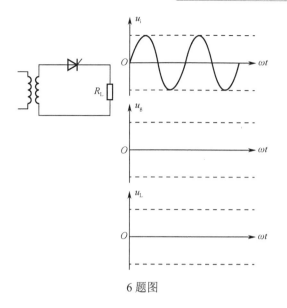

6 题图

7. 画出满足下列关系式的集成运放电路：

（1）$U_o/（U_{i1}-U_{i2}）=20$；（2）$U_o/（U_{i1}+U_{i2}+U_{i3}）=20$；

（3）$U_o/U_i=1$；（4）$U_o/U_i=20$。

8. 用电器需+12V 的直流电源，请用三端固定式稳压器组成+12V 稳压源，画出该电源的电路图。

9. 请叙述判断二极管极性与质量优劣的方法。

10. 已知 10 题图（a）中电源 $E=4V$，信号 $u_i=10\sin\omega t(V)$，试在 10 题图（b）中画出 u_o 的波形，并标出幅值。设二极管导通时的压降和导线的电阻忽略不计。

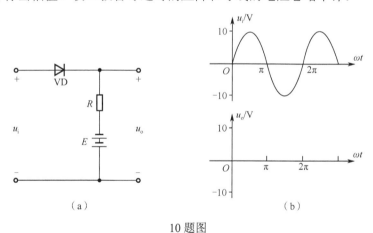

10 题图

11. 试叙述判断 PNP 型三极管三个电极的方法。

12. 请叙述判断三极管基极和类型的方法。

13. 在共集放大器实验中，调节静态工作点时具体调节哪个元件？如果电路进入饱和状态，应该怎么调节？

14. 为方便调节静态工作点如 14 题图设置，如稍不小心把 R_b 调至零，这时三极管是否损坏？为什么？为避免损坏，电路可采用什么措施？

15．三极管输入、输出特性曲线的测试与绘制。

（1）请画出实验所用的电路图。

（2）画出输入特性曲线和输出特性曲线。

16．如16题图所示电路，若变压器次级输出电压为 $U_2 = 20V$，设经过桥式整流和电容滤波后，已知稳压管 $U_z = 5V$，使输出 $U_o = 12V$，$U_{BE1} = U_{BE2} = 0.7V$ 时。

（1）估算三极管 VT_1 和 VT_2 各个引脚的电位。

（2）若调整管断路，分析结果。

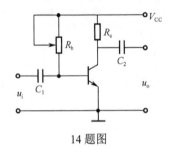

14题图

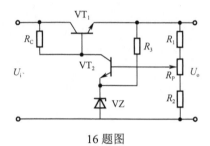

16题图

17．如17题图所示电路，已知 $V_{CC} = 16V$，$R_L = 8\Omega$，试解答下列问题。

（1）该电路按静态工作点的设置属于哪种类型？

（2）电阻 R_{P2} 与二极管 VD_1、VD_2 的作用是什么？

（3）静态时，VT_1 发射极的正常电压值为多少？

（4）说明电位器 R_{P1}、R_{P2} 的作用是什么？

（5）若电容 C_L 足够大，负载输出的 P_{om} 为多大（不计 $U_{CE(sat)}$）？

（6）若二极管 VD_1、VD_2 出现短路和断路时的故障分析。

（7）在输入端接入低频信号发生器，并输入 1kHz 的正弦信号，在输出端接示波器，适当调节输入信号电压，使示波器所示正弦波拉满屏幕进行观察。

①示波器显示以横轴为基准的正负半周对称的正弦波，说明＿＿＿＿＿＿＿＿＿＿＿＿；

②如果正、负半周正弦波不对称，说明＿＿＿＿＿＿＿＿＿＿＿＿；

③当输入信号小时，输出正弦波对称，在输入信号增大到一定值时，负半周出现削顶失真，说明＿＿＿＿＿＿＿＿＿＿＿＿。

18．找出18题图所示的稳压电路错误之处，并画出正确的连接电路。

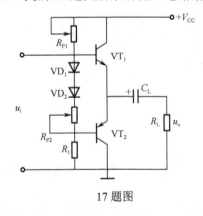

17题图

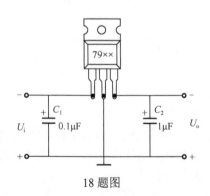

18题图

19．某门的两个输入变量 A、B 的状态波形如19题图所示，试画出与门输出变量 Y_1 的状态波形；或门输出变量 Y_2 的状态波形；与非门输出变量 Y_3 的状态波形；或非门输出变

量 Y_4 的状态波形。

20．某施密特反相器的输入波形如 20 题图所示，试画出该电路的输出波形。

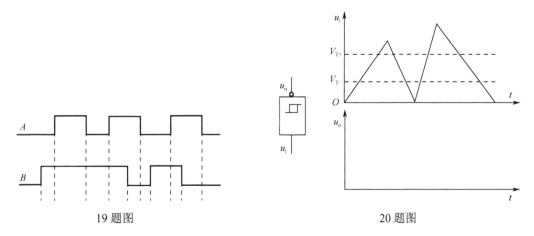

19 题图   20 题图

21．某组合逻辑电路的功能如下表真值表所示，试画出用与非门实现该功能的逻辑电路。

输 入			输 出
A	B	C	Y
0	0	0	1
0	0	1	1
0	1	0	0
0	1	1	1
1	0	0	0
1	0	1	0
1	1	0	0
1	1	1	1

22．画出函数表达式 $L = C + \overline{A}B + B\overline{D} = \overline{\overline{\overline{C}\,\overline{A}B\,\overline{B}\overline{D}}}$ 所对应的逻辑图（必须用与非门实现）。

23．有一逻辑电路的输入 A、B、C 和输出 Y、Z 的波形，如 23 题图所示。

试写出：（1）电路的真值表；（2）Y 的逻辑函数式，并用逻辑函数法化简成最简与或式；（3）Z 的逻辑函数式，并用卡诺图法化简成最简与或式。

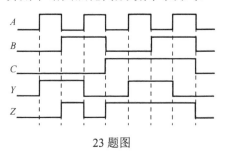

23 题图

24．24 题图（a）所示为 T 触发器，初始时 $Q=0$，CP、T 端的信号波形如 24 题图（b）所示，画出输出 Q 的波形。

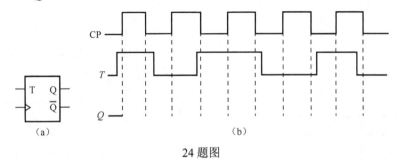

24 题图

25．25 题图所示触发器，初态均为 0，有一输入端悬空（相当于接高电平 1），试画出在图（c）所示的 CP 脉冲作用下的输出 Q 的波形。

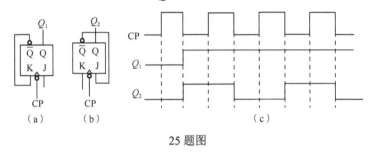

25 题图

26．移位寄存器如 26 题图（a）所示，说明该寄存器左移，还是右移？若 $Q_0 \sim Q_3$ 初态皆为 0，输入如 26 题图（b）所示的信号，在脉冲作用下，画出 $Q_0 \sim Q_3$，输出波形图，并列出状态表。

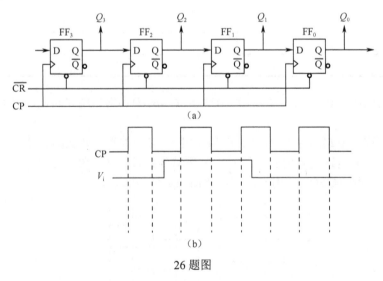

26 题图

27．由 JK 触发器组成的电路如 27 题图所示，试写出状态表，并画出 $Q_2 Q_1 Q_0$ 的波形。

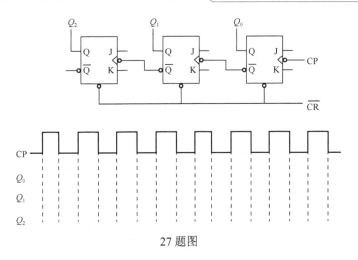

27 题图

28．试用与非门设计一个三变量的不一致电路，要求三个变量状态不相同时输出为 0，相同时输出为 1，求：

（1）列出此逻辑关系的真值表；

（2）写出逻辑函数表达式；

（3）画出用与非门实现的电路逻辑图。

29．请指出下图中由 555 定时器构成的电路的名称。如果是单稳态触发器，请指出定时时间由哪几个元件决定？如果是多谐振荡器，请指出振荡频率由哪几个元件决定？

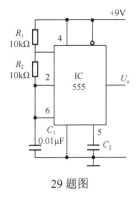

29 题图

30．在 30 题图所示计数器、译码器、显示器中，当输入 54 个 CP 脉冲后，计数器、译码器的哪些输出端为高电平"1"？

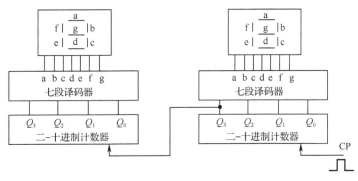

30 题图

31．请在 31 题图（b）上连接线路，实现 31 题图（a）的逻辑功能，

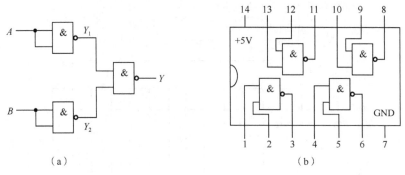

31 题图

32．在 32 题图所示电路中，74LS161 为同步 4 位二进制加计数器，$\overline{CR}$ 为异步清零端，则该电路为几进制计数器？

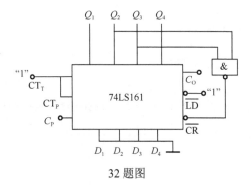

32 题图

第三部分

综合训练题

电子类专业综合训练题（一）

一、选择题（电子技术基础与技能 1~30；电工技术基础与技能 31~55。每小题 2 分，共 110 分。每小题中只有一个选项是正确的，请将正确选项涂在答题卡上）

1. 关于 PN 结描述正确的是（　　）。
   A. P 区接电路中的高电位，N 区接低电位时，PN 结导通
   B. N 区接电路中的高电位，P 区接低电位时，PN 结导通
   C. PN 结具有双向导电性能
   D. 以上描述都不对

2. 稳压二极管工作在稳压状态时，其两端所加电压为（　　）。
   A. 反偏电压，且不低于击穿电压　　B. 反偏电压，且不高于击穿电压
   C. 正偏电压，且不低于击穿电压　　D. 正偏电压，且不高于击穿电压

3. 多数载流子是空穴的半导体是（　　）。
   A. P 型半导体　　　　　　　　　B. N 型半导体
   C. 本征半导体　　　　　　　　　D. 纯净半导体

4. 工作在放大状态的 PNP 型三极管，其三个电极上电位关系是（　　）。
   A. $V_C > V_B > V_E$　　B. $V_C > V_E > V_B$　　C. $V_C < V_B < V_E$　　D. $V_C < V_E < V_B$

5. 三极管有____个 PN 结。
   A. 2　　　　　　　B. 3　　　　　　　C. 4　　　　　　　D. 5

6. 对三极管共集电极放大电路描述正确的是（　　）。
   A. 基极是输入端，发射极是输出端
   B. 发射极是输入端，基极是输出端
   C. 发射极是输入端，集电极是公共端
   D. 集电极是输入端，发射极是输出端

7. 静态工作点对放大器的影响，以下叙述正确的是（　　）。

    A．静态工作点偏高，产生截止失真

    B．静态工作点偏低，产生饱和失真

    C．静态工作点偏高，产生饱和失真

    D．以上叙述都不对

8. 对于 N 沟道增强型绝缘栅场效应管，当 u_{GS} 增大时，（　　）。

    A．导电沟道越窄　　　　　　　　B．沟道电阻越小

    C．i_D 越小　　　　　　　　　　D．i_D 不变化

9. 典型的基本差动放大电路（　　）。

    A．包含两个特性不同的三极管　　B．两三极管的集电极电阻不相等

    C．两三极管的发射极连接在一起　D．两三极管发射极悬空

10. 集成运算放大器所构成的反向输入比例运算电路，具备的特点是（　　）。

    A．输出电压与输入电压的大小成比例关系且相位相反

    B．输出电压大小始终固定，但其相位与输入电压相反

    C．输出电压的大小不受输入端信号的影响

    D．输出电压大小和相位始终固定

11. 低频功率放大器以晶体管的工作状态可分为甲类、乙类、丙类和（　　）。

    A．丁类　　　　B．甲乙类　　　　C．甲丙类　　　　D．乙丙类

12. 单相半波整流电容滤波电路，采用 $u = \sqrt{2}U_2\sin\omega t$ 的单相交流电供电，以下说法正确的是（　　）。

    A．其负载的平均电压为 $0.7U_2$

    B．整流二极管所承受的最大反向电压近似为 $2\sqrt{2}U_2$

    C．输出电压的平均值会降低

    D．在输入电压的正、负半周都不会导通

13. 单相桥式整流电路，采用 $u = \sqrt{2}U_2\sin\omega t$ 的单相交流电供电，在导通状态下，其所在回路的特点是（　　）。

    A．在输入电压的正半周导通

    B．在输入电压的负半周导通

    C．在输入电压的正、负半周都会导通

    D．在输入电压的正、负半周都不会导通

14. 带有放大环节的串联型稳压电路一般由取样电路、基准电路、比较放大电路和＿＿四部分组成。

    A．调整电路　　B．开关电路　　　C．饱和电路　　　D．截止电路

15. 正弦波振荡器由（　　）三部分组成。

    A．放大器、反馈网络及选频网络　B．放大器、比较器及选频网络

    C．放大器、比较器及稳压电路　　D．放大器、选频网络及稳压电路

16. 对双向晶闸管描述正确的是（　　）。

    A．双向晶闸管只有正向才能导通

    B．双向晶闸管只有反向才能导通

    C．双向晶闸管正反两个方向都有可能导通

    D．以上说法都不对

17. 对数字电路描述正确的是（　　　）。

    A．数字电路的基本单元复杂　　　　B．数字电路不易于集成化

    C．数字电路抗干扰能力强　　　　　　D．数字电路不易于系列化

18. 二进制数 1101B 化为十进制数是（　　　）。

    A．11　　　　　　B．12　　　　　　C．13　　　　　　D．14

19. 十进制数 56 转换成的二进制数是（　　　）。

    A．111000B　　　B．101010B　　　C．101100B　　　D．001110B

20. 下列可以作为无触点开关的是（　　　）。

    A．电容　　　　　B．三极管　　　　C．电阻　　　　　D．导线

21. 或门电路的逻辑功能是（　　　）。

    A．有 0 出 1，全 1 出 1　　　　　　B．有 0 出 0，全 1 出 1

    C．有 1 出 1，全 1 出 0　　　　　　D．有 1 出 1，全 0 出 0

22. 与非门电路的逻辑功能是（　　　）。

    A．有 0 出 1，全 1 出 0　　　　　　B．有 0 出 0，全 1 出 1

    C．有 1 出 1，全 1 出 0　　　　　　D．有 1 出 1，全 0 出 0

23. 下列叙述正确的是（　　　）。

    A．译码器即是编码器

    B．能对两个二进制数据进行比较大小的组合逻辑电路称为加法器

    C．译码是编码的逆过程

    D．能对两个二进制数据进行比较大小的组合逻辑电路称为减法器

24. JK 触发器在 J、K 端同时输入高电平时，处于（　　　）状态。

    A．置 1　　　　　B．置 0　　　　　C．保持　　　　　D．翻转

25. 由两个与非门构成的基本 RS 触发器禁止（　　　）。

    A．$\bar{R}$ 端、$\bar{S}$ 端同时为 1　　　　B．$\bar{R}$ 端为 0，$\bar{S}$ 端为 1

    C．$\bar{R}$ 端为 1，$\bar{S}$ 端为 0　　　　D．$\bar{R}$ 端、$\bar{S}$ 端同时为 0

26. 时序逻辑电路与组合逻辑电路的本质区别在于（　　　）。

    A．触发方式不同　　　　　　　　　　B．实现程序不同

    C．是否具有记忆功能　　　　　　　　D．输入信号不同

27. 对脉冲描述正确的是（　　　）。

    A．脉冲必须是周期性重复的　　　　　B．脉冲可以是非周期性的

    C．脉冲不能仅仅单次出现　　　　　　D．脉冲一般作用时间极长

28. 数字量转换成模拟量，简称为（　　　）。

    A．AD 转换　　　　　　　　　　　　B．DA 转换

    C．BD 转换　　　　　　　　　　　　D．CD 转换

29. 半导体存储器分为 RAM 和（　　　）两类。

    A．ROM　　　　　B．RDM　　　　　C．PAM　　　　　D．PDM

30. 单结晶体管的三个电极是分别是 e、b1 和（　　　）。

    A．f　　　　　　　B．b2　　　　　　C．c　　　　　　　D．r

31. 简单电路一般包含有电源、负载、连接导线及（　　　）等四个部分。

    A．控制和保护装置　　　　　　　　　B．周期

    C．频率　　　　　　　　　　　　　　D．正电荷

32．已知 A 点的对地电位是 65V，B 点的对地电位是 35V，则 U_{BA} 为（　　）。

    A．100V   B．30V   C．0V   D．−30V

33．一台直流电动机运行时，端电压为 220V，通过电动机线圈的电流为 10A，则电动机运行 5h 所消耗的电能为（　　）。

    A．11 度   B．11kW   C．22 度   D．22kW

34．有两根相同材质的电阻丝，它们的长度之比为 1:2，横截面之比为 2:1，则它们的阻值之比为（　　）。

    A．1:1   B．2:1   C．4:1   D．1:4

35．有一标有"100Ω，4W"字样的电阻器，其在使用时所允许的最大电压和最大电流是（　　）。

    A．20V、0.2A   B．40V、0.2A

    C．20V、0.4A   D．40V、0.4A

36．某电源电动势 E，外接有一负载电阻为 R 的用电器，电源内阻为 r，当＿＿时，负载能获得最大功率。

    A．$R=r$ B．$R>r$ C．$R<r$ D．$R=2r$

37．两个等大小的电阻并联后总电阻为 2Ω，当它们串联后总电阻大小为（　　）。

    A．8Ω   B．4Ω   C．1Ω   D．2Ω

38．平行板电容器的电容（　　）。

    A．与两极板的正对面积成反比   B．与两极板间的距离成正比

    C．与极板间的电介质性质有关   D．与外加电压有关

39．内部不含有支路的回路称为（　　）。

    A．网孔   B．节点   C．支路   D．回路

40．一个电容为 C 的电容器与一个电容为 5uF 的电容器串联，总电容为 $C/4$，则电容 C 为（　　）。

    A．4uF   B．8uF   C．10uF   D．15uF

41．磁通的单位是（　　）。

    A．B   B．Wb   C．T   D．MB

42．下列说法正确的是（　　）。

    A．电压源就是电流源

    B．内阻为 0 的电流源称为理想电流源

    C．内阻为 0 的电压源称为理想电压源

    D．内阻为无穷大的电压源称为理想电压源

43．下列对磁场强度描述正确的是（　　）。

    A．磁场强度是矢量   B．磁场强度与媒介质磁导率无关

    C．磁场强度的单位是 A/T   D．磁场强度的单位是 V

44．穿过电路中的磁通量的变化率与这一电路中所产生的感应电动势，对两者之间的关系描述正确的是（　　）。

    A．两者成反比关系   B．两者成正比关系

    C．两者没有关系   D．两者关系不定

45．正弦电压 u_{ab} 和 u_{ba} 的相量关系是（　　）。

    A．超前   B．滞后   C．同向   D．反向

46. 在交流电中，一个完整周波所用的时间称为（　　）。

　　A．周期　　　　　　B．周波　　　　　　C．频率　　　　　　D．角频率

47. 感性负载提高功率因数的方法是（　　）。

　　A．负载两端并联合适的电感　　　　　B．负载两端并联合适的电容器

　　C．负载两端并联合适的电阻　　　　　D．以上说法都不对

48. 串联电路谐振时，其无功功率为零，说明（　　）。

　　A．电路中无能量交换

　　B．电路中电容、电感和电源之间有能量交换

　　C．电路中电容和电感之间有能量交换，而与电源之间无能量交换

　　D．无法确定

49. 当 LC 并联电路谐振时，在理想状态下，电路总电流与支路电流的关系是（　　）。

　　A．总电流是支路电流的 Q 倍　　　　　B．支路电流是总电流的 Q 倍

　　C．总电流等于支路电流　　　　　　　D．总电流等于两条支路电流之和的 Q 倍

50. 正弦交流电的幅值就是（　　）。

　　A．正弦交流电最大值的 2 倍　　　　　B．正弦交流电的最大值

　　C．正弦交流电波形正负之和　　　　　D．正弦交流电最大值的 1/2 倍

51. 在交流电路中，接入纯电感线圈，则该电路的（　　）。

　　A．有功功率等于零　　　　　　　　　B．无功功率等于零

　　C．所有功率皆不等于零　　　　　　　D．以上说法都不对

52. 初相位为"负"时的波形图与初相位为 0 时相比，相当于纵轴向（　　）平移了。

　　A．右方　　　　　　B．左方　　　　　　C．上方　　　　　　D．下方

53. 视在功率是（　　）。

　　A．设备消耗的功率　　　　　　　　　B．设备和电网交换的功率

　　C．电源提供的总功率　　　　　　　　D．电路中的电容储存的功率

54. 某三相交流电源的相电压为220V，三相绕组作三角形连接时，其线电压为（　　）。

　　A．110V　　　　　　B．314V　　　　　　C．380V　　　　　　D．220V

55. 变压器的输入、输出电压比为 3∶1，若一次侧电流的有效值是 4A，则二次侧电流的有效值是（　　）。

　　A．27A　　　　　　B．1A　　　　　　C．12A　　　　　　D．9A

二、判断题（电子技术基础与技能 56～65 题；电工技术基础与技能 66～75 题。每小题 2 分，共 40 分。每小题 A 选项代表正确，B 选项代表错误，请将正确选项涂在答题卡上）

56. 加在普通二极管上的反向电压不允许超过击穿电压。

57. 多级放大电路总电压放大倍数是各单级电压放大倍数的和。

58. 场效应管放大电路有共源、共漏和共栅三种组态。

59. 将放大电路输出信号的一部分或全部通过一定的方式返送回输入端并与输入信号叠加的过程，称之为反馈。

60. 集成运放的内部电路由输入级、中间级、输出级和偏置电路组成。

61. 固定式三端集成稳压器有四个外引出极。

62. LC 振荡器是选频网络由电感和电阻组成的振荡电路。

63. 逻辑乘与代数乘完全是一样的。

64. 矩形波脉冲的占空比是脉冲宽度与脉冲周期的比值。

65．施密特触发器有三个稳定状态。

66．电路处于开路工作状态下，电路中没有电流流过。

67．电器上所标明的额定功率表示电器设备所允许的最小功率。

68．电压的方向可以看作为电位降低的方向。

69．放入电场中某一点的电荷所受到的电场力与它的电荷量的比值，称为这一点的电场强度。

70．电阻串联电路中，各电阻上的电压与它们的阻值成正比。

71．在闭合回路中有感应电流产生，则该电路肯定不会有感应电动势存在。

72．正弦交流电的周期与角频率的关系是正比关系。

73．接地保护就是接零保护。

74．三相负载作星形连接时，线电流等于相电流。

75．两个互感线圈的感应电动势，任一瞬间极性不同的一对端点叫同名端。

电子技术基础与技能（50 分）

三、简答题（每小题 6 分，共 18 分）

76．简单介绍放大电路的串、并反馈和电压、电流反馈的判别方法。

77．简述单向晶闸管导通与关断的条件。

78．简述什么是理想运放中的"虚短"和"虚断"。

四、计算题（12 分）

79．共射放大电路如图 1 所示。

其中，$U_{CC}=12\text{V}$，$R_b=300\text{k}\Omega$，$R_c=R_L=3\text{k}\Omega$，$\beta=50$。

要求：（1）画出其直流通路；（5 分）

（2）求其静态工作点（I_{BQ}、I_{CQ}、U_{CEQ}）。（7 分）

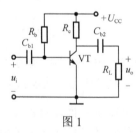

图 1

五、综合题（每小题 10 分，共 20 分）

80．请根据下列要求化简逻辑函数 $Y=AB+\overline{A}\cdot\overline{C}+B\overline{C}$。

（1）把逻辑函数化为最小项和的形式；（3 分）

（2）用公式法把逻辑函数化为最简与非表达式。（7 分）

81．设计一个 3 人表决器电路。

要求：由 A、B、C 三人表决，如果有 2 个人或 2 个人以上同意算通过，否则不通过。请用与非门设计表决器的组合逻辑电路。

（逻辑函数化简过程要求用卡诺图法，并且整个设计过程要有必要的过程说明）

电工技术基础与技能（50 分）

六、简答题（每小题 6 分，共 18 分）

82．简述什么叫磁感应强度？什么叫磁通量？

83．简述如何用指针式万用表测量直流电压。

84．简述什么叫线电压？什么叫相电压？什么叫三相四线制系统？什么叫三相对称电路？

七、计算题（12 分）

85．如图 2 所示电路，已知电源电动势 $E_1=42V$，$E_2=21V$，电阻 $R_1=12\Omega$，$R_2=3\Omega$，$R_3=6\Omega$，求各电阻中的电流。（解题时，所有回路的绕行方向要求都取顺时针方向）

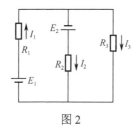

图 2

八、综合题（每小题 10 分，共 20 分）

86．在图 3 所示的 RLC 串联电路中，已知电路的感抗为 X_L，电路的容抗为 X_C，电阻为 R，交流电源电压的有效值为 U，请列出如下参数的表达式。

（1）电流的有效值 I；（4 分）

（2）电路的有功功率 P、无功功率 Q 和视在功率 S。（6 分）

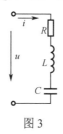

图 3

87．在图 4 所示的电路中，交流电源的电压为 220V，频率为 50Hz，假设最开始 3 只白炽灯的亮度相同，如果将交流电的频率改为 100Hz，请问 3 只白炽灯的亮度有何变化，并陈述理由。

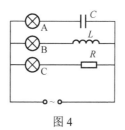

图 4

电子类专业综合训练题（二）

一、选择题（电子技术基础与技能 1～30；电工技术基础与技能 31～55。每小题 2 分，共 110 分。每小题中只有一个选项是正确的，请将正确选项涂在答题卡上）

1. 在 P 型半导体中，关于载流子的说法正确的是（　　）。
    A. 只有自由电子　　　　　　　　　B. 只有空穴
    C. 有空穴也有电子　　　　　　　　D. 以上都不正确
2. 当反向电压增大到一定数值时，二极管反向电流突然增大，这种现象称为（　　）。
    A. 正向稳压　　　B. 正向死区　　　C. 反向截止　　　　D. 反向击穿
3. 光电二极管当受到光照射时，电流大小将（　　）。
    A. 不变　　　　　B. 增大　　　　　C. 减小　　　　　　D. 都有可能
4. 测得 NPN 型三极管的三个电极的电压分别为 $U_B = 1.2V, U_E = 0.5V, U_C = 3V$，该三极管处在____状态。
    A. 导通　　　　　B. 截止　　　　　C. 放大　　　　　　D. 饱和
5. 共射极基本放大电路中的集电极电阻 R_C 的主要作用是（　　）。
    A. 实现电流放大　　　　　　　　　B. 提高输出电阻
    C. 实现电压放大　　　　　　　　　D. 都不对
6. 在分压式偏置电路中，若更换晶体管，β 由 50 变为 100，则电路的静态工作点 Q（　　）。
    A. 将上移　　　B. 基本不变　　　C. 将下降　　　　D. 不能确定
7. 放大器电压放大倍数，$A_v = -40$，其中负号的含义是（　　）。
    A. 放大倍数小于 0　　　　　　　　B. 衰减
    C. 同相放大　　　　　　　　　　　D. 反相放大
8. 有反馈的放大器的电压放大倍数（　　）。
    A. 一定提高　　　B. 一定降低　　　C. 保持不变　　　D. 说法都不对
9. 有一放大电路需要稳定输出电压，提高输入电阻，则需要引入（　　）。
    A. 电压串联负反馈　　　　　　　　B. 电流串联负反馈
    C. 电压并联负反馈　　　　　　　　D. 电流并联负反馈
10. 要实现 $u_o = -10u_i$ 运算，应选用（　　）。
    A. 反相比例运算电路　　　　　　　B. 同相比例运算电路
    C. 加法运算电路　　　　　　　　　D. 减法运算电路
11. 选用差分电路的原因是（　　）。
    A. 减小温漂　　　　　　　　　　　B. 提高输入电阻
    C. 减小失真　　　　　　　　　　　D. 稳定放大倍数
12. 在桥式整流电路中，若其中一个二极管开路，则输出（　　）。
    A. 只有半周波形
    B. 全波波形

C．无波形且变压器或整流管可能烧坏

D．无法确定

13．正弦波振荡器的振荡频率取决于（ ）。

A．电路的放大倍数   B．正反馈的强度

C．触发信号的频率   D．选频网络的参数

14．甲乙类功放器中三极管的导通角等于（ ）。

A．360°   B．180°   C．180°～360°   D．小于180°

15．要降低晶闸管整流输出负载平均电压，须（ ）。

A．增大控制角   B．增大导通角

C．同时增大控制角和导通角   D．同时减小控制角和导通角

16．电路中的运算放大器不是工作于线性状态的是（ ）。

A．加法器   B．电压跟随器

C．比较器   D．反相输入比例运算电路

17．下列逻辑表达式化简结果错误的是（ ）。

A．$A+1=A$ B．$A+AB=A$ C．$A\cdot 1=A$ D．$A\cdot A=A$

18．二进制的减法运算法则是（ ）。

A．逢二进一   B．逢十进一   C．借一作十   D．借一作二

19．能将串行输入数据变为并行输出的电路为（ ）。

A．数据分配器   B．译码   C．比较器   D．编码器

20．构成计数器的基本电路是（ ）。

A．与门   B．555   C．非门   D．触发器

21．七段显示译码器，当译码器七个输出端状态为abcdefg=0110011时，高电平有效，输入一定为（ ）。

A．0011   B．0110   C．0100   D．0101

22．组合逻辑电路的特点有（ ）。

A．电路某时刻的输出只决定于该时刻的输入

B．含有记忆元件

C．输出、输入间有反馈通路

D．电路输出与以前状态有关

23．下列逻辑函数中，属于最小项表达式形式的是（ ）。

A．$Y=ABC+BCD$ B．$Y=A\overline{B}\cdot\overline{C}+A\overline{B}C$

C．$Y=AC+ABCD$ D．$Y=\overline{\overline{A}\cdot\overline{B}C}+\overline{A}CD$

24．组合逻辑电路应该由（ ）器件构成。

A．触发器   B．计数器   C．门电路   D．振荡器

25．输入端存在约束条件的触发器是（ ）。

A．RS触发器   B．JK触发器   C．T触发器   D．D触发器

26．所谓编码是指（ ）。

A．二进制代码表示量化后电平   B．用二进制表示采样电压

C．采样电压表示量化后电平   D．十进制代码表示量化后电平

27. 多谐振荡器属于（　　）电路。

    A．双稳态　　　　B．单稳态　　　　C．无稳态　　　　D．记忆

28. 要使或门输出恒为1，可将或门的一个输入端始终接（　　）。

    A．输入端并联　　　　　　　　　　B．0、1都可以

    C．0　　　　　　　　　　　　　　D．1

29. 半导体数码管是由（　　）排列显示数字的。

    A．小灯泡　　　　B．液态晶体　　　　C．辉光器件　　　　D．发光二极管

30. JK 触发器在 J、K 端同时输入低电平时，处于（　　）状态。

    A．置1　　　　　B．置0　　　　　C．保持　　　　　D．翻转

31. 有一根阻值为1Ω的电阻丝，将它均匀拉长为原来的 3 倍，拉长后的电阻丝的阻值为（　　）。

    A．1Ω　　　　　B．3Ω　　　　　C．6Ω　　　　　D．9Ω

32. 若电感元件两端的交流电压不变，提高频率，则通过的电流（　　）。

    A．不变　　　　　B．减小　　　　　C．增大　　　　　D．不一定

33. 有两条同样材料制成的导线，长度相等，横截面不等。把它们并联后接入电路中，那么下面说法中不正确的是（　　）。

    A．两条导线的电阻不相等　　　　　B．通过两条导线的电压相等

    C．通过两条导线的电流不相等　　　D．通过两条导线的电量相等

34. 一根粗细均匀的导线，其两端电压为 U 时，通过的电流是 I，若将该导线均匀拉长为原来的 2 倍，要使电路中的电流仍为 I，则导线两端所加的电压应为（　　）。

    A．U/2　　　　　B．U　　　　　　C．2U　　　　　D．4U

35. 一条均匀电阻丝对折后，接到原来的电路中，在相同的时间里，电阻丝所产生的热量是原来的（　　）。

    A．1/2　　　　　B．4　　　　　　C．2　　　　　　D．1/4

36. 电容器 C 的容值大小与（　　）无关。

    A．电容器极板间所用绝缘材料的介电常数

    B．电容器极板间的距离

    C．电容器极板所带电荷和极板间电压

    D．电容器极板的面积

37. 可使平行板电容器极板间电压增大 1 倍的是（　　）。

    A．电容器充电完毕后与电源断开，将两极板面积增大 1 倍

    B．电容器充电完毕后与电源断开，将两极板间距离增大 1 倍

    C．电容器充电完毕后与电源断开，在两极板间充满介电常数 $\varepsilon_r = 2$ 的电介质

    D．以上答案都不对

38. 电容器 C_1 和 C_2 串联，且 $C_1=2C_2$，则 C_1、C_2 两极板间的电压 U_1、U_2 之间的关系是（　　）。

    A．$U_1=U_2$　　　B．$U_1=2U_2$　　　C．$2U_1=U_2$　　　D．$2U_1=3U_2$

39. 额定功率为 10W 的三个电阻，$R_1=10\Omega$，$R_2=40\Omega$，$R_3=250\Omega$，串联接于电路中，电路中允许通过的最大电流为（　　）。

    A．200mA　　　　B．0.50A　　　　C．1A　　　　　D．180mA

40. 关于安全用电，下列说法错误的是（　　）。

A．触电按其伤害程度可分为电击和电伤两种

B．为了减小触电危险，我国规定 36V 为安全电压

C．电器设备的金属外壳接地，称为保护接地

D．熔断器在电路短路时，可以自动切断电源，必须接到零线上

41．正弦量的幅值一定是（   ）。

    A．峰-峰值   B．最大值   C．有效值   D．平均值

42．有一感抗 X_L 为 10Ω 的负载，接在 220V、50Hz 的交流电源上，如果在负载两端并联一个容抗 X_C 为 20Ω 的电容，则该电路的总电流将（   ）。

    A．增大   B．减小   C．不变   D．等于零

43．在 RLC 串联电路中，U_R=30V，U_L=80V，U_C=40V，则 U 等于（   ）。

    A．10V   B．50V   C．90V   D．150V

44．并联电路谐振时，其无功功率为零，说明（   ）。

A．电路中无能量交换

B．电路中电容、电感和电源之间有能量交换

C．电路中电容和电感之间有能量交换，而与电源之间无能量交换

D．无法确定

45．在理想 RLC 并联电路谐振状态下，若总电流为 5mA，则流过电阻的电流为（   ）。

    A．2.5mA   B．5mA   C．1.6mA   D．50mA

46．线圈自感电压的大小与（   ）有关。

    A．线圈中电流的大小   B．线圈两端电压的大小

    C．线圈中电流变化的快慢   D．线圈电阻的大小

47．变压器的电压比为 3:1，若一次侧电压为 6V 的交流电压，则二次侧电压是（   ）。

    A．18V   B．6V   C．2V   D．0V

48．有一信号源，内阻为 600Ω，负载阻抗为 150Ω，欲使负载获得最大功率，必须在电源和负载之间接一匹配变压器，变压器的变压比是（   ）。

    A．2：1   B．1：2   C．4：1   D．1：4

49．交流铁芯线圈的铁损是由于（   ）引起的。

    A．磁滞损耗   B．涡流损耗

    C．磁滞损耗和涡流损耗   D．上述说法都不正确

50．交流电在任意瞬时的值称为（   ）。

    A．最大值   B．瞬时值   C．有效值   D．峰值

51．在正弦交流电路中，最大值与有效值之间的关系是（   ）。

    A．最大值与有效值相等   B．最大值是有效值的 2 倍

C．最大值是有效值的 $\sqrt{2}$ 倍   D．最大值是有效值的 $1/\sqrt{2}$ 倍

52．将 2Ω 与 3Ω 的两个电阻串联后，接在电压为 10V 的电源上，2Ω 电阻上消耗的功率为（   ）。

    A．4W   B．6W   C．8W   D．10W

53．初相位为"正"，表示正弦波形的起始点在坐标 0 点的（   ）。

    A．左方   B．右方   C．上方   D．下方

54．通电直导线周围磁场的方向，通常采用（   ）进行判定定。

    A．左手螺旋定则   B．右手螺旋定则

C．顺时针定则　　　　　　　　　D．逆时针定则

55．通常（　　）是一种严重事故，应尽力预防。

A．短路　　　　　B．开路　　　　　C．回路　　　　　D．闭路

二、判断题（电子技术基础与技能 56～65 题；电工技术基础与技能 66～75 题。每小题 2 分，共 40 分。每小题 A 选项代表正确，B 选项代表错误，请将正确选项涂在答题卡上）

56．一个正常的二极管，其反向电流 I_R 越小，该二极管的单向导电性越好。

57．要使三极管具有电流放大作用，三极管的各电极电位一定要满足 $U_c > U_b > U_e$。

58．阻容耦合多级放大电路各级的 Q 点相互独立，它只能放大交流信号。

59．同一个放大电路中可以同时引入正反馈和负反馈。

60．集成运放实质上是一个高放大倍数的直流放大器。

61．功率放大器中两只三极管轮流工作，总有一只功放三极管是截止的，因此，输出波形含有失真。

62．整流滤波电容的容量越大或负载电阻越小，输出电压越接近 $\sqrt{2}U_2$。

63．n 个变量卡诺图共有 $2n$ 个小方格。

64．同一个逻辑函数可以表示为多种逻辑图。

65．时序逻辑电路必包含触发器。

66．不同材料制成的两导线并联在电路中，导线两端的电压一定相等，导线中的电流一定不相等。

67．描述电场的电力线总是起始于正电荷，终止于负电荷；电力线既不闭合、不间断，也不相交。

68．欧姆表进行电阻测量时，可以用手捏住电阻两端测量。

69．电流的频率越高，则电感元件的感抗值越小，而电容元件的容抗值越大。

70．变压器既可以变换电压、电流和阻抗，又可以变换频率和功率。

71．三相负载作星型连接时，中线上不能安装熔断器。

72．在电工技术中，如无特别说明，凡是讲交流电动势、电压和电流，都是指它们的平均值。

73．实验证明，磁滞回线所包围的面积越小，磁滞损耗就越大。

74．从电阻消耗能量的角度来看，不管电流怎样流，电阻都是消耗能量的。

75．人们规定电压的实际方向为低电位指向高电位。

电子技术基础与技能（50 分）

三、简答题（每小题 6 分，共 18 分）

76．普通二极管的主要参数有哪些？

77．三极管共射极电路的输出特性曲线主要分哪三个区?其特点分别是什么?

78．理想集成运算放大器的参数主要有哪些？

四、计算题（10 分）

79．在图 1 所示电路中，已知三极管 β=100，$r_{be} = 1.5\text{k}\Omega$，$U_{BEQ} = 0.7\text{V}$，$R_1 = 62\text{k}\Omega$，

$R_2 = 20\text{k}\Omega$，$R_c = 3\text{k}\Omega$，$R_e = 1.5\text{k}\Omega$，$R_L = 5.6\text{k}\Omega$，$V_{CC} = 15\text{V}$，各电容的容量足够大。

试求：（1）静态工作点；（5分）

（2）A_u，R_i、R_o。（5分）

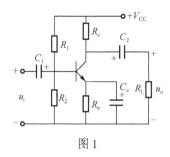

图1

五、综合题（2小题，共20分）

80．根据要求完成下列各题。（11分）

（1）求 $Y = AB + A\overline{C}$ 的最小项表达式。（4分）

（2）用卡诺图把 $Y = \overline{A}\overline{B} + B\overline{C} + \overline{B}C + \overline{A}B$ 化简为最简与或式。（7分）

81．一个8421BCD码的4舍5入电路，当它输入的BCD码小于等于4时，输出 $Y=0$，否则 $Y=1$。根据题意建立真值表，并写出其逻辑函数式。（9分）

电工技术基础与技能（50分）

六、简答题（每小题6分，共18分）

82．电路的工作状态有哪些？分别有什么特点？

83．简述万用表的使用方法。

84．简述发生电气火灾的处理方法。

七、计算题（12分）

85．如图2所示，4个电源的电动势大小均为 ε，内阻均为 r，求回路中的电流强度 I 及 a、b 两点间的电压 U_{ab}。

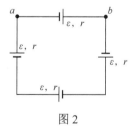

图2

八、综合题（每小题10分，共20分）

86．如图3所示，若 $B=1.5\text{T}$，方向垂直纸面向里，回路的总电阻 $R=2\Omega$，导线1在金属导轨之间的长度为25cm，那么在导线以4m/s速度运动的时刻，试求：

（1）电路中的电流为多大？（8分）

（2）ab 中的电流方向如何？（2分）

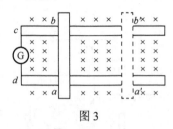

图3

87．把一个 $L=0.35$H 的空心线圈，接到 $u = 220\sqrt{2}\sin(314t + 60°)$(V) 的交流电源上，试求：

（1）线圈的感抗；（3分）

（2）电流的有效值；（2分）

（3）电流的瞬时值表达式；（3分）

（4）电路的无功功率。（2分）

反侵权盗版声明

电子工业出版社依法对本作品享有专有出版权。任何未经权利人书面许可，复制、销售或通过信息网络传播本作品的行为，歪曲、篡改、剽窃本作品的行为，均违反《中华人民共和国著作权法》，其行为人应承担相应的民事责任和行政责任，构成犯罪的，将被依法追究刑事责任。

为了维护市场秩序，保护权利人的合法权益，我社将依法查处和打击侵权盗版的单位和个人。欢迎社会各界人士积极举报侵权盗版行为，本社将奖励举报有功人员，并保证举报人的信息不被泄露。

举报电话：（010）88254396；（010）88258888
传　　真：（010）88254397
E-mail：　dbqq@phei.com.cn
通信地址：北京市海淀区万寿路 173 信箱
　　　　　电子工业出版社总编办公室
邮　　编：100036

电子类专业（上册）
电工技术基础与技能
电子技术基础与技能
参考答案

河南省职业技术教育教学研究室 编

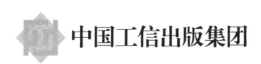
中国工信出版集团

电子工业出版社·
PUBLISHING HOUSE OF ELECTRONICS INDUSTRY
http://www.phei.com.cn

目 录

电工技术基础与技能题型示例

一、选择题

1. B	2. A	3. D	4. B	5. C	6. A	7. B	8. C
9. A	10. C	11. A	12. A	13. D	14. D	15. B	16. C
17. B	18. D	19. C	20. B	21. A	22. B	23. B	24. B
25. D	26. D	27. B	28. C	29. C	30. A	31. D	32. A
33. D	34. B	35. A	36. B	37. B	38. C	39. D	40. A
41. C	42. B	43. D	44. B	45. D	46. A	47. B	48. B
49. C	50. C	51. B	52. C	53. A	54. A	55. D	56. A
57. D	58. B	59. A	60. B	61. C	62. D	63. C	64. D
65. A	66. B	67. C	68. B	69. C	70. C	71. B	72. B
73. C	74. D	75. A	76. A	77. C	78. D	79. C	80. B
81. D	82. C	83. C	84. C	85. A	86. A	87. D	88. D
89. A	90. B	91. C	92. B				

二、判断题

1. ×	2. ×	3. ×	4. ×	5. √	6. ×	7. √	8. ×
9. √	10. √	11. √	12. ×	13. ×	14. √	15. √	16. ×
17. √	18. ×	19. ×	20. ×	21. √	22. ×	23. √	24. ×
25. √	26. √	27. √	28. √	29. √	30. √	31. √	32. ×
33. √	34. √	35. √	36. ×	37. √	38. ×	39. √	40. ×
41. ×	42. ×	43. √	44. √	45. √	46. √	47. √	48. ×
49. √	50. √	51. √	52. √	53. √	54. √	55. √	56. √
57. ×	58. √	59. √	60. √	61. √	62. √	63. √	64. √
65. ×	66. √	67. √	68. √	69. √	70. √	71. ×	72. √
73. √	74. √	75. √	76. √	77. √	78. √	79. √	80. ×
81. ×	82. √	83. √	84. √	85. √	86. √	87. √	88. ×
89. ×	90. √	91. √	92. ×	93. √	94. √	95. ×	96. ×
97. √	98. √	99. ×	100. ×	101. √	102. ×	103. √	104. ×
105. ×	106. ×						

三、简答题

1. 电路是各种元器件按照一定方式连接起来形成电流的通路。一般由电源、负载、控制和保护装置及连接导线四部分构成。电源是电路中电能的提供者,将其他形式的能转化成电能的装置;负载是用电装置,是将电能转化成其他形式的能的装置;控制和保护装置是用来控制电路的通断,保证电路的正常工作;连接导线是连接电路、输送和分配电能的。

2．节点：电路中，三条和三条以上支路的公共连接点称为节点。支路：电路中，由一个或几个元件串联而成的无分支线路。回路：电路中，任一闭合的路径称为回路。网孔：电路中，内部不含有支路的回路称为网孔。

3．（1）必须具有能够自由移动的电荷。

（2）导体两端存在电压。

（3）电路是闭合的。

4．叠加定理：在线性电路中若存在多个电源共同作用时，电路中任一支路的电流或电压，等于电路中各个独立电源单独作用时，在该支路中产生的电流或电压的代数和。

应用时注意事项：（1）叠加定律只适用于线性电路，不适用于非线性电路；（2）电压源不作用时，将其视为短路，电流源不作用时，将其视为开路；（3）叠加时要注意电流或电压的参考方向，正确选取各个分量的正负号；（4）叠加定律不能进行功率叠加。

5．区别：（1）电位的值随参考点选取的不同而不同，具有多值性；

（2）电压的值与参考点的选取无关，其值具有单一性。

6．磁通密度是用来表示磁场强弱的。磁场中某点磁感应线的切线方向就是该点磁通密度的方向。大小为 $B=F/Il$。

7．根据导电性能进行过区分：具有良好的导电性能的物体称为导体，金属是常见的导体。导电性能非常差的物体称为绝缘体，常见的绝缘体有塑料、玻璃、橡胶等。在常温下，导电性能介于导体与绝缘体之间的材料称为半导体，常见的半导体材料有硅、锗等。

8．交流电电压或电流的大小和方向随时间的变化作周期性变化。直流电电压或电流的大小和方向是恒定的，不随时间的变化而变化。

9．测量电压时，电压表应与被测电路并联，并根据被测电压正确选择量程、准确度等级。测量电流时，电流表应与被测电路串联，并根据被测电流正确选择量程、准确度等级。

10．在串联电路中，电流处处相等，总电压等于各元件上电压降之和。在并联电路中，各支路两端电压相等，总电流等于各支路电流之和。

11．在电力系统中，电能从产生过到使用需要经过发电、输电、配电和用电四个环节，才能将电能输送到工厂、住宅等用电场所。

12．电路有四种工作状态：通路、开路、短路和断路。其中，开路和通路属于正常状态，短路和断路属于故障状态。

13．原因：（1）绝缘皮老化。

（2）电气设备过热。

（3）电火花和电弧。

处理方法：（1）尽快切断电源。

（2）使用沙土或专用灭火器进行灭火。

（3）避免将身体或灭火工具触及导线或电气设备。

（4）拨打 119 报警。

14．处理措施：（1）尽快使触电者脱离电源。（2）进行现场急救。

15．测量步骤：（1）机械调零。

（2）选择合适的倍率挡。一般应使指针指在刻度尺的 1/3～2/3 处。

（3）欧姆调零。

（4）读数。

16．基尔霍夫第一定律：在任意时刻，对电路的任意节点，流入节点的电流之和等于流出该节点的电流之和，简称 KCL 定律。

基尔霍夫第二定律：在任意时刻，对任意闭合回路，沿回路绕行方向上各段电压的代数和为零，又称回路电压方程，简称 KVL 定律。

17. 区别：（1）测量精度上：数字万用表更加精确。

（2）读取的方便性：指针式的万用表需要人眼对表盘刻度的准确读取；而数字万用表因为是数字显示所以读取更方便。

（3）功能上：数字万用表相对指针式万用表在功能更加全面。

18. 左手定则：水平伸出左手，使拇指方向和四指方向相互垂直（四指方向与拇指方向在同一个水平面上），让磁力线穿过手心，四指指向电流方向，则拇指指向就是载流导体在磁场中受力的方向。

19. 闭合电路的一部分导体做切割磁力线运动时，或穿过闭合电路的磁通量发生变化时，闭合电路中就有电流产生，这种现象称为电磁感应现象。电磁感应产生的电流称为感应电流。

感应电流的方向可用右手定则判断：伸出右手，使大拇指与其余四指垂直，并都与手掌在同一平面内，让磁感线垂直穿过手心，大拇指指向导线切割磁力线运动方向，则四指所指的方向就是感应电流方向。

20.（1）在同等条件下输送电能，三相输电比单相输电节约 25%的材料；（2）同功率三相发电机比单相发电机体积小，省材料；（3）三相电动机结构简单，维护和使用方便，成本低廉。

21. 中性线的作用是保证电路正常工作，防止烧毁用电器。为防止事故的发生，规定三相四线制中，中性线上不允许安装开关和熔断器，为保证安全，还将中性线接地。

22. 电器上标明的额定电压、额定功率，表示电器设备长期工作时所允许的最大电压、功率。

23. 自感现象：由于导体本身的电流变化而引起的电磁感应现象。

互感现象：指一个线圈中的电流变化而引起与它相近的其他线圈产生感应电动势的现象。

24. 信号发生器是一种能提供各种频率、波形和输出电平电信号的设备。

示波器是一种用途十分广泛的电子测量仪器。它能把肉眼看不见的电信号变换成看得见的图像，便于人们研究各种电现象的变化过程。

25.（1）电压变换；（2）电流变换；（3）阻抗变换。

26.

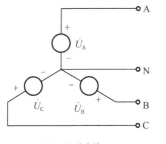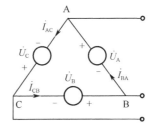

（a）星形连接　　　　　　　　（b）三角形连接

27. 太阳能发电、风力发电、火力发电、核能发电、潮汐能发电等。

28. 将在同一变化磁通作用下，感应电动势极性相同的端点称为同名端。将感应电动势极性相反的端点称为异名端。

29. 支路中电流的正负：通常规定，箭头指向节点的电流为流入电流，背离节点的电流为流出电流，可以任意设定流入或流出的电流为"+"，则与之相反的为"-"。

回路中电压的正负：通常规定，对于电压或电流的参考方向如果与回路的绕行方向相同时，取"+"，参考方向与绕行方向相反时取"-"。

30. 根据色环电阻的颜色和数字对应关系，可以读出电阻阻值为 6.2MΩ，误差为±5%。

四、计算题

1. $U_{AB}=-6V$、$U_{AC}=3V$、$U_{AD}=15V$。

2. $U_{ab}=-4V$；$U_{bc}=-2V$；$U_{cd}=3V$；$U_{de}=1V$。

3. $I=-2A$；$U=1V$。

4. $-2V$。

5. $I_S=3A$。

6. $C_1=7\mu F$，$C_2=3\mu F$ 或 $C_1=3\mu F$，$C_2=4\mu F$。

7. $R_2=60\Omega$。

8. $I=5A$。

9. $I=-0.2A$。

10. $R=1512.5\Omega$；$P=8W$。

11. $R=1\Omega$；$U=10V$；$I_1=5A$；$I_2=2.5A$；$I_3=2.5A$。

12. $R_{ab}=5\Omega$。

13. $I_1=0.525mA$；$I_2=-0.375mA$；$I_3=0.15mA$；$V_a=1.5V$。

14.

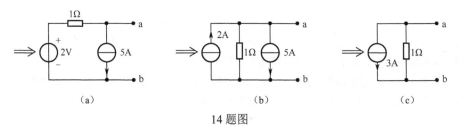

（a） （b） （c）

14 题图

15. $I_1=1.2A$；$I_2=0.6A$；$I_总=1.8A$；$R_总=6.7\Omega$。

16. $U\approx3.27V$。

17. 略。

18. （1）5V 电压源作用

（2）10V 电压源作用

（3）5A 电流源作用

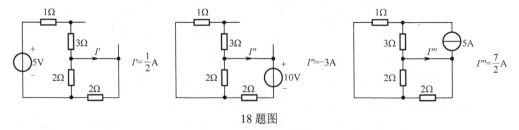

18 题图

$\therefore I=I'+I''+I'''=1A$ 。

19. $I_3=-2A$ 其负号表示电流实际方向与参考方向相反。

20. $R=\dfrac{16}{7}\Omega$ $I=14A$。

21. $I=\dfrac{6-3.6}{2}=\dfrac{2.4}{2}=1.2V$ ；$I_2=I_1=1.2A$；$R_2=\dfrac{U_2}{I_2}=\dfrac{3.6}{1.2}=3\Omega$。

22. 根据基尔霍夫第一定律，列出方程：$I_1=I+I_2$

$I=I_1-I_2=10A-3A=7A$

选择如下图所示回路绕行方向，根据基尔霍夫第二定律，列出方程：

$U_1+U+(-IR)=0$

$U=14V-4V=10V$

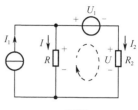

22 题图

23. $I_1=3.4A$；$I_2=-1.3A$；$I_3=2.1A$。

24. 选择如下图所示回路绕行方向，根据基尔霍夫第二定律，列出方程：

$I_2R+U+(-U_1)=0$

$10I_2+10-(-10)=0$

$I_2=-2A$

根据基尔霍夫第一定律，列出方程：$I_1+I_3=I_2$

$-2=1+I_3$

$I_3=-3A$

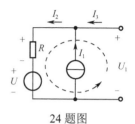

24 题图

注意：题中负号表示电流的实际方向与电路中标注参考方向相反。

25. 画出两个电源分别作用时的电路如下图（a）和（b）所示。

图（a）中，电流源不作用，视为短路。

图（b）中，电压源不作用，视为短路。

叠加定律可得：

$I=17A$；$U=-4V$。

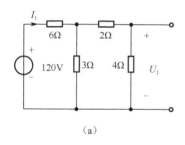 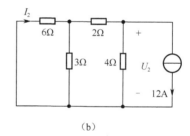

（a）   （b）

25 题图

26. $U=8.1V$。

27. $U_{并剩}=250V$；$C_{并总}=0.75\mu F$；$U_{串剩}=450V$；$C_{串总}=0.417\mu F$。

28. $C_1=4\mu F$；$C_2=6\mu F$ 或 $C_1=6\mu F$；$C_2=4\mu F$。

29. $u(t)=380\sin(\omega t+30°)$。

波形图如下图所示：

30. $I=U/X_L=0.37A$。

31. $I=U/X_C=0.37A$。

32. $I=\dfrac{P}{U\cos\varphi}=\dfrac{16}{20\times0.8}=1A$

33. （1）$\dot{I}=4.4\angle-23°$；（2）$\varphi=53°$；

（3）$u_R=132\sqrt{2}\sin(100\pi t-23°)V$

$u_L=616\sqrt{2}\sin(100\pi t+67°)V$；$u_C=440\sqrt{2}\sin(100\pi t-113°)V$。

34. $\cos\varphi=0.8$。

35. （a）$V_1=380V$；$V_2=220V$；$A_1=2.2A$；$A_2=2.2A$。

29 题图

（b）V_1=380V；V_2=380V；A_1=3.8A；A_2=3.8$\sqrt{3}$ A。

36．$I_U = I_V = I_W = \dfrac{P}{U_P} = \dfrac{100}{220} = \dfrac{5}{11} = 0.45A$。

由于负载对称，故 I_N=0。

37．Q=60；L=159μH；C=442pF。

38．（1）$K = \dfrac{N_1}{N_2} = \dfrac{500}{100} = 5$

$R'_L = \left(\dfrac{N_1}{N_2}\right)^2 = R_L = \left(\dfrac{500}{10}\right)^2 \times 8 = 200Ω$

（2）$I_1 = \dfrac{U_S}{R_0 + R'_L} = \dfrac{10}{200 + 200} = 0.025A$

39．K=11；N_2≈18 匝。

40．N_2≈100 匝；I_1=0.22A；I_2=2.2A。

41．$I_2 = nI_1 = 2 \times 2 = 4A$，$P = I^2 \times 4 = 4^2 \times 4 = 64W$。

42．$2\sqrt{2}$ A。

43．$I = \dfrac{U}{R} = \dfrac{220}{10} = 22A$；$i = 22\sqrt{2}\sin\left(314t + \dfrac{\pi}{4}\right)$A。

44．$X_L = \omega L = 314 \times 0.1 = 31.4Ω$；$I = \dfrac{U}{X_L} = \dfrac{220}{31.4} = 7A$；$i = 7\sqrt{2}\sin\left(314t - \dfrac{\pi}{4}\right)$A。

45．$u_c(0_-) = 6V, u_c(0_+) = u_c(0_-) = 6V$；

$u_{R_2}(0_+) = u_c(0_+) = 6V$；$i_{R_2}(0_+) = \dfrac{u_{R_2}(0_+)}{R_2} = \dfrac{6}{3 \times 10^3} = 2mA$；

$i_c(0_+) = -i_{R2}(0_+) = -2mA$。

46．$i_L(0_-) = \dfrac{u_s}{R_2} = \dfrac{10}{4 \times 10^3} = 2.5mA$；$i_L(0_+) = i_L(0_-) = 2.5mA$；

$i_{R_1}(0_+) = i_{R_2}(0_+) = i_L(0_+) = 2.5mA$；

$u_{R_1}(0_+) = R_1 i_{R_1}(0_+) = 2 \times 10^3 \times 2.5 \times 10^{-3} = 5V$；

$u_{R_2}(0_+) = R_2 i_{R_2}(0_+) = 4 \times 10^3 \times 2.5 \times 10^{-3} = 10V$；

$u_L(0_+) = -u_{R_1}(0_+) + U_S - u_{R_2}(0_+) = -5 + 10 - 10 = -5V$。

47．$u_C(0_+) = u_C(0_-) = u_S = 15V$；

$i_C(0_+) = \dfrac{-u_C(0_+)}{R_2} = \dfrac{-15}{3 \times 10^3} = -5mA$；

$u_C(\infty) = \dfrac{U_S}{R_2 + R_3} \times R_3 = \dfrac{15}{2+3} \times 3 = 10V$；

$i_C(\infty) = 0$；$\tau = \dfrac{R_1 R_2}{R_1 + R_2} \times C = \dfrac{2 \times 3}{2+3} \times 10^3 \times 10 \times 10^{-6} = 1.2 \times 10^{-2}s$；

$u_C(t) = u_C(0_+)e^{-\frac{t}{\tau}} + u_C(\infty)\left(1 - e^{-\frac{t}{\tau}}\right) = 10 + 5e^{-\frac{5}{6} \times 10^2 t}$V；

$i_C(t) = i_C(0_+)e^{-\frac{t}{\tau}} = -5e^{-\frac{5}{6} \times 10^2 t}$mA。

48．（1）P=9120W；S=11400V·A；（2）R=30.4Ω；L≈0.073H。

49．$I_L = I_P$=11A。

50．I_A=38A；I_B=19A；I_C=9.5A。

五、综合题

1．解：

（1）根据 $P=U^2/R$ 得

电灯的电阻 $\qquad R=U^2/P=220^2/60=807\Omega$

（2）根据 $I=U/R$ 或 $P=UI$ 得

$$I=P/U=60/220=0.273A$$

（3）由 $W=PT$ 得

$$W=60\times60\times60\times3\times30=1.944\times10^2J$$

在实际生活中，电量常以"度"为单位，即"千瓦时"。

对 60W 的电灯，每天使用 3h，一个月（30 天）的用电量为

$$W=60/1000\times3\times30=5.4kW$$

2．（1）原因是共用的零线断了。

（2）楼下的灯没事不会坏。

（3）坏时楼上的电压大约为 380×2/3=253V，楼下的 126V；坏后楼上 380V，楼下 0V。

3．断开开关，把其中一个灯泡拆下，再闭合开关，如果另一个灯泡能够发光，则原来两灯泡并联；如果另一个灯泡不能发光则原来两灯泡串联。

4．（1）没有选择合适的量限被测电阻的值应尽量接近这一挡的中心电阻值，读数时刻度最为清晰。被测电阻 100kΩ，应选择 $R\times10k\Omega$ 挡位；（2）测量电阻时，两手不能同时接触电阻的两端，否则人体电阻将对测量值产生影响。

5．一般情况下是不允许的，因为 100kV·A 是指视在功率，变压器在额定负载下，其功率因数若按 0.8 考虑，则该变压器所带有功功率为 $P=100\times0.8=80kW$，如果带 100kW 的负荷，会使变压器的过负荷运行，变压器温度升高，加速绝缘老化，减少变压器使用寿命。特殊情况下，变压器短时过负荷运行，冬季不得超过额定负荷的 1/3，夏季不得超过 15%。

6．（1）$U_P=220V$，$U_L=380V$，$I=I_P=0.22A$。

（2）$U_B=U_B=190V$。

（3）$U_B=U_B=U_L=380V$。

7．每月用 28.8 度电，需交电费 14.4 元。

8．$I=\dfrac{S}{U}=20A$

当λ=0.5 时

$I'=\dfrac{P}{U\cos\varphi}=\dfrac{40}{200\times0.5}=\dfrac{2}{5}A$，$\dfrac{I}{I'}=50$；

能供 50 个负载。

当λ=0.8 时

$I''=\dfrac{P}{U\cos\varphi}=\dfrac{40}{200\times0.8}=\dfrac{1}{4}A$，$\dfrac{I}{I''}=80$

能供 80 个负载。

9．3 个节点；6 条支路；7 个回路；3 个网孔。

KCL 的节点为 a：$I_1+I_3+I_4=0$，b：$I_4=I_5+I_6$，c：$I_2=I_3+I_5$。

KVL 的网孔为 1：$U_{S3}+I_3R_3-I_5R_5-I_4R_4=0$，2：$-U_{S1}-I_1R_1+I_4R_4+I_6R_6=0$，3：$U_{S2}-I_6R_6+I_5R_5+I_2R_2=0$。

10．40 台；不安全。

电子技术基础与技能题型示例

一、单项选择题

1. B	2. B	3. B	4. B	5. B	6. D	7. B	8. D
9. B	10. B	11. C	12. B	13. C	14. B	15. D	16. C
17. C	18. B	19. C	20. C	21. B	22. A	23. D;B	24. A
25. B	26. B	27. B	28. D	29. C	30. B	31. B	32. A
33. D	34. C	35. A	36. B	37. B	38. D	39. B	40. C
41. B	42. A	43. A	44. B	45. C	46. D	47. C	48. D
49. A	50. D	51. C	52. A	53. D	54. C	55. C	56. B
57. A	58. C	59. A	60. B	61. A	62. B	63. B	64. A
65. B	66. A	67. B	68. A	69. A	70. B	71. A	72. C
73. A	74. A	75. B	76. B	77. A	78. C	79. B	80. A
81. C	82. A	83. A	84. A	85. C	86. B	87. A;C	88. D
89. B	90. B	91. C	92. C	93. D	94. B	95. C	96. C
97. A	98. B	99. D	100. C	101. B	102. C	103. A	104. D
105. C	106. B	107. A	108. C	109. A	110. D	111. B	112. B
113. B	114. C	115. B	116. B;A	117. A	118. A	119. C;E	120. A
121. B	122. B	123. B	124. C	125. B	126. B	127. A	128. A
129. B	130. B	131. B	132. A	133. A	134. C	135. C	136. D
137. A	138. A	139. B	140. A	141. A	142. B	143. A	144. C
145. C	146. D	147. A	148. B	149. A	150. A	151. A	152. B
153. A	154. B	155. B	156. B	157. B	158. A	159. B	160. A
161. A	162. C	163. C	164. B	165. B	166. C	167. B	168. C
169. C	170. A	171. B	172. D	173. D	174. C	175. A	176. C
177. A	178. D	179. A	180. C	181. D	182. C	183. C	184. A
185. D	186. C	187. C	188. C	189. C	190. A	191. B	192. C
193. B	194. C	195. D	196. B	197. A	198. D	199. B	200. B
201. D	202. C	203. B	204. B	205. D	206. A	207. B	208. A
209. B	210. B	211. A	212. B	213. A	214. C	215. D	216. A
217. B	218. D	219. B	220. A	221. D	222. C	223. A	224. C
225. C	226. D	227. A	228. A	229. D	230. C	231. C	232. D
233. A	234. D	235. A	236. B	237. D			

二、判断题

1. √	2. √	3. ×	4. √	5. √	6. ×	7. ×	8. √
9. √	10. ×	11. √	12. ×	13. √	14. √	15. ×	16. √

17. √   18. ×   19. ×   20. √   21. ×   22. √   23. ×   24. √
25. ×   26. √   27. √   28. ×   29. ×   30. √   31. √   32. ×
33. √   34. √   35. √   36. ×   37. √   38. ×   39. √   40. √
41. ×   42. √   43. ×   44. √   45. √   46. √   47. √   48. √
49. √   50. √   51. ×   52. √   53. √   54. ×   55. √   56. √
57. ×   58. ×   59. √   60. √   61. √   62. √   63. √   64. √
65. ×   66. √   67. ×   68. √   69. ×   70. √   71. √   72. ×
73. √   74. ×   75. ×   76. √   77. √   78. √   79. √   80. √
81. √   82. ×   83. ×   84. √   85. √   86. √   87. √   88. ×
89. ×   90. ×   91. ×   92. √   93. √   94. √   95. √   96. ×
97. ×   98. √   99. ×   100. √   101. ×   102. √   103. ×   104. √
105. √   106. ×   107. ×   108. ×   109. √   110. √   111. √   112. ×
113. √   114. √   115. ×   116. ×   117. √   118. √   119. √   120. √
121. √   122. ×   123. ×   124. ×   125. ×   126. √   127. ×   128. √
129. ×

三、简答题

1. 答：准备施焊、加热焊件，熔化焊料、移开焊锡、移开烙铁。

2. 答：①烙铁头保持清洁。把烙铁头在湿海绵或湿抹布上擦拭，去除烙铁头上的脏物。

②烙铁头形状。根据不同的焊件，选择不同的电烙铁头。

③焊锡桥的运用。这样不仅在焊接时起到传热的作用，还能保护烙铁头不被氧化。

④加热时间。一般情况下，焊接加热时间控制在 5 秒内。

⑤焊锡量的控制。焊锡量不能过多也不能过少，使焊点光滑，呈锥形。

3. 答：

组 装 级 别	特 点
第 1 级（元件级）	组装级别最低，结构不可分割。主要为通用分立元件、集成电路等。
第 2 级（插件级）	用于组装和互连第 1 级元器件。比如，装有元器件的电路板及插件
第 3 级（插箱板级）	用于安装和互连第 2 级组装的插件或印制电路板部件
第 4 级（箱柜级）	通过电缆及连接互连第 2、3 级组装，构成独立的有一定功能的设备

4. 答：标称方法有三种：直标法、文字符号法、色环标注法。

5. 答：电容器的主要作用：应用于电源电路，实现旁路、去耦、滤波和储能方面等作用；应用于信号电路，主要完成耦合、振荡、同步及时间常数的作用。

6. 答：清除金属表面的氧化物，利于焊接，又可保护烙铁头。

7. 答：振荡电路的组成框图如图所示，一般由基本放大电路、选频网络、正反馈电路组成。

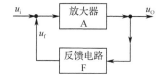

8．答：（1）振幅平衡条件：所谓振幅平衡条件，是指反馈信号和输入信号的幅值必须相等，即 $u_i = u_f$。则有

$$|AF| = 1$$

（2）相位平衡条件：所谓相位平衡条件，是指反馈信号和输入信号的相位必须一致。即相位差为 2π 的整数倍。则有

$$\varphi = 2n\pi, n = 0,1,2,\cdots$$

9．答：在基本放大电路中，信号从输入端加入，经放大电路后由输出端取出，这是信号的正向传输方向，反馈就是将部分或全部信号从输出端反方向送回输入端，用来影响其输入量的措施。

10．答：

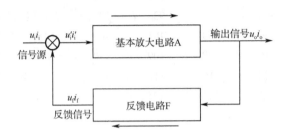

11．答：

（1）电路中是否存在反馈；如果有反馈，其性质是正反馈还是负反馈。

（2）从输出回路看，反馈信号取自于输出电压还是输出电流，以判断它是电压反馈还是电流反馈。

（3）从输入回路看，反馈信号是与原输入信号相串联还是相并联，以判断它是串联反馈还是并联反馈。

12．答：

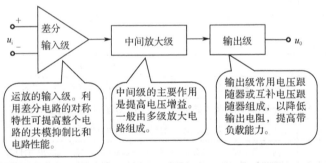

13．答：人们在实验中发现，当直接耦合放大器的输入电压（u_i）为零时，输出电压（u_o）不为零且缓慢变化，这种现象称为零点漂移。

14．答：开环电压增益 A_U 为 100dB～140dB。

① 开环差模输入电阻 $r_i \sim \infty$；

② 开环差模输出电阻 $r_0 \to 0$；

③ 开环频带宽度 BW $\to \infty$。

15．答：C_3、C_4 为电源退耦电容；R_4 与 C_7 组成阻容吸收电路，用以避免电感性负载产生过电压击穿芯片内功率管；R_3、R_2、C_2 使 TDA2030 接成交流电压串联负反馈电路。

16．答：共发射极放大器、共基极放大器和共集电极放大器等。

17．答：电路中各元件的作用是：

① 三极管 VT——起放大作用。工作在放大状态，起电流放大作用，因此是放大电路的核心元件。

② 电源 V_{CC}——直流电源，其作用一是通过 R_b 和 R_c 为三极管提供工作电压，保证三极管工作在放大状态；二是为电路放大信号提供能源。

③ 基极电阻 R_b——为放大管的基极 b 提供一个适合的基极电流 I_B（又称为基极偏置电流），并向发射结提供所需的正向电压 U_{BE}，以保证发射结正偏。该电阻又称为偏流电阻或偏置电阻。

④ 集电极电阻 R_c——是使电源 V_{CC} 给放大管集电结提供所需的反向电压 U_{CE}，与发射结的正向电压 U_{BE} 共同作用，使放大管工作在放大状态；另外，还使三极管的电流放大作用转换为电路和电压放大作用。该电阻又称为集电极负载电阻。

⑤ 耦合电容 C_1 和 C_2——分别为输入耦合电容和输出耦合电容；在电路中起隔直流通交流的作用，因此又称为隔直电容。

18．答：静态工作点 Q 选择不当，会使放大器工作时产生信号波形的失真。若 Q 点在交流负载线上的位置过高，信号的正半周可能进入饱和区，造成输出电压波形负半周被部分削除，产生"波形失真"。反之，若静态工作点在交流负载线上位置过低，则信号负半周可能进入截止区，造成输出电压的上半周被部分切掉，产生"截止失真"。

19．答：

20．答：常见的耦合方式有阻容耦合、变压器耦合和直接耦合三种。

21．答：OCL 功率放大器电路最大输出功率为。

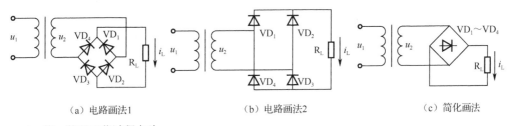

（a）电路画法1   （b）电路画法2   （c）简化画法

22．答：装配工艺过程卡片

序号 （位号）	装入件及辅助材料				工序名称	插件
					产品图号	PCB-20110625
	代号	名称	规格	数量	工艺要求	工装名称
R_1	0805	贴片电阻	1kΩ±5%	1	按图1（a）安装	
R_2、R_3	0805	贴片电阻	1kΩ±5%	1		
C_1	CD11	电解电容	220μF/25V	2	按图2（e）安装	
C_2	CD11	电解电容	4.7μF/25V			
C_3	0805	贴片电容	0.22μF/50V	1	按图1（a）安装	镊子、剪切、电烙铁等 常用装接工具
Q_1	S8050	三极管	NPN	1	距底板 4mm 左右安装	
VD_{1-4}		二极管	1N4001	4	贴底板安装，注意极性	
LED_2		发光二极管	红色	1	对脚号贴底板安装，注意极性	
IC_1		三端稳压器	LM7806	1	如图3涂导热硅脂，紧固散热片，垂直安装，焊接	

序号 （位号）	装入件及辅助材料				工序名称	插件
					产品图号	PCB-20110625
	代号	名称	规格	数量	工艺要求	工装名称
R_{P1}		电位器 10kΩ	3896 型	1	贴底板安装	
U_1		贴片集成块	RC522	1	如图 4 所示，极性与丝印的标识一致，贴底板安装，焊接，脚位侧面无偏移，焊点充分浸润	镊子、剪切、电烙铁等常用装接工具
K_1		继电器	HF4100	1	贴底板安装	
图样	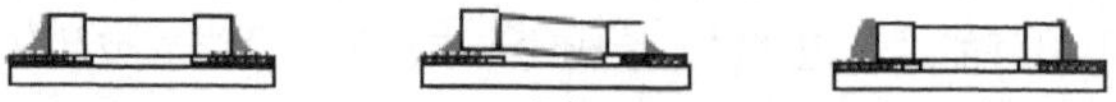 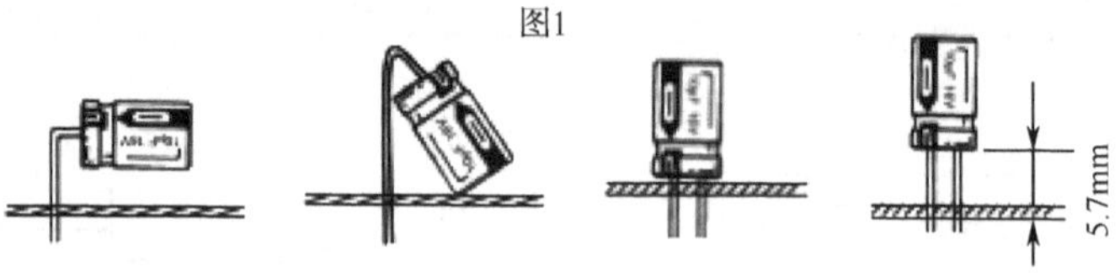   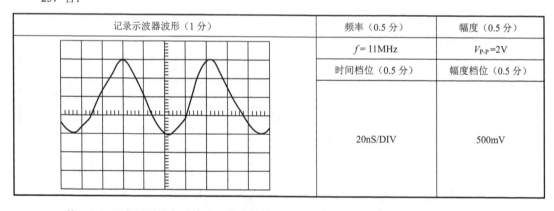					

图1

图2

5.7mm

（a）　（b）　（c）　（d）

图3　　　　图4

23. 答：

记录示波器波形（1 分）	频率（0.5 分）	幅度（0.5 分）
	$f = 11\text{MHz}$	$V_{P\text{-}P} = 2\text{V}$
	时间档位（0.5 分）	幅度档位（0.5 分）
	20nS/DIV	500mV

24. 答：（1）正半周不通，无输出；负半周被 VD_1，VD_2 短路，无输出。

（2）正半周不通，无输出；负半周有输出。

（3）正半周有输出；负半周被 VD_1，VD_2 短路，无输出。

25. 答：（1）NPN 型硅管，各电极分别为 b、e、c。

（2）NPN 型锗管，各电极分别为 b、e、c。

（3）PNP 型硅管，各电极分别为 c、b、e。

（4）PNP 型锗管，各电报分别为 c、b、e。

26. 答：（a）能；（b）不能；（c）不能；（d）能。

27．答：（a）饱和；（b）截止；（c）放大。

28．答：$\beta=I_C/I_B$ 其条件是三极管必须工作在放大区，甲的测试条件是 $U_{CE}=5V$，它工作于放大，故其计算是正确的；而乙的测试条件是 $U_{CE}=0.5V$，工作于饱和区，故其计算结论是错误的。

29．答：截止。发射结反偏，集电结反偏；饱和。发射结正偏，集电结正偏；放大。发射结正偏，集电结反偏。

30．答：在供电电路中：

（1）若 S_1、S_2 均闭合时输出电压最高，此时为桥式整流加滤波，其输出电压 $U_o=1.2u_2$；若 S_1、S_2 均断开时输出电压最低，此时为半波整流 $U_o=0.45u_2$。

（2）VD_1 接反，正半周不通，无输出；负半周 VD_1、VD_2 短路，无输出的结果。

（3）若 S_1、S_2 均闭合，但 VD_3 断路，会获得半波整流。

31．答：（1）VD_A、VD_B 都导通，输出为 0V；（2）VD_A 截止，VD_B 导通，输出为 0V；（3）VD_A、VD_B 都导通，输出为 3V。

32．答：（a）电流反馈；（b）电压反馈。

33．解：

（1）因为 1 脚、2 脚电流值为负值，所以电流实际方向为流入；又因为 $I_3>|I_1|>|I_2|$，

所以 3 脚为 e 极，且为 NPN 型三极管，1 脚为 c 极，2 脚为 b 极。

（2）$\beta=100$。

34．解：

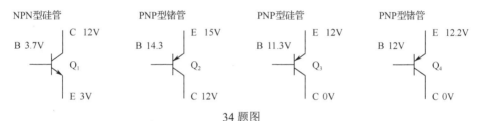

34 题图

35．解：（1）当输出电压升高时，电路的稳压过程是

$$U_o\uparrow \to U_{BE2}\uparrow \to I_{C2}\uparrow \to U_{B1}\downarrow \to U_{CE1}\uparrow \to U_o\downarrow$$

（2）输出电压的范围为 $U_o=\dfrac{R_1+R_2+R_P}{R_2+R_{P''}}(U_Z+U_{BE2})$。

当 $R_{P''}=R_P$ 时，U_o 最小，即

$$U_{omin}=\frac{R_1+R_2+R_P}{R_2+R_P}(U_Z+U_{BE2})=\frac{10+10+10}{10+10}\times(6+0.7)=10.05V$$

当 $R_{P''}=0$ 时，U_o 最大，即

$$U_{omax}=\frac{R_1+R_2+R_P}{R_2}(U_Z+U_{BE2})=\frac{10+10+10}{10}\times(6+0.7)=20.1V$$

所以，输出电压的范围是 10.05～20.1V。

36．答：（1）负载开路；（2）电容开路；（3）正常；（4）电容和其中一只二极管开路。

37．答：（a）不可以。（b）不可以；$U_o=0.7V$。（c）可以，$U_o=6V$。（d）不可以。

38．答：（a）不可以，无 R_c，电路无输出。

（b）不可以，基极被短路。

39．答：（a）R_f 电压并联负反馈。

（b）R_{f1} 电压串联负反馈；R_{f2} 电流并联负反馈；R_{f3} 电流串联负反馈；R_{f4} 直流电流串联负反馈。

（c）R_f 电压并联负反馈。

（d）R_{f1} 电压并联负反馈；R_{f2} 电流串联负反馈；R_{f3} 电压串联负反馈。

40．答：（a）、（c）、（d）不正确，（b）正确，该复合管等效于一只 PNP 型三极管，$\beta=2400$。

41．答：（a）不能；不满足相位平衡条件。

（b）能；是电感三点式振荡电路。

（c）不能；不满足相位平衡条件。

（d）不能；不满足相位平衡条件。

42．答：（1）C；（2）D B C A；（3）A　C

43．解：（1）这是反相比例运算电路，代入公式，得 $u_o = -u_i$；（2）根据叠加原理得 $u_o = u_i$。

44．解：①当 3V 电源工作，5V 电源不工作，

此时电路为反相比例运放电路为

∴$U_{o1}=(-R_f/R_i)u_i=(-150k/50k)\times3V=-9V$。

②当 3V 电源不工作，5V 电源工作，

此时电路为同相比例运放电路为

∴$U_{o1}=(1+R_f/R_i)u_i=(1+150k/50k)\times5V=20V$。

③当 3V 电源、5V 电源同时工作，

$U_o = U_{o1}+U_{o1}=-9V+20V=11V$。

45．解（a）截止失真，减小 R_b 值可改善此失真。

（b）饱和失真，增大 R_b 值可改善此失真。

（c）饱和、截止失真，减小输入 U_i 可改善此失真。

46．答：把十进制数逐次用 2 除取余，一直除到商数为零。然后将先取出的余数作为二进制数的最低位数码。即按照记录顺序反向排列，便得到所求的二进制数。

47．答：用四位二进制数表示一位十进制数，这样的二进制代码称为二-十进制代码，简称 BCD 码。8421BCD 码是一种有权码，是使用最多的二-十进制码，它的每一位都有确定的位权值，从左到右分别为 8（2^3）、4（2^2）、2（2^1）、1（2^0）。

48．答：或逻辑关系，通过或门电路实现。

49．答：集成门电路若是以三极管为主要器件，输入和输出都是三极管结构，则这种电路称为三极管—三极管逻辑电路，简称 TTL 电路。TTL 电路与分立元件电路相比，具有体积小、耗电少、工作可靠、性能好和速度高等优点。主要由场效应晶体管构成的集成门电路称为 MOS 集成门电路。具有功耗低、抗干扰性强、开关速度快等优点。

50．答：组合逻辑电路是由基本逻辑门和复合逻辑门电路组合而成的。组合逻辑电路的特点是不具有记忆功能，电路某一时刻的输出由该时刻的输入决定，与输入信号作用前的电路状态无关。时序逻辑电路是一种输出不仅与当前的输入有关，而且与其输出端的原始状态有关，电路中有一个存储电路，可以将输出的状态保持住。

51．答：步骤如下：

（1）根据实际要求的逻辑关系建立真值表。

（2）由真值表写出逻辑函数表达式。

（3）化简逻辑函数表达式。

（4）依据逻辑函数表达式画出逻辑电路图。

52．答：在 JK 触发器的基础上，增加一个与非门把 J、K 两个输入端合为一个输入端 D，CP 为时钟脉冲输入端。这样，就把 JK 触发器转换成了 D 触发器。

53．答：统计输入脉冲个数的功能称为计数，能实现计数操作的电路称为计数器。按照时钟脉冲的引入方式，计数器可分为同步计数器和异步计数器。按照计数过程中计数变化的趋势，分为加法计数器、减法计数器和可逆计数器。根据进位制的不同，计数器又可分为二进制计数器、十进制计数器和 N 进制计数器。

54．答：

解：

图（a） $F = \overline{\overline{\overline{A \cdot B} \cdot C \cdot D}} = \overline{A \cdot B} \cdot C + \overline{D}$ ；

图（b） $\overline{\overline{A + B} \cdot (A + B)} = A + B + \overline{\overline{B} + C} = A + B + \overline{B} \cdot \overline{C}$ ；

图（c） $F = \overline{\overline{A \cdot B} \cdot \overline{A \cdot B}} = \overline{A}B + \overline{B}A$ 。

55．答：基本 RS 触发器。真值表如右表所示。

$\overline{R}_D$	$\overline{S}_D$	Q
0	1	0
1	0	1
1	1	保持
0	0	不定

56．答：多谐振荡器是一种矩形脉冲波形产生电路，这种电路不需外加触发信号，便能产生一定频率和一定宽度的矩形脉冲，常用作脉冲信号源。由于矩形波含有丰富的多次谐波，故称为多谐振荡器。

57．答：上升时间 t_r ——脉冲从幅度的 10% 处上升到幅度的 90%处所需时间。下降时间 t_f ——脉冲从幅度的 90%处下降到幅度的 10%处所需的时间。

58．答：单稳态触发器的特点是：第一，有一个稳定状态和一个暂稳状态；第二，在外来触发脉冲作用下，能够由稳定状态翻转到暂稳状态；第三，暂稳状态维持一段时间后，将自动返回到稳定状态。暂稳态时间的长短，与触发脉冲无关，仅决定于电路本身的参数。

59．答：A/D 转换器是用来通过一定的电路将模拟量转变为数字量。模拟量可以是电压、电流等电信号，也可以是压力、温度、湿度、位移、声音等非电信号。但在 A/D 转换前，输入到 A/D 转换器的输入信号必须经各种传感器把各种物理量转换成电压信号。一个完整的 AD 转换过程必须包括采样、保持、量化、编码四部分电路。

60．答：数字万用表的功能电路包括功能选择电路、转换电路，量程选择电路、电源电路、A/D 转换电路、显示逻辑电路和显示器几部分。

四、计算题

1．解：（a） $I_B = 75\mu A$ ； $I_C = 3.75mA$ ； $I_E = 3.825mA$ ； $U_{CE} = 0.75V$ 。

（b） $U_{CC} = (I_B + I_C) \times R_C + I_B R_B + U_{BE}$ ；

　　　$I_B = 16\mu A$ ； $I_C = 0.8mA$ ； $U_{CE} = 3.84V$ 。

2．解：（1）静态工作点。

$$I_B = \frac{U_{CC} - U_{BE}}{R_B} = 25\mu A \text{ ；} \quad I_C = \beta I_B = 1.25mA \text{ ；}$$

$$U_{CE} = U_{CC} - I_C \cdot R_C = 9.5V \text{ ；} \quad r_{be} = 300 + (1 + \beta)\frac{26}{I_E} = 1.36k\Omega \text{ 。}$$

（2）微变等效电路，如下图所示。

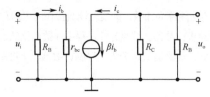

（3）放大倍数、输入电阻、输出电阻。

$$A_u = -\beta \frac{R_C // R_L}{r_{be}} = -147 \ ; \quad R_i = R_B // r_{be} \approx 1.36 k\Omega \ ; \quad R_O = R_C = 2 k\Omega \ 。$$

3．解：（1）$I_B = 49\mu A$，$I_C = 3.25 mA$，$U_{CEQ} = 8.4V$；（2）能正常工作；（3）微变等效电路如下图所示。

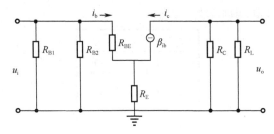

（4）-158，836Ω，$3.3k\Omega$。

4．0.09

5．解：前一级是电压跟随器电路 $u_{o1} = u_i$，后一级是反相比例运算电路，所以

$$u_o = -\frac{R_f}{R_1} u_i = 4V$$

6．解：$u_o = 3V$。

7．解：（1）$U_Z = 5V$；（2）输出电压可调范围为 $8\sim 13.3V$。

8．解：（1）同名端和反相端如右图所示。

$$（2）f_0 = \frac{1}{2\pi RC} = \frac{1}{2 \times 3.14 \times 8.2 k\Omega \times 0.01\mu F} \approx 1942 Hz$$

（3）振荡条件：$F = \frac{1}{3}$ 且 $A_f F = 1$；

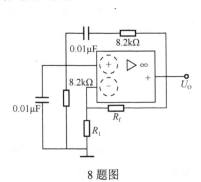

8 题图

放大电路为同相比例运放电路 $A_f = 1 + \frac{R_f}{R_1}$。

$$\therefore A_f = 1 + \frac{R_f}{R_1} = 3$$

$$\therefore \frac{R_f}{R_1} = 2$$

$$\therefore R_f = 2R_1 = 2 \times 50 k\Omega = 100 k\Omega$$

9．解：（1）二极管 VD 截止。 （2）$U_{AO} = -4V$。

10．解：（1）$I_{CQ} = 2.4 mA$ （2）$U_{CEQ} = 7.2V$ （3）$A_u = 0.99$ （4）$R_i = 122k$ （5）$R_o = 20\Omega$。

11．解：（1）$I_{CQ1} = 0.5 mA$ $U_{CEQ1} = 6V$

12．解：（1）$u_i = 0$ 时，R_L 电流为零 （2）VD_3、VD_4 有一个反接电路不能工作

（3）$U_{im} = 12V$ $P_{cl} = [V_{CC} 2(4 - 3.14)]/(4 \times 3.14 R_L) = 0.099W$

13．解：$u_o = 14V$。

14．解：（1）电路的静态工作点

$$I_{BQ} = \frac{V_{CC} - U_{BEQ}}{R_C} = \frac{12 - 0.7}{565} mA = 20\mu A \ , \quad I_{CQ} = \beta I_{BQ} = 20 mA$$

$$U_{CEQ} = V_{CC} - I_{CQ}R_C = (12 - 2 \times 3)\text{V} = 6\text{V}$$

（2）当负载电阻 $R_L = \infty$ 时，因 $|V_{CC} - U_{CEQ}| > |U_{CEQ} - U_{CES}|$，所以，电路的最大不失真输出电压的有效

值为 $\dfrac{|U_{CEQ} - U_{CES}|}{\sqrt{2}} = \dfrac{6 - 0.6}{\sqrt{2}} \approx 3.82\text{V}$

（3）若 $R_L = 3\text{k}\Omega$，

则 $r_{be} = r_{bb'} + (1+\beta)\dfrac{U_T}{I_{EQ}} \approx 1.41\text{k}\Omega$，$\dot{A}_u = -\dfrac{\beta(R_C // R_L)}{r_{be}} \approx -106$，$R_i = R_B // r_{be} \approx 1.41\text{k}\Omega$，$R_o = R_C = 3\text{k}\Omega$。

15．解：R_W 滑动端在中点时 VT_1 和 VT_2 的发射极静态电流 I_{EQ} 如下：

$$U_{BEQ} + I_{EQ}\frac{R_W}{2} + 2I_{EQ}R_e = V_{EE}$$

$$I_{EQ} = \frac{V_{EE} - U_{BEQ}}{\dfrac{R_W}{2} + 2R_e} \approx 0.517\text{mA}$$

A_d 和 R_i 分析如下：

$$r_{be} = r_{bb'} + (1+\beta)\frac{U_T}{I_{EQ}} \approx 5.18\text{k}\Omega$$

$$A_d = -\frac{\beta R_c}{r_{be} + (1+\beta)\dfrac{R_W}{2}} \approx 97.75$$

$$R_i = 2r_{be} + (1+\beta)R_W \approx 20.5\text{k}\Omega$$

16．解：（1）电压串联负反馈。

（2）因为 $\dot{U}_f = \dfrac{R_1}{R_1 + R_2}\dot{U}_o$，则 $\dot{F}_{uu} = \dfrac{\dot{U}_f}{\dot{U}_o} = \dfrac{R_1}{R_1 + R_2}$

在深度负反馈条件下，$\dot{A}_{uf} = \dot{A}_u = \dfrac{\dot{U}_o}{\dot{U}_i} \approx \dfrac{1}{\dot{F}_{uu}} = 1 + \dfrac{R_2}{R_1}$

17．解：第一级电路为同相比例运算电路，因而 $u_{o1} = \left(1 + \dfrac{10}{20}\right)u_{I1} = 1.5u_{I1}$

利用叠加定理，第二级电路的输出为

$$u_o = -\frac{20}{10}u_{o1} + \left(1 + \frac{20}{10}\right)u_{I2} = 3(u_{I2} - u_{I1})$$

18．解：（1）静态时，输出电压 $U_o = 0$，调整 R_1 或 R_3 可满足要求。

（2）应调整 R_2，增大 R_2 即可。

（3）负载上可能获得的最大功率为

$$P_o = \frac{(V_{CC} - U_{CES})^2}{2R_L} = \frac{(15 - 3)^2}{2 \times 4}\text{W} = 18\text{W}$$

效率为 $\eta = \dfrac{\pi}{4} \cdot \dfrac{V_{CC} - U_{CES}}{V_{CC}} \approx \dfrac{12 - 3}{12} \times 78.5\% = 62.8\%$

19．解：（1）$(99)_{10}$；（2）$(26)_{10}$；（3）$(11)_{10}$；（4）$(42)_{10}$。

20．解：（1）$(1011111)_2$；（2）$(1101)_2$；（3）$(1000)_2$；（4）$(10000100)_2$。

21．解：（1）$Y=1$；（2）$Y=AB+\overline{A}\,C$；（3）$Y=A\overline{B}+\overline{C}$；

（4）$Y=A\overline{B}+C+D$；（5）$Y=AB+\overline{A}\,C$；（6）$Y=A+C+BD$；

（7）$Y=A+C$；（8）$Y=0$；（9）$Y=\overline{A}\,\overline{C}+A\overline{B}$；

（10）$Y=AB+\overline{C}+\overline{D}\,E$；（11）$Y=A+C+BD$；（12）$Y=A(B+C)$；

（13）$Y=A+B$；（14）$Y=\overline{A}\,\overline{B}+AB$；（15）$Y=A+B$。

22．解：

（1）

B＼A	0	1
0	1	1
1	1	0

$L=\overline{A}+\overline{B}$

（2）

C＼AB	00	01	11	10
0	1	0	0	1
1	1	0	0	1

$L=\overline{B}$

（3）

CD＼AB	00	01	11	10
00	0	1	0	0
01	0	1	1	1
11	0	1	1	1
10	0	1	0	0

$L=A\overline{B}\overline{C}+\overline{B}CD+A\overline{C}D$

（4）

CD＼AB	00	01	11	10
00	1	0	1	1
01	0	0	0	1
11	0	0	0	0
10	0	0	0	0

$L=\overline{A}\overline{B}+A\overline{D}$

（5）

C＼AB	00	01	11	10
0	1	1	1	1
1	0	1	1	1

$L=A+B+\overline{C}$

（6）$Y=AB+C$；（7）$Y=A\overline{B}+B\overline{C}+\overline{A}C$；（8）$Y=B\overline{C}+A\overline{B}$；

（9）$Y=\overline{A}\overline{B}\overline{D}+B\overline{C}$；（10）$Y=CD+AD+\overline{B}$。

23．解：卡诺图化简后得

$Y=C+\overline{A}B+B\overline{D}$

$=\overline{\overline{C+\overline{A}B+B\overline{D}}}$

$=\overline{\overline{C}\cdot\overline{\overline{A}B}\cdot\overline{B\overline{D}}}$

逻辑电路如右图所示。

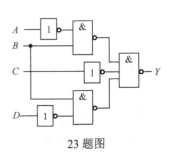

23 题图

24．解：$Y=\overline{C}+\overline{A}B$

25．解：

（1）设楼上开关为A，楼下开关为B，电灯为Y，并设A、B闭合时为1，断开时为0；灯亮时Y为1，灯灭时Y为0。

① 根据逻辑要求列出真值表如图：

A	B	Y
0	0	0
0	1	1
1	0	1
1	1	0

② 由真值表写逻辑表达式

$$Y=\overline{A}\,B+A\,\overline{B}=\overline{\overline{\overline{AB}}\cdot\overline{\overline{BA}}}$$

③ 变换：用与非门实现，电路如图所示。

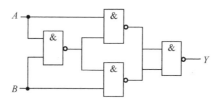

（2）设三人分别为 A、B、C，表决结果为 Y，同意为 1，不同意为 0。

① 根据题意列真值表见右表。

② 由真值表写逻辑表达式，并化简

$Y=\overline{A}BC+A\overline{B}C+AB\overline{C}+ABC=BC+AC+AB$

③ 画出简化的逻辑电路如右图所示。

A	B	C	Y
0	0	0	0
0	0	1	0
0	1	0	0
0	1	1	1
1	0	0	0
1	0	1	1
1	1	0	1
1	1	1	1

（3）设 A 和 B 是两个一位二进制数码，

当 $A>B$ 时，用 $Y_1=1$ 表示，否则 $Y_1=0$；

当 $A=B$ 时，用 $Y_2=1$ 表示，否则 $Y_2=0$；

当 $A<B$ 时，用 $Y_3=1$ 表示，否则 $Y_3=0$。

① 列真值表见下表。

② 写表达式，并化简

$Y_1=A\,\overline{B}$

$Y_2=\overline{A}\,\overline{B}+AB=\overline{A\overline{B}+\overline{A}B}$

$Y_3=\overline{A}\,B$

③ 画逻辑电路图如下图所示。

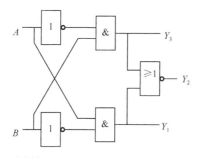

A	B	Y_1	Y_2	Y_3
0	0	0	1	0
0	1	0	0	1
1	0	1	0	0
1	1	0	1	0

26．波形如下图所示。

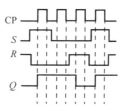

27．解：设 74HC153 的输出为 Y，$Y=AB+\overline{AB}$ 的输出为 Y_1，列出真值表为。

A	B	Y_1	Y
0	0	1	D_0

续表

A	B	Y_1	Y
0	1	0	D_1
1	0	0	D_2
1	1	1	D_3

比较真值表得 $D_0=D_3=1$，$D_1=D_2=0$，地址端 A、B 作为输入端，使能端接地。

函数发生器如下图所示。

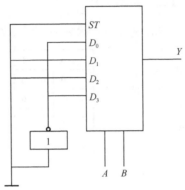

28．该计数器为同步三进制自启动加法计数器。

五、综合题

1．H_1、H_2 亮。

2．（a）0.6V；（b）0V；（c）0.7V。

3．1E2C3B；PNP 型。

4．略

5．答：（1）R_e 为反馈元件，为电流串联负反馈。

（2）

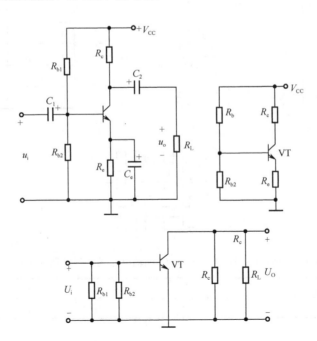

6．解：见下图

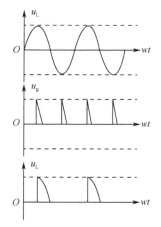

7．答：（1）如下图所示，其中 $R_1=R_2$，$R_3=R_f=20R_1$。

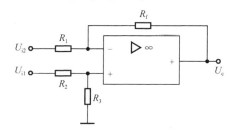

（2）如下图所示，其中 $R_1=R_2=R_3$，$R_4=R_1//R_2//R_3//R_f$。

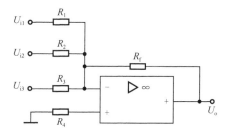

（3）如下图所示，其中 $R_1=R_f$。

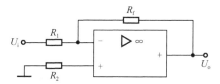

（4）如下图所示，其中 $R_f=19R_1$。

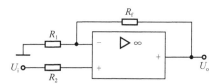

8．三端固定式稳压器电路如下图所示。

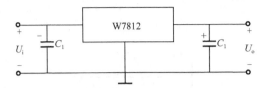

9. 答：将万用表拨到欧姆挡 $R\times100\Omega$ 或 $R\times1\mathrm{k}\Omega$ 挡，红、黑表笔分别接二极管的两电极，若测得阻值较小（几百欧至几千欧），则黑表笔所接为正极，红表笔所接为负极；测得阻值较大（约几百千欧），则红表笔所接为正极，黑表笔所接为负极。

用红、黑表笔正反两次测其电阻，若两次阻值一大一小，则管子正常；若两次阻值均很大，则管子内部已断路；若两次阻值均很小，则管子内部已短路；若两次阻值均为几百欧，则管子已失去单向导电性。

10. 解：如右图所示。

11. 答：将万用表拨到欧姆挡 $R\times100\Omega$ 或 $R\times1\mathrm{k}\Omega$ 挡，用红表笔接假设基极，黑表笔分别接其他两极，若两次阻值均很小，则假设正确，与红表笔所接为 PNP 型三极管的基极；若阻值均为大值，则假设错误，应把红表笔所接电极调换一个，再按上述方法测试。

确定基极后，假设其余两电极中一个是集电极，用红表笔接此电极，黑表笔接假设发射极，用手指把假设集电极和已测出的基极捏在一起（但不要相碰），记下此时阻值；做相反假设和同样测试，比较两次读数大小，阻值小的一次正确，红表笔所接为集电极，黑表笔所接为发射极。

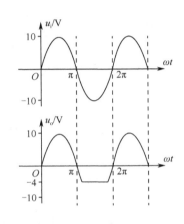

12. 分析

管型	黑笔固定	红笔	阻值	说明
NPN	基极（B）	集电极（C）	小	均为小阻值
		发射极（E）	小	
	集电极（C）	基极（B）	大	均为大阻值
		发射极（E）	大	
	发射极（E）	基极（B）	大	均为大阻值
		集电极（C）	大	
PNP	基极（B）	集电极（C）	大	均为大阻值
		发射极（E）	大	
	集电极（C）	基极（B）	小	一大一小
		发射极（E）	大	
	发射极（E）	基极（B）	小	一大一小
		集电极（C）	大	

答：将万用表拨到欧姆挡 $R\times100\Omega$ 或 $R\times1\mathrm{k}\Omega$ 挡，用黑表笔接假设基极，红表笔分别接其他两极，若两次阻值均很小，则假设正确，与黑表笔所接为基极，且三极管为 NPN 型；若两次阻值均很大，则假设错误，则应把黑表笔所接电极调换一个，再按上述方法测试；若阻值一大一小时，则此三极管为 PNP 型，当测得小阻值时，与红表笔所接为基极。

13. 答：R_{P}，应该把 R_{P} 调小。

14. 答：在调整静态工作点时，如果不小心把 R_{b} 调至零，将会烧坏三极管。因为这时电压全部加到发射结上，基极电流急剧增大，将烧坏发射结及整个三极管。采取避免损坏措施：在 R_b 与基极之间串一个约为 $200k\Omega$ 的固定电阻。

15．略

16．解：（1）VT_1：U_{C1}=24V，U_{E1}=12V，U_{B1}=12.7V；

VT_2：U_{C2}=12.7V，U_{E2}=5V，U_{C2}=5.7V；

（2）无输出电压。

17．答：（1）OTL 甲乙类功放。（2）消除交越失真。（3）8V。

（4）R_{P1} 调整功放管静态工作点使中点电位为 $1/2V_{CC}$，R_{P2} 消除交越失真。

（5）4W。

（6）短路时出现交越失真，断路时，电流过大而烧坏功放管。

（7）①两只功率放大管对称，OTL 电路对称且调试得当。

②功率放大管 β 不对称，中点电压也发生偏移，应更换 β 对称的功放管。

③两管饱和压降不对称，应重新换饱和压降对称的管子。

18．存在的错误是电解电容 C_1、C_2 的极性接反；稳压集成电路 79×× 引脚接错。

19．解：其波形如下图所示。

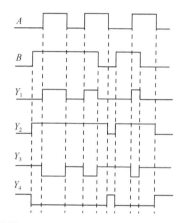

20．解：电路输出波形如下图所示。

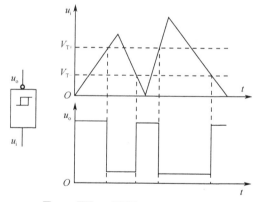

21．解：由真值表得 $L=ABC+\overline{A}BC+\overline{A}\overline{B}C+\overline{A}\overline{B}\overline{C}$。

经化简得 $L=\overline{AB}+BC$ 且 $L=\overline{\overline{\overline{AB}}\cdot\overline{BC}}$ 逻辑电路如下图所示。

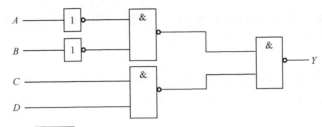

22. $L = C + \overline{AB} + B\overline{D} = \overline{\overline{C}\ \overline{\overline{AB}}\ \overline{B\overline{D}}}$ 逻辑电路如下图所示。

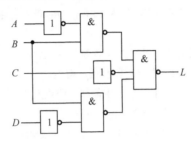

23. 解：

（1）根据波形图可得如右真值表：

（2）$Y = A\overline{B}\ \overline{C} + \overline{A}B\overline{C} + A\overline{B}C + \overline{A}BC$

$\quad = A\overline{B}(\overline{C} + C) + \overline{A}B(\overline{C} + C)$

$\quad = A\overline{B} + \overline{A}B$

（3）$Z = \overline{A}B\overline{C} + \overline{A}BC + A\overline{B}C + \overline{A}BC + ABC\ = C + \overline{A}B$

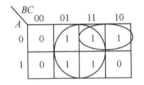 或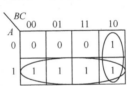

真值表

C	B	A	Y	Z
0	0	0	0	0
0	0	1	1	0
0	1	0	1	1
0	1	1	0	0
1	0	0	0	1
1	0	1	1	1
1	1	0	1	1
1	1	1	0	1

24. 解：输出 Q 的波形如下图所示。

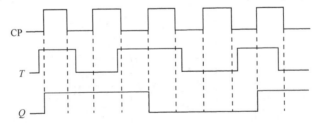

25. 解：输出 Q 的波形如下图所示。

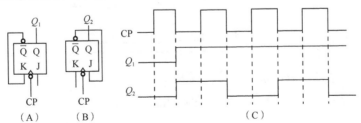

26．解：输出波形图和状态表如下。

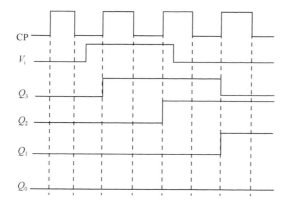

输入	CP	Q_3	Q_2	Q_1	Q_0
	0	0	0	0	0
0	1	0	0	0	0
1	2	1	0	0	0
1	3	1	1	0	0
0	4	0	1	1	0

27．解：$Q_2 Q_1 Q_0$ 的波形图和状态表如下。

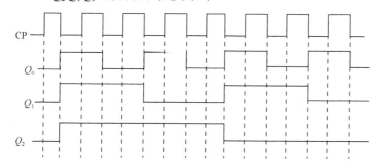

CP	Q_2	Q_1	Q_0
0	0	0	0
1	1	1	1
2	1	1	0
3	1	0	1
4	1	0	0
5	0	1	1
6	0	1	0
7	0	0	1
8	0	0	0

28．解：（1）真值表为：

Y	A	B	C
1	0	0	0
0	0	0	1
0	0	1	0
0	0	1	1
0	1	0	0
0	1	0	1
0	1	1	0
1	1	1	1

（2）逻辑函数式为：$Y = ABC + \overline{A}\ \overline{B}\ \overline{C}$ 。

（3）用与非门实现的电路逻辑图。

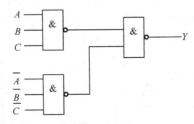

29．解：是多谐振荡器，振荡频率由 R_1、R_2、C_1 决定。

30．解：由图分析得：在计数器中，低位中输出端为高电平的为 Q_2，高位中输出端为高电平的为 Q_2、Q_0。在译码器中，低位中输出端为高电平的为 f、g、b、c，高位中输出端为高电平的为 a、f、g、c、d。

31．解：根据题意应如下连线：

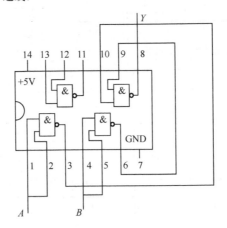

32．答：六进制计数器。

电子类专业综合训练题（一）

一、选择题

1. A	2. A	3. A	4. C	5. A	6. A	7. C	8. B
9. C	10. A	11. B	12. B	13. C	14. A	15. A	16. C
17. C	18. C	19. A	20. B	21. D	22. A	23. C	24. D
25. D	26. C	27. B	28. B	29. A	30. B	31. A	32. D
33. A	34. D	35. A	36. A	37. A	38. C	39. A	40. D
41. B	42. C	43. A	44. B	45. D	46. A	47. B	48. C
49. B	50. B	51. A	52. B	53. C	54. D	55. C	

二、判断题

56. A	57. B	58. A	59. A	60. A
61. B	62. B	63. B	64. A	65. B
66. A	67. B	68. A	69. A	70. A
71. B	72. B	73. B	74. A	75. B

电子技术基础与技能（50分）

三、简答题

76.（1）串、并联反馈的判断：假设将输入端短路时，若反馈电压为零则为并联反馈；反馈电压仍存在，则为串联反馈。（3分）

（2）电压、电流反馈的判断：假设把输出端短路时，若反馈信号消失，则属于电压反馈；若反馈信号仍然存在，则属于电流反馈。（3分）

77.（1）单向晶闸管导通必须具备两个条件：一是晶闸管阳极与阴极间接正向电压；二是控制极与阴极间也要接正向电压。（3分）

（2）单向晶闸管关断条件：必须将阳极电压降低到一定数值（或者在晶闸管阳、阴极间加反向电压）使流过晶闸管的电流小于维持电流。（3分）

78.（1）虚短：指的是两输入端对地的电压总是相等的，二者不相接，但电位又总相等，相当于两输入端短路。（3分）

（2）虚断：指的是对于理想运放，由于其差模输入电阻趋近于无穷大，可以认为输入电流为零，相当于两输入端断开。（3分）

说明：答对要点即可给分。

四、计算题

79.（1）直流通路如下图所示：（5分）

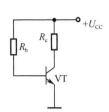

（2）$I_{BQ} \approx \dfrac{U_{CC}}{R_b} = \dfrac{12V}{300k\Omega} = 40\mu A$ （2分）

$I_{CQ} = \beta I_{BQ} = 50 \times 40\mu A = 2mA$ （2分）

$U_{CEQ} = U_{CC} - I_{CQ}R_c = 12V - 2mA \times 3k\Omega = 6V$ （3分）

说明：第（2）问公式和结论各占一半分值。

五、综合题

80．解：（1）$Y = AB + \overline{A} \cdot \overline{C} + B\overline{C}$

$= AB(C + \overline{C}) + \overline{A} \cdot \overline{C}(B + \overline{B}) + B\overline{C}(A + \overline{A})$ （2分）

$= ABC + AB\overline{C} + \overline{A}\,\overline{B}\,\overline{C} + \overline{A} \cdot \overline{B} \cdot \overline{C}$ （1分）

（2）$Y = AB + \overline{A} \cdot \overline{C} + B\overline{C}$

$= AB + \overline{A} \cdot \overline{C} + (A + \overline{A})B\overline{C}$

$= AB + \overline{A} \cdot \overline{C} + AB\overline{C} + \overline{A}B\overline{C}$

$= (AB + AB\overline{C}) + (\overline{A} \cdot \overline{C} + \overline{A}B\overline{C})$

$= AB + \overline{A} \cdot \overline{C}$ （3分）

$= \overline{\overline{AB} \cdot \overline{\overline{A} \cdot \overline{C}}}$ （4分）

81．解：假设三个人表决时，同意为"1"，不同意为"0"；Y 为表决结果，通过为"1"，不通过为"0"。

（1）根据以上假设及题意列出真值表如下表所示。（2分）

A	B	C	Y
0	0	0	0
0	0	1	0
0	1	0	0
0	1	1	1
1	0	0	0
1	0	1	1
1	1	0	1
1	1	1	1

（2）根据真值表列出逻辑函数最小项表达式为：（1分）

$$Y = \overline{A}BC + A\overline{B}C + AB\overline{C} + ABC$$

（3）根据最小项表达式画出卡诺图如下图所示。（2分）

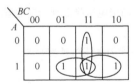

（4）由卡诺图可知

$$Y = AB + AC + BC$$

$$= \overline{\overline{AB + AC + BC}}$$

$$= \overline{\overline{AB} \cdot \overline{AC} \cdot \overline{BC}}$$ （2分）

（5）由（4）设计出与非门逻辑电路如下图所示。（4分）

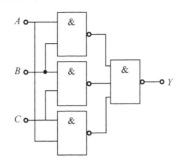

说明：对表决结果的表示符号"Y"，用其他符号代替也可。

电工技术基础与技能（50分）

六、简答题

82.（1）在磁场中垂直于磁场方向上的通电导体，所受的磁场力 F 与电流 I 和导线长度 l 的乘积 Il 的比值称为通电导体所在处的磁感应强度。（3分）

（2）磁感应强度 B 与垂直于它的面积 S 的乘积，称为穿过这个面积的磁通量。（3分）

83.（1）将万用表的转换开关置于直流电压挡，估计被测电压的大小，选择合适的量程。（2分）

（2）两表笔跨接到被测电压的两端开始测量直流电压，测量时，红表笔插正极孔，接至被测电压的正极，黑表笔插负极孔，接至被测电压的负极。（2分）

（3）当测量时发现指针反向偏转，应该迅速使表笔脱离被测电压，调换两表笔位置后重新进行测量。（2分）

84.（1）相线与相线之间的电压称为线电压。（1分）

（2）电源每相绕组两端的电压称为相电压。（1分）

（3）由三根火线和一根中线组成的三相供电系统称为三相四线制系统。（2分）

（4）由三相对称电源和三相对称负载组成的电路称为三相对称电路。（2分）

说明：答对要点即可给分。

七、计算题

85.解：设各支路的电流为 I_1、I_2 和 I_3，方向如题目图中所示，回路绕行方向取顺时针方向。按上面的分析步骤，可得方程组

$$I_1 = I_2 + I_3 \text{（1分）}$$
$$-E_2 + R_2I_2 - E_1 + R_1I_1 = 0 \text{（1分）}$$
$$R_3I_3 - R_2I_2 + E_2 = 0 \text{（1分）}$$

将已知的电源电动势和电阻值代入得

$$I_1 = I_2 + I_3$$
$$-21 + 3I_2 - 42 + 12I_1 = 0$$
$$6I_3 - 3I_2 + 21 = 0$$

整理后得

$$I_1 = I_2 + I_3 \qquad\qquad ①$$

$$I_2+4I_1-21=0 \qquad\qquad ②$$
$$2I_3-I_2+7=0 \qquad\qquad ③$$

由②式和③式得

$$I_1=\frac{21-I_2}{4} \text{④（1分）}$$

$$I_3=\frac{I_2-7}{2} \text{⑤（1分）}$$

代入①式化简之后得

$$21-I_2=4I_2+2I_2-14$$
$$即 I_2=5A \text{（3分）}$$

将这个值分别代入④式和⑤式，解出

$$I_1=4A \text{（2分）}$$
$$I_3=-1\,A \text{（2分）}$$

其中，I_3 为负值，表示 I_3 的实际方向与假设方向相反。

八、综合题

86. 解：（1）由题意可知，

电路的阻抗为： $\qquad |Z|=\sqrt{R^2+(X_L-X_C)^2}$ （2分）

电流的有效值为 $\qquad I=\dfrac{U}{|Z|}=\dfrac{U}{\sqrt{R^2+(X_L-X_C)^2}}$ （2分）

（2）

① 电路的有功功率为 $\qquad P=I^2R=\dfrac{U^2R}{R^2+(X_L-X_C)^2}$ （2分）

② 电路的无功功率为 $\qquad Q=I^2(X_L-X_C)=\dfrac{U^2(X_L-X_C)}{R^2+(X_L-X_C)^2}$ （2分）

③ 电路的视在功率为 $\qquad S=UI=\dfrac{U^2}{\sqrt{R^2+(X_L-X_C)^2}}$ （2分）

87. 解：3 只白炽灯 A、B、C 分别与 C、L、R 串联后再并联在电源端，因此根据并联电路的性质，每只灯所在支路两端的电压是不变的。

（1）对 A 灯，当频率增大时，根据 $X_C=\dfrac{1}{2\pi fC}$，可知容抗减小，灯的电阻不变，所以 A 所在支路的总阻抗减小，由于电压未变化，所以电流增大，A 灯变亮。（4分）

（2）对于 B 灯，当频率增大时，根据 $X_L=2\pi fL$，可知感抗增大，灯的电阻不变，所以 B 所在支路总阻抗增大，由于电压未变化，所以电流减小，B 灯变暗。（4分）

（3）对于 C 灯，当频率增大时，电阻阻值不变，灯的电阻不变，所以 C 所在支路总阻抗不变，由于电压未变化，所以电流不变，C 灯无变化。（2分）

说明：答对要点即可给分。

电子类专业综合训练题（二）

一、选择题

1. C	2. D	3. B	4. C	5. C	6. B	7. D	8. D	9. A	10. A
11. A	12. A	13. D	14. C	15. A	16. C	17. A	18. D	19. A	20. D
21. C	22. A	23. B	24. C	25. A	26. A	27. C	28. D	29. D	30. C
31. D	32. B	33. D	34. D	35. D	36. C	37. B	38. C	39. A	40. D
41. B	42. C	43. B	44. B	45. B	46. C	47. C	48. A	49. C	50. B
51. C	52. C	53. A	54. B	55. A					

二、判断题

56. A	57. B	58. A	59. A	60. A	61. B	62. B	63. B	64. A	
65. A	66. B	67. A	68. B	69. B	70. B	71. A	72. B	73. B	
74. A	75. B								

电子技术基础与技能（50分）

三、简答题

76. 答：最大整流电流 I_F（2分）；最大反向工作电压 U_R（2分）；

反向电流 I_R（1分）；最高工作频率 f_R（1分）。

说明：写出文字或者表达式均得分。

77. 答：放大区：发射结正向偏置，集电结反向偏置（2分）；

截止区：集电结与发射结均处于反向偏置（2分）；

饱和区：发射结和集电结均正偏（2分）。

78. 答：开环电压放大倍数 $A_{od} \to \infty$（2分）

差模输入电阻 $r_{id} \to \infty$（1分）　　　差模输出电阻 $r_{od} \to \infty$（1分）

共模抑制比 $K_{CMR} \to \infty$（1分）　　　输入偏置电流 $I_{B+} = I_{B-} = 0$（1分）

说明：写出文字或者表达式均得分。

四、计算题（12分）

79. 解：（1）$U_{BQ} = R_2 V_{CC}/(R_1 + R_2) \approx 3.7(\text{V})$（3分）

$\qquad I_{CQ} \approx I_{EQ} = (U_{BQ} - U_{BEQ})/R_e \approx 2(\text{mA})$（1分）

$\qquad I_{BQ} = I_{CQ}/\beta = 20(\mu\text{A})$（1分）

$\qquad U_{CEQ} = V_{CC} - I_{CQ}(R_C + R_e) = 6(\text{V})$（1分）

（2）$A_u = -\beta(R_C//R_L)/r_{be} \approx -130$（2分）

$\qquad R_i = R_1//R_2//r_{be} \approx 1.36(\text{k}\Omega)$（2分）

$$R_{\text{o}} = R_{\text{C}} = 3\text{k}\Omega \quad （2\,分）$$

五、综合题

80．解：（1）$Y = AB + A\overline{C} = AB(C + \overline{C}) + A\overline{C}(B + \overline{B})$　（2分）

$$= ABC + AB\overline{C} + AB\overline{C} + A\overline{B}\overline{C} \quad （2\,分）$$

$$= ABC + AB\overline{C} + A\overline{B}\overline{C} \quad （2\,分）$$

（2）逻辑函数卡诺图（6分）

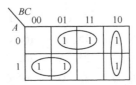

$$Y = A\overline{B} + \overline{A}C + B\overline{C} \quad （1\,分）$$

81．解：根据题意，设输入的 4 位 8421BCD 码为 $ABCD$，则当 $ABCD$ 为 0000～0100 时，$Y=0$，当 $ABCD$ 为 0101～1001 时，$Y=1$。（3分）

由此列出真值表（4分）

输　　　入				输　　出
A	B	C	D	Y
0	0	0	0	0
0	0	0	1	0
0	0	1	0	0
0	0	1	1	0
0	1	0	0	0
0	1	0	1	1
0	1	1	0	1
0	1	1	1	1
1	0	0	0	1
1	0	0	1	1

由真值表得出逻辑函数式为

$$Y = \overline{A}B\overline{C}D + \overline{A}BC\overline{D} + \overline{A}BCD + A\overline{B}\,\overline{C}\,\overline{D} + A\overline{B}\,\overline{C}D \quad （2\,分）$$

电工技术基础与技能（50分）

六、简答题

82．答：（1）通路：电源与负载接成闭合回路，产生电流，并向负载输出电功率。（2分）

（2）断路（开路）：电路中某处断开，电路中无电流。（2分）

（3）短路：整个电路或某一部分被导线直接连通，电流直接流经导线而不再经过电路中元件。（2分）

83．答：使用前：（1）万用表水平放置。（2）机械调零。（3）红表笔插入"＋"插孔，黑表笔插入"－"插孔。（4）选择开关旋到相应的项目和量程上。（4分）

使用后：（1）拔出表笔。

（2）选择开关置"OFF"挡，或置交流电压最大量程挡。

（3）长期不用时将电池取出。（2分）

84. 答：（1）发现电子装置、电气设备、电缆等冒烟起火时，要尽快切断电源。（2分）

（2）使用沙土或专用灭火器进行灭火。（2分）

（3）在灭火时避免将身体或灭火工具触及导线或电气设备。（1分）

（4）若不能及时灭火，应立即拨打119报警。（1分）

七、计算题

85. 解：假定绕行方向为顺时针方向。（2分）

则 $\qquad -4\varepsilon + 4Ir = 0$，（4分）

得

$$I = \varepsilon / r \text{（2分）}$$

$$U_{ab} = Ir - \varepsilon = 0 \text{（4分）}$$

八、综合题

86.（1）由法拉第电磁感应定律，得

$$e = Blv = 1.5 \times 4 \times 0.25 = 1.5(\text{V}) \text{（4分）}$$

$$I = U/R = 1.5/2 = 0.75(\text{A}) \text{（4分）}$$

（2）利用右手定则判断电流方向是：$a \to b$（2分）

87. 解：（1）线圈的感抗

由 $u = 220\sqrt{2}\sin(314t + 60°)(\text{V})$，得

$$U = 220\sqrt{2}/\sqrt{2} = 220(\text{V})，\text{（1分）}$$

$$\omega = 314\text{rad/s}, \quad \varphi_u = 60° \text{（1分）}$$

感抗： $\qquad X_L = \omega L = 110(\Omega) \text{（1分）}$

（2）电流的有效值 $\qquad I = U/X_L = 2(\text{A}) \text{（2分）}$

（3）纯电感电路中，电压超前电流 $90°$，即 $\Delta\varphi = \varphi_u - \varphi_i = 90°$

$$\varphi_i = \varphi_u - 90° = -30° \text{（1分）}$$

$$I_m = \sqrt{2}I = 2\sqrt{2}(\text{A}) \text{（1分）}$$

电流瞬时值表达式 $\qquad i = 2\sqrt{2}\sin(314t - 30°)(\text{A}) \text{（1分）}$

（4）无功功率 $\qquad Q_L = UI = 220 \times 2 = 440(\text{var}) \text{（2分）}$

河南省中等职业学校对口升学考试复习指导

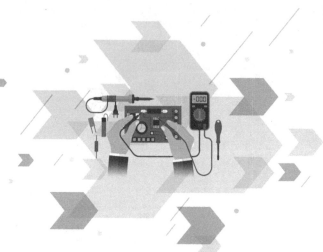

电子类专业（上册）

电工技术基础与技能
电子技术基础与技能

ISBN 978-7-121-40747-5

9 787121 407475

中等职业学校
对口升学考试复习指导
要点精讲

定价：42.00 元（含参考答案）

责任编辑：蒲 玥
封面设计：张 昱